U0182183

科学之光
LIGHT OF SCIENCE

科学文化经典译丛

拉美技术史

HISTORY OF TECHNOLOGY IN LATIN AMERICA

[西]大卫·普雷特尔　[德]赫尔格·文特　主编

黄　媛　周　杰　蒋宇峰　译

中国科学技术出版社
·北 京·

图书在版编目（CIP）数据

拉美技术史 /（西）大卫·普雷特尔,（德）赫尔格·文特主编；
黄媛，周杰，蒋宇峰译 .—北京：中国科学技术出版社，2024.7
（科学文化经典译丛）
书名原文：History of Technology in Latin America
ISBN 978-7-5236-0587-5

Ⅰ.①拉…　Ⅱ.①大…②赫…③黄…④周…⑤蒋…
Ⅲ.①技术史 – 研究 – 拉丁美洲　Ⅳ.① N097.3

中国国家版本馆 CIP 数据核字（2024）第 063302 号

This translation of *History of Technology Volume 34* is published by arrangement with
Bloomsbury Publishing Plc.
© Ian Inkster, David Pretel and Contributors, 2020
北京市版权局著作权合同登记　图字：01-2023-5347

总　策　划	秦德继
策划编辑	周少敏　李惠兴　郭秋霞
责任编辑	李惠兴　汪莉雅
封面设计	中文天地
正文设计	中文天地
责任校对	吕传新
责任印制	马宇晨

出　　版	中国科学技术出版社
发　　行	中国科学技术出版社有限公司
地　　址	北京市海淀区中关村南大街 16 号
邮　　编	100081
发行电话	010-62173865
传　　真	010-62173081
网　　址	http://www.cspbooks.com.cn

开　　本	710mm×1000mm　1/16
字　　数	269 千字
印　　张	20.25
版　　次	2024 年 7 月第 1 版
印　　次	2024 年 7 月第 1 次印刷
印　　刷	河北鑫兆源印刷有限公司
书　　号	ISBN 978-7-5236-0587-5 / N·323
定　　价	108.00 元

序 言

拉美技术史：视角、规模和比较

任何讲授或研究拉美①地区技术史的人都可能会面临以下质疑：拉美地区既不是创新技术文化的发源地，也不是技术汇聚地，我们为什么要研究拉美地区的技术史呢？近年来，拉美地区的技术史位列次要，而以上的质疑或许可以作为解释其中缘由的视角。此外，拉美地区技术史研究的发展还受至少两个其他因素的制约：一是对技术的狭隘定义，仅将技术与正统科学和突破性的高科技创新联系在一起；二是用西班牙语和葡萄牙语撰写的拉美地区史支离破碎、不成体系，因而其研究叙述不为人所知。学术上一种既定的、默许的观念便是认定了这些从"南方世界"②产出的研究叙述在理论上和研究方法上都不够成熟，而上述的两个拉美地区技术的制约因素又无疑与这种偏见相关。质疑声不可否认，但从积极的一面来看，技术变革在拉美地区的经济、政治和社会历史中的作用依旧是学界关注的话题，

---

① "拉美"是"拉丁美洲"一词的简写，这一概念狭义上包括了以拉丁语族语言为官方语言的美洲国家和地区；广义上包括了美国以南的全部美洲国家与地区。本书对这一概念均简称为"拉美"。

② 此处"南方世界"为 20 世纪 60 年代提出的概念，是一种将全球的贫富地区进行南北划分，并将"南方世界"（或"南方国家"）定义为欠发达的说法。

有一定的研究价值，并形成了一定的研究规模——这是一个不断发展的研究领域，用英语开展相关研究的领域尤为如此。[1]虽说研究规模不可忽视，但笔者在此引用胡安·何塞·萨尔达尼亚（Juan José Saldaña）的观点总结研究现状：史学家对拉美地区的技术本身与技术活动的关注，相较于其他学科分支，仍然较少。[2]

克雷默、维苏里、梅迪纳和雷蒙等学者近期开展了一系列史学调查，结果显示，拉美地区的科技史研究出现了学术上的转向。[3]过去30年里，该领域有一种新的研究趋势，即更加重视在社会文化背景下开展技术研究，研究对象包含乡土知识技能、"混血型"知识体系和国内技术能力等，这里仅列举这些研究涉及的几个主要的领域，如基础设施、农业生产、核能和计算机。然而，这些史学论文是基于科技史和科技研究的学科立场开展研究，并未考虑经济和商业史学家作出的重要贡献。笔者所指的文章便有爱德华·贝蒂（Edward Beatty）关于墨西哥波菲里奥时期①的技术转让和专利工作的研究，艾伦·戴伊（Alan Dye）对1899—1929年古巴大规模制糖的连续化工艺技术兴起的分析，以及奥罗拉·戈麦斯·加尔瓦里亚托（Aurora Gómez Galvarriato）对墨西哥革命时期②纺织业机械化的案例研究。[4]最近的史学界调查还忽略了更古老的发明和技术教育史，如拉蒙·桑切斯·弗洛雷斯（Ramón Sánchez Flores）关于墨西哥的不朽巨著。[5]

尽管拉美地区技术史很重要，但学界却对此缺乏关注，本序言对出现这种现象的原因不作全面讨论。可无论如何，最近的史学研究都表明，拉美地区技术史不但是一个重要的研究领域，而且也涉及该地区更广泛的史学问题：从国家创新体系到采矿业和农业的商品生产，从冷战时期科学到日常技术和基础设施。本书的作者从历史的角度研究了这些主题，也研究

---

① 墨西哥总统波菲里奥·迪亚斯的执政时期，时间为1876—1910年。

② 墨西哥革命时期指的是1910—1920年墨西哥各派系之间的长期流血斗争时期，以建立立宪共和国告终。

了其他许多核心主题。本书通过涵盖多样的主题，提供了关于拉美地区技术史的多种观点，来自不同学科中研究技术史的学者作为各章作者，其研究涵盖了科学史、经济史、历史社会学和科技研究等学科领域。虽然本书不存在一个共同的研究议程或史学视角，也并不全面综述研究领域，但值得一提的是，本书的撰写基于一项共识：对拉美地区技术的历史考察也许会为解决该地区最为迫切的问题提供一个新的切入点。但本书并没有强行推出一个普适的结论（尽管这么做显得更具批判性或说服力），而是客观地提供了多个研究视角，以期探讨 19 世纪至今的拉美地区技术史中最引人注意的内容。本书所反映的是近年来拉美地区不同区域的科学、技术和工业化的史学特点，即研究问题、研究方法和研究观点具有多样性。本书的章节是对结构复杂的拉美地区技术史给予的阐明，而这些阐释往往围绕这两个特点：技术自主性和依附性之间的矛盾冲突，以及不同程度的技术转型（地方历史、国家历史、区域历史乃至全球历史的交汇点上的）。本书不仅展示了来自不同背景的作者的不同研究，更重要的是，证实了技术在拉美地区历史上的不确定性和矛盾性。作者们认为，本书兼收并蓄，承认了拉美地区技术史的多元化；用玛丽亚·波图翁多（María Portuondo）的话来总结其特质，拉美地区技术史混合着"胜利与失败、相互的依赖与自身的依附、进步与衰退。"[6]

在依附与自主之间

1979 年，西罗·卡多佐（Ciro Cardoso）和埃克托尔·佩雷斯·布里格诺里（Héctor Pérez Brignoli）这两位有影响力的经济史学家在其著作中写道，技术依附是拉美地区政治独立以来工业化最显著的特征。[7] 在安德烈·冈德·弗兰克（Andre Gunder Frank）看来，技术，连同外国投资，都是帝国主义控制拉美地区的一种形式。他在自己颇具影响力的著作《资本主义和拉美地区的欠发达》（*Capitalism and Underdevelopment in Latin America*，1967 年版）中写道："美国的技术正在成为垄断权力的新源头，以及经济殖民主义和政治新殖民主义的新基础。"[8] 上述观点认定，拉美地区的国家由于缺乏内部技术能力，不能形成有竞争力的制造业，它的工业结构主要依附于外国大规模投资而来的工业技术转让。许多早期的技术史著作都遵循类似的思路来撰写，要改变也得是 20 世纪 80 年代及以后。1980 年以前的记载大多基于这样一个前提，即殖民主义、新殖民主义和外国经济霸权是推动拉美地区技术发展的主要力量。[9] 然而，即便是"依附理论"（dependency theory）① 这样可以被视作延伸早期拉美地区殖民地遗产研究的理论视角，也有自己的生命力，其结果便是，"结构性"的依附理论并不总是拘泥于将殖民主义作为技术主导，并以此为理论基础。结构性依附理论这种政治化的经济视角同样影响了那几十年间对拉美地区科学的社会和哲学研究。[10]

特别要指出的是，结构主义② 和依附理论在 20 世纪 50 年代至 80 年代初有着广泛的影响力。这两种理论把拉美地区的经济体描述为"半边缘化"的经济体，以及初级产品贸易条件历史性恶化的"受害者"。此外，上述理论通常还认为，世界经济是不对称的，需要有内生的工业战略加以平衡；他们支持技术自主。这类学术研究关注哪些因素阻碍了经济增长和发展，并试图证明拉美地区技术欠发达是由于不平衡的商业关系所致。但是，

---

① 依附理论，是第二次世界大战后兴起的国际关系与发展经济学理论。该理论将世界划分为先进的中心国家与较落后的边陲国家，后者在世界体系的地位使之受到中心国的盘剥，其研究核心是边陲地区在被纳入世界体系中与中心国家所拉开的差距。该理论在揭露拉美地区欠发达的根本原因中发扬光大，并受到拉美结构主义派和美洲马克思主义派两个学派的发展。在 20 世纪 60 年代，拉美结构主义学派的成员认为，世界技术体系中存在着比马克思主义者所认为的更大的自由度，强调这是一种在外部决策者的控制之下的"依附发展"。

② 结构主义是一种 20 世纪初多用于语言学研究、第二次世界大战后开始适用于人文科学的知识潮流和方法论方法，主要在社会科学中，通过它们与更广泛系统的关系来解释人类文化元素。它的工作是揭示人类的行为、思考、感知和感觉背后的结构模式。

其问题在于，没有足够的经验性历史数据来支持结构主义长期以来的主
张。[11]大多数社会科学家，尤其是经济学家和社会学家，倾向于抽象概括
出地区依附的阐释模型，对于历史偶然性、地区内部的差异性，以及该地
区所用技术的精确性等，仅作敷衍认可。

　　然而，20 世纪 80 年代末以后，史学界已很少提及拉美地区的技术依
附，也极力回避拉美地区技术的欠发达问题和世界知识生产的不对称问题。
历史学家们转而关注当地的技术史及其多样性。[12]通过建构主义 ① 路径，
学者们转向从历史维度分析嵌入社会的技术和各种备选的认识论。[13]他们
的首选研究方法则是案例研究、微观历史分析和定性分析。这种"新"的
叙述方式主要关注技术历史化、乡土知识体系、技术的共同生产，以及克
里奥尔群体 ② 带来专门技术和"混血型"技术实践。从这一角度来看，技
术不再被认为是拉美地区社会的外生因素。这一转向的代表作是 2013 年由
伊登·梅迪纳（Eden Medina）、伊万·德·科斯特·马库斯（Ivan de Costa
Marques）和克里斯蒂娜·霍姆斯（Christina Holmes）编写的《超越进口魔
法：拉美地区科学、技术和社会论文集》（Beyond Imported Magic：Essays
on Science，Technology and Society in Latin America）。一些研究认为拉美地
区的技术是从国外移植过来的，这本书很好地纠正了这些观点。

　　从某种程度上来讲，整个研究重点已从把技术作为一种可能的发展引
擎，转变为将技术视作一种本地和区域性文化的固有属性。尽管这些新研
究可以帮助揭示技术的文化维度，但未能确定乡土知识与拉美地区整体发

---

① 科学哲学中的建构主义观点认为科学知识是由"科学共同体"构建的，科学共同体试图
测量和构建自然世界的模型。根据建构主义，自然科学由旨在解释感官经验和衡量标准的
心理"构念"组成。

② 克里奥尔群体（英语：creole）多指知名时期欧洲文化与殖民地文化融合形成的新群体，
这个概念涵盖世界范围内的各种民族群体，但在本书中多指在美洲出生的西班牙血统群体
（特定的称谓为"criollo"），他们在 18 至 19 世纪作为西属殖民地的主要人口，也是当地社
会的统治者或精英阶层。这个概念也包含美洲出生的欧洲其他血统的群体，以及欧洲人与
美洲原住民所生的孩子，彼时作为少数群体。

展之间的关系。与此同时，即使技术的文化属性得以在国际上传播，其在全球经济中仍会被忽视。虽然拉美地区技术史的文化研究逐渐盛行，但仍有很多经济史学家只关注铁路、采矿、农业和产品制造等最凸显的经济领域中的机械化技术贸易和转让趋势。[14]近期的经济史研究与早期的结构主义研究形成了鲜明对比，因为它主要关注技术变革、贸易和转让模式的长期定量研究，而不是仅仅提出一个抽象的宏观经济模型来研究世界经济关系和普遍不发达现象。

继克里斯托弗·弗里曼（Christopher Freeman）和本特 – 雅克·伦德瓦尔（Bengt-Åke Lundvall）等学者提出自己的见解之后，针对国家创新体系的实证研究已趋于成熟，这是另一个值得关注的学术发展趋势。[15]在应用实证研究方法时，国家机构、行为体和政策是理解技术发展的最关键要素，特别是在涉及国家研发投资、产业政策和工程能力体制化等问题方面尤为如此。[16]这类文献主要集中研究 20 世纪下半叶的情况，并没有否认拉美地区的技术依附性，而是不再将其视为世界经济动态下产生的、以目的为导向的结果。自 20 世纪 90 年代以来，新自由主义政策在拉美地区占主导地位，针对这种现象，学界持批判性态度，"国家创新体系"观点因而得以发展。拉美地区的技术自主性和技术依附性之间的矛盾冲突成了"后期"结构主义叙事中的一种隐含元素，政治性被弱化了，使用的术语也不同了。当然，实证研究方法并非没有国际视角，但拉美地区的技术和项目并不只是与欧美国家之间关系的产物。

拉美地区技术史的众多新兴研究主题中，关于拉美地区使用外国技术的研究十分有洞察力，并修正了以前以结构主义逻辑为框架的研究。以伯恩哈德·里格尔（Bernhard Rieger）的研究为例。里格尔研究了大众甲壳虫汽车在墨西哥的民族代表性，以及工厂文化与更广泛的民族想象之间的矛盾。[17]整个 20 世纪中拉美地区"美国化"的偶发过程也是一个相关研究方向。新技术和新产品是第二次世界大战后美国梦和消费文化在拉美地区传播的基石。[18] 但也有更早的案例，比如墨西哥和智利等国，他们的铁路技术早已美国化。[19] 当我们研究拉美地区技术自主的案例时，结构主义作为阐释视角的局限性也就凸显出来。巴西、墨西哥和阿根廷的计算机与核工业的发展为相关研究提供了精彩案例。[20] 但不得不承认的是，这些案例是否能证明拉美地区已经实现了相对的技术自主，还是仅仅只是一些还有待考究的个案，依旧是一个开放性问题。

过去几年里，该领域对工程师、科学家、管理者和农学家等技术专家及其专业知识的研究比比皆是。学界特别关注了 19 世纪的古巴为甘蔗生产而发明的"混血型"蒸汽技术和化学创新。路德、库里－马查多、普雷特尔和费尔南德斯·德·皮内多等人的著作阐述了专家们通过合作，使外国技术适应古巴的环境条件以及奴隶劳工的种族管理。[21] 这些研究对拉美地区仅被动地从国外引进技术和组织过程的观念提出了质疑。索托－拉韦加对 20 世纪 50 年代至 70 年代期间墨西哥农村地区"巴巴斯可根"①的开发进行了多维度分析，揭示了农民的化学知识如何影响了全球科学（例如合成类固醇激素化学），以及全球科技化学又是如何影响了农村劳动和农业动态。[22] 斯托尔特·麦库克（Stuart McCook）是一名科学史学家，其著作《自然之国》（*States of Nature*，2002 年版）是一部开创性的著作。他在书中强调了克里奥尔群体的专门技术在出口商品生产过程中的作用，并阐述了在整个"长 19 世纪"②，加勒比地区的一系列植物学和农业混合实践的发展。[23]

---

① 墨西哥人称为"barbasco"的一种多花薯蓣或一种菊叶薯蓣，其根部发酵产生的薯蓣皂苷元可用于生产合成激素。通过美国化学家与墨西哥当地人的发现与开发，这种合成激素的制造法逐渐代替了从动物身上提取、成本高昂的加工法，类固醇和其他合成激素的世界市场价格暴跌。该加工法为大规模生产治疗关节炎等常见病的药物提供了可能。

② "长 19 世纪"是一个文学和历史学概念，指从 1789 年法国大革命开始，到 1914 年第一次世界大战爆发结束的 125 年的时期。该概念通常用于反映对 19 世纪欧洲所特有思想进展的理解。

最近的文献从另一个视角强调了科技专家参与拉美地区政治冲突的情况。以贾斯汀·卡斯特罗（Justin Castro）的著作为例。该书讲述了无线电广播技术和无线电工程师在墨西哥革命和随后的政治变革中所扮演的角色。[24] 吉列尔莫·瓜哈尔多（Guillermo Guajardo）也分析了墨西哥革命。他认为，战时铁路的基础设施和设备的使用反映了某种矛盾心理，这种矛盾心理源于农民和产业工人的相互冲突。[25] 历史学家薇拉·坎迪亚尼（Vera Candiani）在她最近的开创性著作《旱地之梦：殖民时期墨西哥城的环境改造》（*Dreaming of Dry Land：Environmental Transformation in Colonial Mexico City*）中提出，就墨西哥而言，这种对技术与大型工程项目的争论可以追溯到殖民时期墨西哥城排水系统的建设。[26] 这些著作中所描述的技术专长的政治维度，很可能会延伸到拉美地区的其他领域，比如在殖民时期和后殖民时期对原住民土地的渗透。

尽管一些学者已经开始研究技术使用者的角色，但这仍然是一个有待深入研究的话题，值得密切关注。比如，安娜·玛利亚·奥特罗·克里夫（Ana María Otero Cleves）讨论了 19 世纪时的哥伦比亚农民和工匠对外国产的开山刀的消费如何影响了国外的产品设计。[27] 当然，最近的学术研究更倾向于考察与 20 世纪现代文化相关的"普罗米修斯式"的开创型技术和大型基础设施。比如，乔尔·沃尔夫（Joel Wolfe）与赫克托·门多萨（Héctor Mendoza）不仅分别研究了汽车在巴西和墨西哥物质进步中的地位，还研究了汽车作为一种手段在建立民族认同和促进国家领土完整中的作用。[28] 尽管现在对技术问题的深入关注还是很少，但大型基础设施和技术系统，尤其是铁路技术，仍然是拉美地区国别历史研究的传统话题。[29] 关于大坝和电话网络的研究颇具前景，这些研究主要聚焦设备使用者、设备维护以及相关政治争论上，为传统研究主题提供了新的理解方式。[30] 然而，现在拉美地区缺少的是对日常技术应用以及对消费品，如建筑材料、产品技术、农业工具和家用小工具等的社会意义与文化挪用的深入研究。

全球视角中的拉美技术史

过去 20 年中，全球史学领域正逐渐兴起一种持续发展并在广泛观众中取得一定成功的写作趋势，然而拉美地区科技史在其中却受到了较少的关注。相反，对拉美地区历史的殖民和大西洋视角，或独立后时期的国家和地方视角，比全球视角更受欢迎。[31] 受限于学者们的研究偏见和制度限制，以拉美地区技术为中心的全球历史仍然很少见。全球史和拉美地区史之间缺乏对话的现象并不仅限于技术和科学研究。正如历史学家马修·布朗（Mathew Brown）所指出的，全球史和拉美地区史，同属分支学科，都是相对独立地发展起来的，至少在 1800 年后的研究中是这样。拉美地区的国家在政治独立后，无论是该地区还是其新成立的国家，都无法保持其在全球历史上的中心地位。[32]

显然，充分和适当地了解拉美地区的技术史不仅需要了解地方、国家或区域规模，而且还需要了解全球动态。与以前的以国家为中心的叙述或围绕欧洲殖民主义的历史不同，全球视角能够揭示拉美地区技术史在世界历史中的重要地位。然而，在拉美地区科技史中采用全球视角并不意味着回到"外国行为者是拉美地区科技转变的唯一参与者"的叙述方式。它需要将拉美地区的案例研究放在国际背景下，例如调查当地技术和科学机构如何影响全球发展，以及如何被全球发展所影响。在这样的研究中，无论是全球化、全球性、本地化还是地方主义，都不具备自主的分析能力。深刻影响社会经济领域的并不是抽象的"全球化"，而是分别在大规模的跨地域环境中发生的可分别定义的过程。[33] 这种全球视角并不是全新的；早在 20 世纪 90 年代，一些作者明确指出，拉美地区在工业创新方面的有限速度并不意味着在适应、复制和转化进口技术以满足特定环境方面缺乏积极参与。[34]

从历史上看，全球技术和基础设施在抵达或安装到拉美地区之后就发生了适应和转变。当地技术、乡土知识、国内政治进程以及独特的地理和环境条件塑造，并且仍然在塑造着不同的拉美地区技术文化、系统和制度。对外来技术的适应和新技术装置的发明都融入了特定社会的阶层、经济和认知动态中，同时又受到社会之间关系的制约。[35]正如琳恩·卡特（Lyn Carter）所说，全球化是一个历史进程，影响着众多领域，如信息、资本、劳动力、市场、通信、技术创新和思想等。[36]因此，对于拉美地区历史的研究来说，严格区分技术和科学（以及其他形式的知识）是有问题的。[37]然而，与此同时，拉美地区的科学产出及其在全球（大规模）科学网络中的作用是全球科学史中应该考虑的核心问题。[38]从这个意义上说，对20世纪拉美地区工程和科学社区的形成以及它们与国家政治和外国专家社区的关系的研究，值得更进一步。[39]

西属美洲地区的白银生产情况尤其能说明问题。银矿开采和贸易是16世纪至19世纪全球经济发展的关键，也是这一时期欧亚经济关系的基础。[40]正如索尔·格雷罗（Saul Guerrero）在他的新书《火炼银，水银炼银》（*Silver by Fire, Silver by Mercury*）中所展示的那样，在新大陆，用水银提炼银矿石的过程达到了完美的程度，其规模在欧洲是前所未有的，新的矿石研磨设备、化学配方和回收设备都是在当地创造的。[41]格雷罗明确指出，独特的乡土知识和技术对全球白银生产经济的形成起到了重要作用。

人们倾向于将"全球化"视为一种占主导地位的历史力量，这种力量将其主要特征强加于世界各地的不同地区。然而，正如于尔根·雷恩（Jürgen Renn）等人所论证的那样，全球的科学技术知识都受到试图复制这些技术的地区条件的约束。[42]例如，在17世纪英国改良反射炉技术的例子中，似乎很明显，这种冶炼铜或铁等金属矿石的技术是在多个不同地方的背景下经过数十年的发展而形成的。很久以后，在19世纪，大量的投资和熔炼技术的突破再次发生在一些金属矿石冶炼地点（例如在澳大利亚和智利）。[43]正如克里斯·埃文斯（Chris Evans）和奥利维亚·桑德斯（Olivia Saunders）所研究的那样，这种熔炉的发展与全球铜市场的扩大之间的关系表明，在全球－地方相互作用的经济过程和认知过程之间往往无法划出明确的界限。

类似的例子还有高炉技术在全球的普及。这项英国改良技术在欧洲某些地区成为标准技术，如18世纪的法国和普鲁士。后来，它被用于在墨西哥和巴西生产钢铁。[44]从这些例子来看，很明显，尽管存在许多困难，精炼技术已成为全球化的实用知识，在世界各地的不同矿山点得到应用。在当地环境中，这些高炉通过当地专家文化和知识管理机构的调整，适应了生产的精确地质要求。在这些例子和其他例子中，技术的地理传播改变了西属拉美地区的附属知识管理机构。知识和专业技能在大西洋的流通往往削弱了西班牙帝国内部的制度联系，并促进了其他政治实体的出现，如克里奥尔群体的公司体制，这些政治实体组织了技术的生产。[45]

知识经济（或认知矩阵）的概念涵盖了人类学研究及非人类过程在多个尺度上复杂的相互作用。例如，古巴生物物理学的历史就展示了这样一个多层次的演变。自20世纪60年代以来，古巴的科学进步不仅仅是从经济更发达的国家复制过来的，也不是简单地模仿。来自古巴、东欧诸国、苏联和西欧诸国的科学家在不同的技术科学项目中合作，以加强古巴的物理学研究。[46]自20世纪60年代以来，古巴学术界与外国研究机构的合作促成了古巴理论物理学的制度化，包括高质量实验室技术设备的发展。外国参与古巴地球物理学的研究也适应了古巴的地理和地质条件。古巴科学的跨国层面还体现在其他领域，如生物医学研究，生产用于医学分析的激光和核实验室设备。[47]然而，古巴科学并不是拉美地区跨国科学合作的唯一例子。以乌拉圭肉品加工业的崛起为例。卢西娅·勒沃维茨（Lucía Lewowicz）揭示了弗赖本托斯（乌拉圭）的利比希肉汁公司（Liebig's Extract of Meat Company）在19世纪60年代所展现的国家、地方和国际力量之间的相互作用，以推动该制造公司的发展。这家工厂通过知识转让、商业合作和生产工艺的调整，实现了以科学为基础的实用创新。[48]

亚洲视角中的拉美技术史

21世纪通常被视为"亚洲世纪"。欧洲和北美洲各大高校的亚洲研究再度蓬勃发展，与其他领域相比，这在技术史上是显而易见的。在亚洲转型的背景下，人们可能会想，拉美地区不断发展的技术史是否可以借鉴亚洲近代技术史的主题、方法和范围。当然，"其他国家"的技术并不都是一样的，它们的历史也不能画等号，但看看现在展示出来的，支撑了东亚经济成功的元素可能有助于未来更加专注和细致地讨论拉美地区的技术史。[49]

技术动态与经济现代化密不可分，并带来了社会福利的增加，如果我们单从这个历史问题来看，倘若拒绝接受19世纪以来任何涉及技术的良性的殖民扩张概念，那么去概括最早从国外引进的事物也会成为一种尖锐的讽刺。无论长期影响可能是什么，无论是来自更先进技术系统的技术转移还是地方政府干预，拉美地区似乎都与日本，还有韩国、新加坡、中国等新兴工业化国家及地区的经济现代化密不可分。这并不意味着所观察到的变革模式在某种程度上是最优化或文化上最卓越的，也不意味着它们是唯一可能的变革。但正是这些变革有效防止过去十年中全球经济的彻底崩溃。

第二个研究中的"痛点"源于上述的讽刺，即没有确凿的证据表明，亚洲社会承接技术转移的进程、实现的相对快速的经济现代化的适应和转型过程不可挽回地损害了优秀文化制度和规范。虽然所有这些国家都在某阶段经历过低谷，但大多数都是在技术现代化之后逐渐实现了发展。联合国开发计划署（UNDP）2015年人类发展指数将新加坡排在第5位，中国香港地区排在第12位，高于英国；日本和韩国分别排在第17位和第18位，高于法国、比利时和意大利。[50]2015—2020 年期间，中国香港地区、日本和新加坡在全球女性预期寿命方面排名第 2 至第 4 位，韩国排名第 7 位，同一时期，亚洲的新兴工业化国家及地区（包括日本）都位列全球婴儿死亡率最低的 12 个国家之中，新加坡与卢森堡并列第一。最初的技术依附也没有导致现代技术能力的丧失：基于 79 项全球指标，新加坡的国际创新指数高于德国，韩国和中国香港地区和日本的排名高于法国。在 21 世纪初，与欧美的技术创新者以及他们所假设的早期历史优势相比，这些亚洲国家及地区的社会经济体系也不能被称为失败、落后或垂死的。[51]

我们可以提出第三个痛点：这些亚洲国家及地区中没有一个能够在 19 世纪和 20 世纪初摆脱西方的侵略和殖民主义。毫无疑问，在它们的技术发展之前，这个群体中的所有亚洲国家都遭受过殖民主义或西方势力范围内的分裂，或者受到了来自炮舰外交的严重军事和商业威胁。此外，日本通过西方化、重工业和军事扩张计划（特别是在 19 世纪 90 年代和 20 世纪 30 年代），试图将中国台湾地区、中国东北地区和朝鲜半岛等地变成殖民地。而这种跻身列强的行为，离不开明治到昭和时期日本政府在工业化国家中占据一席之地而迅速发展的军事工业联合体的决心。

也许通过对比拉美地区的案例，我们可以在某种程度上解决这些讽刺。东亚模式的突出特点是技术转让、国家作用和制度创新。将拉美地区的历史置于更广泛的比较背景中，可以很好地阐明该地区技术史的一些更广泛的问题。再回到联合国开发计划署的人类发展指数，拉美地区的国家与中国香港地区、韩国、日本和新加坡差距相去甚远。智利首次亮相，排名第 41 位，随后是阿根廷（第 47 位）、乌拉圭（第 55 位）、古巴（第 73 位）和墨西哥（第 74 位）。这种相对缓慢的发展与区域研发支出相对较低和国内产业创新能力有限相关。长期的技术依附和国家创新政策的推进能否解释拉美地区的整体情况，仍然是一个悬而未决的问题，历史学家必须结合对拉美地区技术的更具有文化导向的研究来解决这个问题。

　　我们甚至可以认为，制度创新是亚洲国家这些后发国家成功背后的主要因素，从技术创新、国家干预和技术转让中创造出新的历史局面。与亚洲的历史类似，制度创新与拉美地区技术发展道路之间的联系有待进一步探索。很久以前，约瑟夫·熊彼特（Joseph Schumpeter）曾经提出，技术变革（生产技术的变革以及新产品的创新）应该被看作是与更广泛的技术现代化紧密联系，这些技术现代化包括开拓新市场、创新的组织方式（例如在分销方面）和新的法律手段，以及对新旧资源或废物（如黄金尾矿）的新利用。如果我们接受熊彼特模式中技术变革的一个版本，那么中国历史的大部分不仅在西方的观点中变得更加"理性"，而且很可能被认为至少具有同等的生产力。[52]这些因素有效地包含了自 1851 年以来各种各样的制度创新，如知识产权制度、国际展览和相关形式的积极活动形式、越来越多的与科学研究和调查相结合的教育和培训机构，以及从私营企业中涌现出来的无数研发机构，其中近期《技术史》杂志的特刊中专门讨论了许多拉美地区的问题。[53]

　　当然，制度无论在经济史上还是在技术变革的历史上都起着重要的作用。正如道格拉斯·诺斯（Douglass North）所总结的那样，历史"在很大程度上是一个制度演化的故事，在这个故事中，经济的历史表现只能被理解为一个连续故事的一部分"。[54]这在中国的历史中得到了非常好的说明，既包括其资源紧张的时期，也包括最近几年经济崛起的时期。在西方经济逐渐影响和侵蚀亚洲技术的历史，而中国这样国家的治理倾向于寻求制度创新，以带来经济创新，以此作为解决经济发展和社会福利问题的办法。早期的一个论点认为，农村经济中的制度创新使中国能够从 19 世纪下半叶开始动员国内劳动力资源以实现经济盈余，这是由经济停滞和寻求对地方和区域资源更有效控制所引起的。[55]最近的研究表明，体制创新和技术变革之间有着千丝万缕的联系。[56]

　　相比于对技术变革的追求，自主创新或许是中国的科技史的大趋势。

中国自改革开放以来，技术变革是其现代化计划中的重要组成部分，该计划中新的产权制度、教育和培训以及信息和知识的转变占了很大的比重。许多评论家曾认为中国缺乏西方启蒙传统。然而，中国经济的进步与技术的快速发展同样迅猛，速度不亚于其他地方的奇迹性增长（如日本或德国），远远快于19世纪的早期先行者，并且与这些情况大不相同。中国的发展改变了发达国家的孤立和敌对态度，在2008年开始的全球发展危机愈发严重的形势下，仍然持续发展。事实上，我们可以从20世纪早期开始的中国政治话语和制度的变化中看到政治制度创新，促进了技术传输的流动以及整体技术能力的稳步提升，而且是在2008年以来影响全球发展的经济危机面前做到的，那时中国还没与发达国家的贸易商相连接。因而，我们可以把中国自20世纪早期以来的政治体制的变化，看作是政治制度创新，这种政治制度的创新使技术转移和稳步提高成为可能，因此值得借鉴。[57]

同样，在拉美地区的历史中，制度也在其不确定的技术史中发挥了核心作用，具体可参见把制度和制度变革的研究视为技术动态的基本驱动因素的研究。相关学者讨论的核心问题便是，是否存在另一种制度使拉美地区的经济增长速度更快。[58]专利的历史是最能体现制度创新和技术进步之间关系的话题之一。19世纪和20世纪的历史记录表明，外国专利在拉美地区的创新体系中占有很大的份额。拉美地区的专利制度相对薄弱，而且各国之间的差异也很显著，同时也容易受到外国干预、自身依附性和激烈的公众争议的影响。[59]很明显，新独立的共和国的政治精英们将财产权视为现代国家的制度支柱。也就是说，专利权被视为促进国家进步的必要制度改革。尽管最近人们对专利是否保护对拉美地区发展的最终利益产生了怀疑，但该地区的几个国家毕竟是1893年保护工业产权的《巴黎公约》的早期签署国。当我们回顾19世纪末开始的泛美洲会议上有关知识产权的谈判时，这种趋势也很明显。在《与贸易有关的知识产权协定》之后的时代

（1994 年至今），拉美地区关于知识产权的政治讨论变得更加激烈，尤其是关于生物探索、药物创新以及对乡土知识和物质文化保护的问题。[60]

技术现代化的"后发视角"及其与形式知识的关系往往侧重于现代化国家在教育、培训和应用研究机构的制定和资助方面的作用。这一方面，对日本后发工业化的广泛史学研究特别具有借鉴意义，可以进一步充实拉美地区的技术史研究。明治时代的日本，从 1868 年开始，取得了卓越的工业成功，这与私营部门和公共部门活动的综合并行、大量引入西方技术和相关知识的代理人、对新的法律和监管体系高度关注以及出人意料的低公共开支有关。[61] 日本成功地转移、模仿、移植和改进源自西方的工业技术，并通过快速崛起的城市知识网和技术机构进行了非传统的、通常非政府的协同发展。日本案例中后期发展的成功似乎依赖于非正式的模仿、知识竞争和共享，以及非正式的协会，其中很多超越了直接的国家资助和指导的范畴。[62]

毫无疑问，明治时期的日本，以城市为基础的协会和知识社群的增长在一定程度上受到政府管控，因为它们依赖于新的社会背景下的新文明，以及普遍的社会共识，即与西方的互动和亲近的群体得到了有影响力的和有关系网络的政治精英的认可和参与。因此，随着时间的推移，吸收和转化西方知识和社会理解，既不是一种纯粹的官方产物，也不仅仅是城市化和来自外部的文化挑战自发生长的结果。后者是一个充满社会和经济创新的公共领域的反映，前者则似乎更像是一个更加有意识构建的、用于转移和推进有用但超越性知识的场所链。

与日本的情况相比，拉美地区在整个 20 世纪的工业现代化和后期发展历史中充满了政府干预技术转让和国内技术攻关失败的例子。但就其本身而言，拉美地区的技术失败还有其他解释，包括私营部门权力过大、法律执法不力、对外贸易中技术吸收有限，以及外国投资的榨取本质。

本书聚焦的主题

本书的撰写者聚焦于 19 世纪和 20 世纪，从多元的理论和方法论角度反思了一系列中心主题。许多文章超越了国家范围，要么集中于区域维度，要么通过发展比较和国际研究方法对当地案例进行研究。诚然，本书的主题和地理覆盖范围必然是有限的。虽然作者们考察了南美、中美和北美地区的案例研究，但某些国家的代表性相对较弱。墨西哥和巴西是美洲大陆最大的经济体，被广泛考察。阿根廷、古巴、委内瑞拉和智利的案例研究也贯穿全书。

本书对五个主题进行了广泛探讨。第一，通过跨国流通，包括抵抗、适应和挪用的动态关系，推进工业和科学技术的共同生成。第二，技术和专业知识在政治变革中的作用，即对技术政治的研究，其中工程师和科学家是活跃的历史行动者。第三，该地区农村历史中环境和技术必要性的相互作用，例如商品边界的冲突和农业生产的转变。第四，对日常技术、大众运输系统和基础设施，包括电话、港口、电力和计算机的考虑。第五，专业知识流通和知识普及的对比历史，如新技术和实用科学的传播方式。

面向全球市场的商品生产在历史上一直与技术变革联系在一起。本书第 1 章，丹尼尔·B. 鲁德（Daniel B. Rood）考察了 19 世纪中期古巴城市（尤其是卡德纳斯和附近的马坦萨斯的糖产区）的铁路、港口和仓库的发展。该章将基础设施扩张的地方历史与国家蔗糖产业和全球资本主义转型的整体形势结合起来。它的重要历史学创新之处在于显示出古巴各地港口基础设施并不是统一的，而是根据不断变化的需求和地方特点而形成的。作为上层精英的商人－种植园主群体建立了一个适应当地甘蔗生产条件的物流系统，比如哪些产品是可用的。这样做使得种植园主重新调整了古巴糖业生产的地理格局，还扩大了大西洋贸易环路。

赫尔格·文特（Helge Wendt）关于 19 世纪晚期墨西哥煤炭生产的本书第 4 章，强调了区域背景与技术发展的相关性。文特回顾了科阿韦拉州、新莱昂州和普埃布拉州的地质知识、开采技术和工业生产的发展。他的贡献集中在煤炭生产的两个相关方面：第一，知识生产中的全球相互关系，特别是外国地质学家的知识和美国公司对墨西哥煤炭出口投资的核心作用；第二，知识转移、交换和向墨西哥传播的中断或限制。最后，文特将墨西哥北部煤炭地区与南部煤炭工厂进行比较，概述了区域工业和矿业发展的独特模式。

克里斯提亚娜·贝特（Christiane Berth）在本书第 3 章中提出，拉美地区农村电话网络的扩张不是来自国外的被动扩散，而是"交织的知识"。这种交织涉及当地需求、国家规划和电话市场的全球发展。在 20 世纪早期和中期，地方专家、国家官员和电话用户都积极参与了电话网络的建设，甚至触及彼时交通不便的墨西哥恰帕斯州。在拉美地区的一些农村，电话合作社成为一种成功的模式，是中央集权国家模式的一种替代方案。电话网络对农村社区具有社会意义，这解释了尽管缺乏专业知识、外国投资和国家方案，电话网络为什么仍能迅速发展。

新技术设备在本土发展的另一个方面反映在本书第 2 章戴安娜·J. 蒙塔诺（Diana J. Montaño）关于 20 世纪初墨西哥城对有轨电车的普遍接受的研究。这种新的交通系统明显增加了致命事故的数量，促使新的安全装置，即所谓的"救生者"的发明。蒙塔诺详细描述了其中的几项创新和公众的批评，他们觉得自己没有任何安全措施来应对这种新引入的致命技术。在日益密集的城市空间中，这些发明代表了墨西哥报纸上广泛讨论的具有挑战性的新技术对象。新安全装置的测试成为公共奇观，墨西哥报纸对此进行了讽刺的评论。这些救生装置的专利证明了这一时期丰富的创新活动和不断变化的技术文化。

技术变革是拉美地区和加勒比地区"商品边境"动态变化背后的重要

推动力。大卫·普雷特尔（David Pretel）在本书第 6 章中考察了 19 世纪中叶至第二次世界大战期间尤卡坦半岛上三种商品的兴衰：黄条龙舌兰、糖胶树的胶和墨水树的提取物。正是在 1846—1901 年尤卡坦半岛种姓战争，这场持久的玛雅人起义期间，商品边境与技术轨迹密切相连。全球技术变革、地方知识、区域基础设施和传统技术的相互作用为这些原材料的商品生产奠定了长期的模式，包括对人和环境的剥削。在这些热带自然资源开采的案例中，不同规模的技术交织的历史对当地人民产生了明显但往往是意想不到的社会经济后果。与此同时，生物因素限制了这些源自玛雅人聚居地区的全球商品的商品化、制造和贸易。

伊芙·巴克利（Eve Buckley）在本书第 7 章中的研究探讨了 20 世纪中期，在干旱肆虐的巴西东北部地区，一个专业技术阶层的崛起。在这里，作者进一步发展了她的新书《20 世纪巴西的技术专家与旱灾与发展政治》（*Technocrats and the Politics of Drought & Development in Twentieth-Century Brazil*，2017 年版）的结论，结合了其他学者关于技术政治和土地改革的见解，如米卡埃尔·沃尔夫（Mikael Wolfe）关于农学家和水资源管理对墨西哥革命期间拉拉古纳地区土地分配的影响的书。[63] 他们各自的著作在政治、环境和技术的历史上相互交错，清楚地展示了机构政策、中产阶级技术专业人士和自然条件在国家主义和发展政策的年代中的交织关系。这些技术官员鼓动实施的灌溉技术和项目不仅未能实现其革命性的承诺，而且还造成了普遍性的环境后果。

计算机在最近的史学中受到了极大的关注。黛博拉·格斯滕伯格（Debora Gerstenberger）在本书第 8 章中质疑军事作为技术创新的先锋作用。她援引阿根廷军队中计算机引进为例，探讨其缓慢而奇怪的进程。虽然几份与阿根廷武装部队有关的期刊和报纸中广泛讨论了使用计算机的利弊，但一些民间机构早在 20 世纪 60 年代就已经采用了这项新技术，而这些军事期刊的几篇文章质疑使用这项技术的好处。他们担心这项技术可能会挑战军队的习惯和作为男性士兵的地位。格斯滕伯格指出，军事领域内部的讨论也反映了计算机的革命潜力、人与机器的关系以及战争的未来。

技术与社会的纠缠本质贯穿于本书，包括本书第 5 章何塞普·西蒙（Josep Simon）关于教育技术的研究。西蒙回顾了科技如何辅助拉美地区学习的漫长历史，从铅笔到笔记本电脑。他的文章涵盖了近两百年来在阿根廷、墨西哥和巴西等地的教育实践中的新教育技术，并对技术的性质进行了质疑。此外，也考虑了美国教育项目对拉美地区课堂的作用和影响，并与全国关于新教学方法的辩论联系起来。他对教育电影、广播电台、新教科书、视听方法和拉美地区教育发明输出的考虑，为教育方法的历史发展提供了丰富的概述。其中一些技术的短暂性为进一步的研究留下了重要的问题。

冷战期间，政治竞争也延伸到了大型科技项目，比如智利的阿塔卡马天文台。从 20 世纪 60 年代开始，智利的天文学在"太空竞赛"的国际背景下发展起来。本书第 9 章中，芭芭拉·席尔瓦（Bárbara Silva）将全球与拉美地区在政治、技术和科学方面的发展结合起来。席尔瓦提供了自 20 世纪初以来的天文观测记录，其中涉及 20 世纪 50 年代为寻找新天文台地点而进行的竞争性国际搜索。在这种背景下，智利成为苏联、欧洲和美国天文学家之间竞争的地方。国际天文台的建设涉及智利和国际政治和学术机构，并为培养智利天文学家提供了机会。该章与本书中的许多其他章一样，揭示了科学知识和技术的转移只能通过考虑各种各样的因素，从政治背景到环境条件，从经济要求到知识结构等来进行研究。

生物技术行业已经成为包括拉美地区在内的国际层面上的一个重要经济部门。海伦·亚弗（Helen Yaffe）在本书第 10 章中研究古巴的生物技术奇迹，将文章置于医学史、商业史和古巴革命史的交汇处。为了理解古巴生物技术领域的崛起，她首先考察了这个岛国悠久的应用科学研究和技术创新传统。文章的主体探讨了古巴生物技术部门从 20 世纪 80 年代开始的崛起，并关注了国家政策的鲜明特点。这篇文章通过对古巴生物技术突破的研究，为拉美地区国家社会主义的历史提供了一个新的切入点。

国家主导的石化行业创新是拉美历史上的经典课题。索尔·格雷罗在本书第 11 章探讨了委内瑞拉石油公司在 20 世纪末和 21 世纪初的技术变革模式。直到 2005 年，主要建立在国内专业知识基础上的国家创新努力、研发项目和产品创新取得了明显的成功，这一点在专利注册模式中清晰可见。这家企业成功地找到了解决特定问题的技术方案，然后将其出口到其他石油加工国家。然而，自那时以来，委内瑞拉石油行业因国内外、技术和政治等多种力量的原因陷入了危机。

目　录

第 1 章
糖业港口的基建之争

19 世纪，古巴，享誉世界的制糖业逐步崛起，而围绕糖运输港口的基础设施建设由此拉开。这是一场精英阶层的商人 – 种植园主的家族斗争，更是一场阶层划分，参与其中的人，如同离心机中的糖，有的被过滤，有的被精炼，而这种社会风貌，不失为一种"离心"的资本主义。

本章探讨了基础设施改造在 19 世纪拉美地区资本主义历史中的作用，更确切地说是古巴的奴隶制糖经济。在这个岛屿殖民地上，手工制糖技术，加上早期的铁路、环境改造和大规模的奴隶贸易，共同促使古巴成为 19 世纪 30 年代世界上最大的制糖国。这一部分的故事早就得到了很好的讲述。[1] 然而，1837—1843 年是容易被研究者们忽视的历史时间段，在此期间，技术、政治和经济的挑战随着时间的推移愈发紧密地相互交织，推动糖的生产和运输发生了更深层次的转变。这个时间段最重要的创新是

"德罗纳系统"（Derosne system）^①，它使得甘蔗种植园田地里的工厂系统基本成形。该系统利用蒸汽动力和真空装置来降低成本，加速糖的生产，同时最大限度地提高白糖的产量。而随着运输的便利化，古巴糖产品在外国市场上也能获得更高的利润。这个时间段出现的新型工业制糖设备的一个关键组成部分是蒸汽动力离心机。离心机可以将脱水阶段从几周缩短到几个小时，并且可以更精确地分离不同等级的糖。[2]

从 19 世纪 40 年代开始，随着离心机转动的角动量的增加，一批新兴商人－种植园主便可生产出不同种类的糖，利用交通基础设施将不同等级的糖制品投入不同层次的市场。随着铁路的扩张改善农村交通，这些商人－种植园主将高质量的净化糖运送到哈瓦那（Havana）的新码头仓库，将较低等级的糖蜜和黑糖直接从二级港口城镇运出去；其中马坦萨斯（Matanzas）和卡德纳斯（Cárdenas）是最重要的港口。[3]哈瓦那有跨国金融通道，有深水港口，有新的仓储设施，有作为进口目的地的良好声誉，在靠近政治权力中心的地方，主持着大型船只和白糖的运输，其中最大比例的白糖运往英国。[4]马坦萨斯本地生产的白糖通过铁路和帆船运往哈瓦那，而本地生产的黑糖通过小商人的传统方式直接出口到北美。卡德纳斯，作为本章的重点，则拥有相对较浅的港口；那里的商人直接用较小的美国纵帆船出口糖蜜。这个二级港口还有通向古巴岛上最现代化、土壤最肥沃的种植园的交通运输设施。然而，由于精英阶层的商人－种植园主群体对新运输系统的要求，"种植园白糖"的运输线路会经过城镇的仓储区，再通过沿岸贸易船或蒸汽船到达大圈环绕哈瓦那的仓库群。

尽管古巴的大部分白糖都是在马坦萨斯和卡德纳斯附近生产，但哈瓦那仍然保持着作为出口中心的主要地位，这要归功于这座城市的新储糖仓库，到 1860 年时，这些仓库将跻身世界上最大的铸铁结构建筑。仓库

---

① 以法国化学家和工业制造机械的发明者路易－查尔斯·德罗纳（1780—1846 年）命名的炼糖、蒸馏和工业制造技术系统。

的组件在纽约的一家铸造厂预制，并在古巴现场组装。雷格拉仓储公司
（Regla Warehouse Company）和其他类似公司经营着自己的铁路，并为种
植园主提供银行和保险服务，从而为古巴制糖经济的基础设施改造奠定了
基础。[5]

尽管有离心机和铸铁仓库等新技术的推动，加上港口的地形和位置的
优势，但将古巴糖业市场的不同领域分配给三个主要港口的并不仅仅是技
术或地形。相反，商人集团之间的竞争导致了基础设施变革的斗争，其中
小一群西班牙出生的商人－种植园主形成的新兴派系利用技术和地理优势，
建立了城市间糖业劳动的等级划分。本章通过对卡德纳斯港这个没有被深
入研究的地域进行事件考察，展示了技术变革如何与不同商人集团之间的
竞争相互交织，又受其影响；也是马克思所称的"资本的分割"。从中可
见，阶级冲突的决定因素不单是统一的"资本"对抗单一的"劳动力"，而
且是家族、种族、宗教或民族情感构成的资本家集团之间的相互竞争。[6]
这些商人集团以古巴西部不同港口城镇的地理优势为依托，试图通过重新
塑造殖民地的基础设施来争夺与糖业有关的利润。

商人集团之间的竞争在某种程度上是对 1815 年后大西洋世界出现的新
海运模式的回应。主要由于西班牙和美国关税政策的转变，哈瓦那通过与
英国资本的紧密联系，加深了与欧洲种植园白糖消费者的关系。而在马坦
萨斯和卡德纳斯，通过摩西·泰勒（Moses Taylor）等纽约的商业银行家支
持，一群不那么富有的古巴和北美商人越来越多地向美国供应黑糖和糖蜜。
每个城市修建的港口基础设施都反映了这种分歧。雷格拉仓储公司为白糖
产业提供了大规模、集中、高效的基础设施，但要满足哈瓦那所需的白糖
数量，就需要改变马坦萨斯和卡德纳斯的商业生活。

小型糖商对这些变化表示抵制。在卡德纳斯，一场积压已久的反抗运动
在 19 世纪 50 年代爆发，原因是控制着当地铁路的精英阶层的商人－种植园

主计划将货运站移到城外15英里^①的地方，并制定歧视性关税，将白糖集中在哈瓦那之外的那些和他们有交情的个人手中。然而，不久前发生的奴隶反抗事件使得建立新货运站的支持者们找到新的理由，他们声称将一个庞大的非白人劳工群体安全地控制在离白人人口中心较远的地方对所有人都有利。出于政治原因，该货运站被允许搬迁，这一举措进一步加剧了糖业的分割。

在关于蔗糖历史的文献中，"重复的岛屿"或"种植园综合体"的概念常常会让人误以为自15世纪以来，一个相同的系统被从大西洋的一个岛屿复制到了另一个岛屿。[7] 虽然这种观点在某种意义上是准确的，却掩盖了这样一个事实，即糖产业之所以能构建起系统的半球经济，是因为它是由各种不同的部分组成，且在一系列地理范围内引发了空间上的劳动分工。虽然"糖"通常被视为一个无差别的历史统一体，但糖类商品的"离心"分化促成了不同的发展路径，基础设施的变化不仅使得糖按"白"的等级确定利润的方式成为可能，也对这种方式做出了响应。

叛乱镇压、商人冲突和卡德纳斯的货仓争夺

在19世纪50年代关于基础设施的争论中，卡德纳斯的当地商人提供了一种对当地历史的特殊解读来支持他们的观点。当他们在19世纪30年代末第一次到达这个城镇时，"一切都是荒地，除了把从周围农场收到的糖箱运上开往哈瓦那的双桅帆船上，没有更多的活动。"[8] 在城镇南部肥沃的平原上，奴隶们费力地在这片荒地中开辟出甘蔗园，但他们雄心勃勃的主人却因频发的洪水而感到沮丧。早期的道路使马车在雨季几乎不可能通行。种植园主支付 3~4 美元将每箱糖从他们的种植园运到卡尼马尔河（Canímar River），从那里箱子可以乘船漂到马坦萨斯。[9] 由于这些困难，1839 年，

---

① 英制长度单位，1 英里约为 1609 米。

领导卡德纳斯铁路公司（Railroad Company of Cárdenas，RCC）的克里奥尔人（在美洲出生的西班牙裔）种植园主们修建了一条向南延伸的铁路，直达迅速崛起的甘蔗种植区域，在这个只有两百人左右居民的边境小镇建立了一个集散站和一个存储仓库。

在此之前，卡德纳斯地区附近港口城镇马坦萨斯的商人们一直以为自己将成为这场糖业扩张的受益者。而此时他们突然开始担心所有大型新兴种植园将从卡德纳斯的铁路通向海上枢纽，并试图阻止新铁路的建设。1839 年，卡德纳斯铁路公司的总工程师指出："马坦萨斯的商人们正在反抗我们的项目。"正是因为马坦萨斯商人的阻挠，卡德纳斯直到 1843 年才开始建立自由港。[10] 为了摆脱马坦萨斯商人的阴影，坚毅的糖商们需要与马坦萨斯相媲美的基础设施。他们意识到，修建铁路只是第一步，但还是慢了这一步。

正如哈瓦那和马坦萨斯的居民同时发现的情况那样，卡德纳斯铁路的建设也需要对城市空间进行配套改造，以便将陆地和海上交通联系在一起。这个杂乱无章的城镇几乎没有什么通道，"一些商人在水上建造的仓库根本没有办法到达新的铁路车站"。因此，"为了自己的方便"，以及与城市商人的共同利益，铁路公司修建了通往商人仓库的内部铁路。该铁路公司计划用"牛拉货车厢沿轨道至城市的私人仓库"。然后，暂时控制货车厢的个体商人们给车厢装货并上锁，等到货车厢"连接到即将离站的火车头"，公司才收回货车厢的所有权。[11] 一些商人还将轨道延伸到他们私家码头，以便在海陆之间转运货物。[12]

作为历史更悠久、规模更大的城市，哈瓦那拥有一个陈旧而昂贵的铁路系统，这个系统在糖业的繁荣时期承受了巨大的压力（尽管雷格拉仓储项目超越了现有的城市体系，但将糖桶和箱子分散到整个城市的商人家庭的"solar"① 模式仍然沿用）。卡德纳斯则有所不同。首批商业仓库的建造早

① 在西班牙殖民美洲期间，"solar"是划分城市的基本单位之一；当一个新的定居点建立时，就分配一个"solar"。

于铁路，但是，皮尼略斯街（Pinillos Street）上的公司从一开始就是临海的糖仓库，设有私人码头，与商人家庭的内陆居所完全不同，尤其是点票室和办公室很可能也设在仓库内。虽然哈瓦那拥有近乎完美的海湾，但由于在陈旧的基础设施上所投入的巨大成本而受到阻碍，而卡德纳斯则可以从零开始建立一个铁路专用的基础设施。然而，由于未能以系统化的方式进行协调，卡德纳斯的商人们让自己处于很容易受影响的境地。[13]

于是，有一段时间，卡德纳斯铁路公司决定将仓库的建设交给个体商人，并同意将自己的小型储藏仓库限制在除了糖以外的物品上。随着商人的个人仓库沿着皮尼略斯街成倍增加，他们的私人码头在海湾上激增，铁路延长了线路，并继续以合理的速度运输糖制品。将海岸线与岛上一些最大、技术最先进的种植园（新近建立在城镇南部肥沃的土壤上）连接起来，在铁路投入运营后的4年里，卡德纳斯镇的居民从200人增加到4000人。这个港口城市强劲的商业增长在1844年得到了政府的承认，政府宣布卡德纳斯正式开放国际贸易，这一法律变化证实了马坦萨斯商人的担忧。[14]

然而，与此同时，铁路的磁力正微妙地改变着城市商业建筑的方向。新的商业机构集中在车站附近，这迫使商人们"缩小店面的尺寸"。卡德纳斯主干道上不断增加的人流量和交通流量有时使商人们"无法处理经过的铁路车厢的数量"。[15]换句话说，当地商人支持的这条铁路有时不利于开展业务，因为当货车厢出现时，狭窄的入口前没有足够的空间。他们的建筑虽然相对较新，但仍然是前铁路时代的建筑遗迹。

1853年发生在美国商人萨福德公司（Safford and Co.）仓库的一场大火烧毁了一片仓库，并摧毁了铁路。这种沉没成本的摧毁为一些人提供了机会，因为市长可以要求商人们在离海岸更近的地方重建，使得皮尼略斯街得以拓宽。当地商人看到了利益，并在1852—1853年码头翻修中支付了很大一部分费用。[16]一座大型路堤和一座砖石海堤取代了旧的海堤，并将城镇的边缘推向了海湾。在这个新路堤上建造了马里纳街（Marina Street），这意味着皮尼略斯街不再有直接通往水域的通道。马里纳街宽 180 英尺 ①，与皮尼略斯平行的仓库长度相当，显然是新的铁路支线的不二之选。[17]

事实上，当卡德纳斯铁路公司的奴隶工人拖着扭曲的铁轨和烧焦的枕木时，胡卡罗铁路公司（Júcaro Railroad Company，JRC）便开始从城镇东部穿过马里纳街为卡德纳斯的个体商人仓库提供服务。[18]以哈瓦那为基地的种植园主兼商人佩德罗·拉科斯特（Pedro Lacoste），也是这家公司的股东，似乎已经为这一刻准备了多年。拉科斯特是一个法国名门望族的后裔，他先是逃离革命，在新奥尔良（New Orleans）定居，然后搬到哈瓦那，在 19 世纪 30 年代和 40 年代，拉科斯特购买了一些海滨房产，这些房产的价值随着卡德纳斯港口的重要性提升而日益增加。仅在 1852 年 12 月，他就买下了 14 块毗连的土地。到 1858 年，拉科斯特和胡卡罗铁路公司已经集中了一大块滨海地产。[19]

一条线路沿商业区前方运行，另一条线路沿后方运行，这两条铁路角色重叠，城市空间的紊乱也"翻倍了"。[20]因此，至少在最初阶段，所涉的各方都同意，两条铁路线的合并将减少这种破坏性的竞争形式，允许对立的公司"在大量节省工人数量和时间的情况下安排他们的事务"。当地商人承认，考虑到采糖工作的紧迫性，这种节约是"微不足道的必要条件"。[21]因此，在得到城市现有商人的支持下，新的铁路联合体与以哈瓦那为基地的精英阶层商人－种植园主合作进行了一次改组，但当地人不知道的是，这将突然地使当地商人的大量基础设施投资变得毫无价值。

合并后的卡德纳斯－胡卡罗铁路公司（Cárdenas-Júcaro Railroad Company，CJRC）就购买了数百名契约劳工，并试图控制仓储业务。[22]一开始，他们承诺在城市范围内，在他们已经拥有的土地上建造新的中央货运站（他们甚至购买了邻近的土地，在城市范围内建造一个更大的场地）。然而，这

---

① 英制长度单位，1 英尺为 0.3048 米。

个计划出现了一些问题。正如董事会在 1858 年给股东的一份报告中所写的那样，计划中的选址"占用的空间太小，无法容纳旅客站、机械车间、奴隶的居住区、各种员工住房和其他建筑物"。此外，他们还指出，这块土地的形状"是一个又长又窄的平行四边形，不足以容纳每天在两条铁路线上行驶的 400 节车厢"。虽然这些因素让那些希望在城里建新车站的人感到沮丧，但还有其他一些因素令他们更加忧虑。"关于这个问题，"董事会写道，"最具决定性的条件是我们对卡德纳斯地形平面图的调查。"[23]

为了明确表达他们的担忧，董事会要求其股东设想未来的城市地理状况，一种"现在只存在于纸上"的街道布局图。中央车站将建在已经被规划为未来道路的土地上，董事会担心"地方当局"可能会在任何时候强制要求实际建设这些道路。他们担心邻近的土地所有者会对"本应预留给中央车站"的地区要求自由通行权，在那里修建道路、建筑物等。城市的位置也有其他劣势，包括火车更有可能碾到众多的行人、马匹和马车。董事会强调，市中心密集的多元化环境"不方便、不能快速也不能有规律地将车辆和机车从一组轨道转移到另一组轨道；火车没法停靠、抵达和出发，火车内数千项服务任务更是没法进行。"[24]他们新选择的地点远离城市范围，可以避免所有这些问题，同时对于为铁路工作的 122 名奴隶、112 名自由民和 228 名中国合同工将产生良性的影响——他们在农村地点受到更严密的监视，因此会"表现出较少的混乱行为"。[25]

1843 年在卡德纳斯小镇外发生的奴隶起义的记忆可能影响了那些制定政策的人。在那一年，该镇变成了一个难民聚集点，那里挤满了逃离农村的白人家庭，以至于没有足够的房子容纳他们。在起义被镇压后，白人对有色人种进行了审讯和折磨。其中有两个当地的自由黑人工匠，裁缝塞吉（Segui）和屠夫莫雷洪（Morejón）是领导者。他们与其他四人被行刑处决。交通运输系统在随后的大规模惩罚中发挥了核心作用：当地的种植园主决定平定叛乱，他们把大批奴隶送上火车，送到铁路公司的黑人仓库。然后，这些奴隶被分成几个小组运送到老卡雷拉（Sr. Carrerá）的仓库，在那里，他们被反绑在梯子上殴打。如果这些人伤势太重无法返回种植园，就被关在铁路的医务室过夜。第二天早上，其中死去的奴隶被装进货车厢，要么运到墓地，要么被"毫无仪式感地"扔进大海。[26] 换句话说，关于新站位置的讨论是在种族恐怖的背景下进行的。

在城市中心建设货运站有了充分的反对理由，卡德纳斯－胡卡罗铁路公司董事会终于不顾当地商人的正式抗议，实施了改变地点的计划。1853年大火后一年不到，公司在埃尔雷克雷奥村（El Recreo）建成了"一个巨大的储物仓库"，位于离小镇 15 英里的"一个非常宽敞的中心区域"（正如董事会曾经坚持的）。这个仓库位于横跨糖业区的两条主要铁路线的交汇处，埃尔雷克雷奥的新仓库每天可处理 7 个火车头和多达 225 节货运车厢的货物。整个综合建筑包括"一栋漂亮的楼，里面有办公室、行政人员和职员的房间；另外还有一幢房子用来加工铁制品、木制品，或作为操作工人的住宿区"。[27] 更重要的是，新的铁路线开通了从埃尔雷克雷奥村直接到铁路董事会成员佩德罗·拉科斯特的码头。佩德罗·拉科斯特的码头是海岸线上最大的码头之一，与邻近的码头相比，区别在于可以停靠在那里的船只的大小。[28] 拉科斯特在附近的胡卡罗地区还有一家很大的铜加工店，以及一支由五六艘纵帆船组成的舰队，往返于他的码头和哈瓦那之间，每艘船上都有三四十名奴隶。[29] 拉科斯特是 1849—1850 年哈瓦那码头现代化项目的主要承包商之一，他对雷格拉仓储公司的用处非常了解，所以他寻求与该公司建立直接联系。[30] 在接下来的几年里，拉科斯特从费城梅里克父子公司（Merrick and Sons）购买了两艘大型蒸汽船，从蒙特利尔的加拿大海洋工厂购买了第三艘，并在哈瓦那旧城的卢兹码头（Luz Wharf）建造了一个私人蒸汽船泊位，以便在运输中可以先将货物卸载到雷格拉仓储公司，然后将船客送到目的地。[31] 卡德纳斯－胡卡罗铁路公司因此与拉科斯特的蒸汽船公司协调，在卡德纳斯和哈瓦那之间运输货物和乘客。

卡德纳斯－胡卡罗铁路公司在糖运输的综合运输系统上投入了大量资金，现在他们必须将糖的运输转移到自己的系统中。为了确保全部运费足以支付建设成本，该公司针对城市服务设立了一项被当地商家诟病的"荒谬的特殊关税"。当然，卡德纳斯－胡卡罗铁路公司在埃尔雷克雷奥村新建的市郊仓库可以免除这种"城市服务"附加费，这使得城市商人无法与新仓库竞争。因此，这家统一的公司使用歧视性费率来强制执行城市空间的新商业组织，以缩小规模，与哈瓦那郊外的雷格拉仓储公司所完成的工作相呼应。将糖运到市区内旧仓库的运费提高了两倍，这样的收费结构保证了糖可以从埃尔雷克雷奥村流通到拉科斯特的码头，再到哈瓦那，而不需要经过卡德纳斯贸易商的手。当地商人被他们自身的成功所背叛。19 世纪40 年代，卡德纳斯商人与种植园主建立了关系，彼时种植园的奴隶正在从森林中开疆辟土种植甘蔗。正如卡德纳斯市长何塞·萨瓦拉（José Zabala）指出的那样，由此，"这些行为自然而然地引起了投机者和精明商人的注意，那些人会垄断我们的美好未来"。[32]那些曾经嫉妒底层商业增长的竞争对手抓住了1853 年火灾（一个基础设施变动的时机），改变了该城市的糖贸易格局。

原有的"铁路－码头－仓库－蒸汽船"的联合利益体似乎并没预料到一座集中处理交易和结算业务的机构就能完全取代卡德纳斯的25 个商人家庭控制的"solar"区。他们便试图通过只有精英阶层种植园主才有能力生产的产品——白糖，建立一条新赛道，来分割糖业市场。而为了保证对白糖的垄断地位，卡德纳斯－胡卡罗铁路公司对镇上的小商人做了进一步的"让步"，毕竟这些小商人依赖铁路运输他们所有的产品；城市商人也"同意"只接收糖蜜和黑糖，把净化处理后的高品质净化糖留给像拉科斯特这样的精英阶层的商人－种植园主。[33]有了专门储存白糖的新的集中仓库，利用铁路的种植园主就可以以更低的费率将产品储存任意长时间，并在市场行情好的时候出售，而把这些笨重、难以搬运、容易腐烂的大桶糖蜜留给当地的商人，不管价格是涨是跌，他们都必须立即卸货。

当地商人在他们的正式投诉中试图将拉科斯特这样的人描绘成卑鄙的垄断者。卡德纳斯－胡卡罗铁路公司给出了不同的说法：之前运输成本之所以如此低廉，唯一的原因是两家"独立铁路公司"之间的"破坏性竞争"。为了反驳当地商人对他们"合谋"指控，卡德纳斯－胡卡罗铁路公司管理委员会声称：

> 卡德纳斯的小型仓库业主们坚持将这两条铁路线路纳入自己的保护，但由于铁路公司缺乏仓库来存放货运和退货的记录账目，他们焦虑地注视着铁路公司，而铁路公司所做的，不过是建立一个中央仓库，目的是摆脱这些影响了它发展的障碍，及其在私人仓库中所遭受的障碍。[34]

旧运输系统通过当地商人的私人码头运送所有的糖，在货物上船时增加了几个额外的步骤，阻碍了运营，削减了铁路的利润。当地商人的生计依赖于从这些额外步骤中收取的费用，他们对这一变化犹豫不决，因为他们同时会被剥夺获得白糖的灵活性市场。从 1847 年开始，拉科斯特就一直反对这种降低效率又增加种植园主成本的做法，当时他反对雇佣当地商人想要的卡德纳斯的"糖蜜检查员"。[35]铁路公司与以拉科斯特为首的商人－种植园主集团结盟，他们能够向谨慎的政府官员展示他们对仓库的控制是对技术官僚主义要求的自由和开明的回应，同时他们也在通过自身基础设施优势构建市场垄断力量。

与拉科斯特关联的新一代的精英阶层商人－种植园主是该地区白糖的主要制造商。他们从十年的经验中意识到，仅靠铁路不足以摆脱第一批先驱商人的控制，于是他们成功地改造了古巴的沿海基础设施，取消了某些沿海地区的战略优势。这些来自哈瓦那和马坦萨斯的闯入者，通过卡德纳斯－胡卡罗铁路公司的机制，以及种植园集团的领导人佩德罗·拉科斯特，将实现一个多元要素系统的建设；只有这样一个系统，才能使他们珍视的铁路带来种植园主们在 19 世纪 40 年代在股东大会上所渴求的那种利益。[36]

虽然政府最终支持个体小商户，否决铁路公司对城市服务的歧视性费率，但"铁路－种植园－码头－仓库－蒸汽船"的公司合并的总体目标似乎在卡德纳斯实现了。也许把中央车站搬到埃尔雷克雷奥村就足够了。新运输系统投入使用两年后，拥挤的卡德纳斯市中心只剩下 17 个商人的仓库，减少了 38%。此外，留存下来的当地商人主要经营糖蜜。[37]糖蜜和净化糖的分化并没有完全淘汰掉老一代的小商人。他们继续沿海岸线建造自己的小型码头（可能一次只能容纳一艘船），每个码头都配备了动物牵引的铁轨支线，与卡德纳斯－胡卡罗线相交。但是很显然，他们所能接触到的糖产品范围已经变窄。在过去，卡德纳斯的商人接受缺钱的种植园主们用糖蜜作为储存费用的付款方式，只要种植园主同时从这些商人那里购买容器。[38]因此，在拉科斯特于 1858 年对仓库出招之后，当地商人几乎完全依赖这种之前曾是辅助性的交易活动。

与此同时，拉科斯特在他帮助设计的基础设施中享有更大的市场力量：作为岛上最大，也许是最机械化的种植园的代理商，拉科斯特在 1861 年在哈瓦那的圣何塞仓库（San José Warehouses）拥有 2600 箱糖。他最初与摩西·泰勒（红糖贸易中最强大的英裔美国商人之一）的一位合伙人签订了合同，但当这位代理人拒绝了拉科斯特的不寻常条件，即货物一离开仓库就需要全额支付时，拉科斯特放弃了这笔交易，转而将这批货物卖给了另一方。这桩买卖显示了像拉科斯特这样的商人兼种植园主在拥有自己仓储之后的灵活性。由此可见，他有底气放弃与一家强大的国际商业企业的交易。此外，他也有能力履行雷格拉仓库的承诺，为卖家提供空间，让他们同时向多个买家提供商品。事实上，他完全按照字面意思执行了这一承诺。[39]

早在 1860 年，卡德纳斯的糖出口就超过了世界上除了哈瓦那以外的任何一个城市，因此有足够的糖可供分配。只是它们被分成了两个不常在数

量研究中注意到的独立商品链。[40]一方面，尽管 1852 年卡德纳斯地区的
糖厂生产的糖、糖蜜和朗姆酒超过了岛上的任何其他地区，但几乎没有直
接出口净化糖。卡德纳斯产的大部分糖都以各种形式汇集到了哈瓦那。另
一方面，卡德纳斯仍然是岛上糖蜜的头号出口商。[41]虽然这种不平衡发生
在仓库被接管之前，但拉科斯特和铁路公司从当地商人手中夺走了白糖贸
易，垄断了以前由他们所有人共享的财源——通过哈瓦那的佣金交易。相
对较快地出现离散商品供应链是商人－种植园主联盟、基础设施能力和技
术能力的产物。卡德纳斯－胡卡罗铁路公司与埃尔雷克雷奥仓库和拉科斯
特的深水码头合作，利用其纵帆船和蒸汽船航线将净化糖运往哈瓦那。而
卡德纳斯的其他码头和仓库则专注于出口糖蜜到美国，但利润率较低，并
且销售时间上的控制较少。这加强了早期殖民经济关系的形成，这种关系
在 19 世纪 90 年代表现得更加明显。

　　作为沿海权力的积累者和部署者，作为社会精英的商人－种植园主将
他们的行为描述为无私的：仅仅是为了检测运输系统中的干扰并将其消除。
实际上，他们的基础设施建设工程具有双重特征：一方面像水一样，他们
找到了微小的出口点，并将其扩大为商品的运输通道。另一方面，他们又
像沙子一样，堵塞了已经存在的通道，迫使商品流通进入对自己有利的新
通道。他们试图将凶残的商业竞争包装成无私的技术专家的义务。这项所
谓的义务，在殖民地财政官员渴望糖收入、殖民地行政官员渴望种族秩序
的大背景下，很好地服务于他们。然而，他们在铁路时代支配的这片沿海
地带仅仅是通往更广阔的大西洋世界的众多关键环节中的一个，他们对大
西洋世界的控制力远不及此。

大西洋海运，关税政策以及基础设施的变化

　　在 19 世纪初的几十年里，马德里将古巴二级港口城市的进出口活动合

法化，以应对甘蔗种植从哈瓦那向东扩展的趋势。哈瓦那作为越来越多内陆种植园的集散地，吸引了大型的北美和英国船只，这得益于基础设施改造的进行。[42]这些改造中最显著的便始于雷格拉仓库，该仓库是以哈瓦那为基地，并在马坦萨斯和卡德纳斯都有农业利益的商人领导的。哈瓦那的设施便可解释这座城市对于大型船运输净化糖的出口形式为何仍然具有吸引力，同理，马坦萨斯专门出口原糖，卡德纳斯则专注于糖浆[1]出口。每个城市都建设了适应其特定糖业范围的港口基础设施。

新的哈瓦那仓库利益集团提供了集中的金融服务，以及大规模的散货分拆和货物船运，使其成为古巴首都的重要生产中心。更大、更高效的船只充分利用哈瓦那完善的设施，运输欧洲和北美的商品，并接载净化糖。以1861年第一季度为例，进入哈瓦那的船只平均吨位为352.5吨，而进入马坦萨斯的平均吨位缩小至264.7吨，进入卡德纳斯的船只仅有236.4吨。[43]卡德纳斯湾狭窄、蜿蜒、变幻莫测的航道使得来往船只必须雇佣当地领航员，而且佣金比在哈瓦那甚至马坦萨斯都要高昂得多。更糟糕的是，在抵达之前需要进行多次卸货，卡德纳斯的船舶供货不足，这使得该港口在运输系统中发挥非常特殊的作用。卡德纳斯港的大部分进口货物都是由哈瓦那的纵帆船运送的，可见航运公司和在首都的停靠点已经开始运行了。[44]由于买家和托运人都习惯了哈瓦那市场，并且哈瓦那长期以来一直是一个进口中心，商人－种植园主也有理由在殖民地首都维持其他活动。

然而，以哈瓦那为基地的商人－种植园主并没有垄断所有的贸易，甚至没有垄断所有甘蔗衍生产品的贸易。相反，哈瓦那在糖蜜和黑糖的出口中的地位逐渐下降，而在"盒装""净化"和"黏土处理"的糖出口中所占的份额要大得多（为了方便起见，我把经历过这些工序的糖统称为"种植园白糖"或"白糖"）。[45]一方面，1861年的卡德纳斯和马坦萨斯实际上出口了

---

① 这里所说的甘蔗糖浆是甘蔗糖蜜的一种，是原糖第一次煮沸、含糖量较高的形态。

岛上所有糖蜜的 62.7%，而哈瓦那的糖蜜出口量从 1830 年 54% 的峰值暴跌至 1863—1864 年的 4.7%。[46] 另一方面，尽管卡德纳斯周围的种植园生产的"盒装"糖比岛上任何地区都多，但是在 1851 年，卡德纳斯只出口了古巴"盒装"糖的 2.6%。超过 50% 的"盒装"糖出口来自一个港口：哈瓦那。换句话说，虽然马坦萨斯、卡德纳斯和大萨瓜（Sagua la Grande）这些地方的管辖区域通过自己的港口销售大部分新糖区的黑糖和糖蜜，但由于铁路和仓储设施的改善，附近种植园制造的净化糖也被运往哈瓦那的仓库出售，使得精英阶层商人和种植园主从中获益。如果我们把古巴的糖出口想象成一个顶部是白色的锥形的糖，逐渐向下则是含糖蜜程度更高，哈瓦那会把白色的顶部切下来，卖给欧洲。马坦萨斯会把中间那片棕色的送到美国。最后卡德纳斯会把剩余的各种糖混在一起，装到去"北方"的船只最底层上。

古巴糖业的离心分离使美国对古巴的影响力不断增强的说法变得复杂起来。虽然马坦萨斯和卡德纳斯确实一开始看起来像美国的新殖民地，但作为净化糖的出口中心，哈瓦那在 19 世纪 60 年代之前实际上与英国有着更密切的联系。这其中，关税产生了深远影响。19 世纪 30 年代对古巴种植园主来说是艰难的时期，部分原因是西班牙将其最宝贵的殖民领地作为筹码参与了一场考虑不周的与美国的关税战争。为了保护西班牙苦苦挣扎的航运业，这场关税战对古巴消费者的打击最大，因为他们为北美进口商品支付了过高的价格。美国征收的报复性关税也阻碍了古巴年轻的商船业（该行业严重依赖与美国的贸易），而古巴的糖生产商被排除在美国的白糖市场之外。[47] 由于高额关税保护了美国的糖商，古巴的"去色、黏土处理或碾成粉"的糖很少进入北美市场。几乎所有能进入的都是红糖。[48] 对古巴的某些企业家来说，关税安排并不一定是不公平的。事实上，西班牙对糖蜜开放了一个关税漏洞，帮助古巴将廉价的副产品输送到美国，让经营糖蜜产品的美国船只免除了繁重的吨位费。[49]

尽管美国船运公司在古巴和欧洲市场之间的运输贸易中取得了越来越

大的份额，这种对北美贸易商专注于糖蜜的激励行为帮助像拉科斯特这样的富裕移民继续控制着向英国输送白糖的跨大西洋贸易。1846 年，英国议会重新向奴隶种植的糖和"自由劳动力"种植的糖开放了帝国的市场，古巴的净化糖出口大部分都流向了不列颠群岛。[50]著名的《谷物法》废除的同时期，英国 1846 年和 1848 年的《英国糖税法案》废除了对糖的所有保护措施（包括对使用奴隶制糖的处罚以及对优质种植园糖的惩罚性关税）。[51]"自由贸易"的胜利削弱了英国一些废奴主义者的贸易保护主义立场，并助长了巴西和古巴奴隶制的持续扩张，以及非法奴隶贸易的存在。

这些法律上的宽松也帮助古巴的奴隶主逃避了美国的商业控制。英国从古巴进口的糖从 1845 年最低点的 197460 英担①增加到 1859 年的最高点的 164 万英担，尽管这些数字每年变化很大。[52]1849 年，运往英国的盒装糖数量是运往西班牙的两倍。那一年，英国收到的盒装糖也几乎是美国的四倍。[53]甚至在纽约商人掌控马坦萨斯和卡德纳斯局势的情况下，美国和英国对不同档次糖的市场区别仍然存在。例如，1861 年，尽管北美商人在马坦萨斯声名显赫，但那里只有 15% 的盒装糖运往美国。85% 运往欧洲。然而，马坦萨斯 81% 的桶装黑糖，55% 的桶装糖蜜都运往美国。[54]这表明一种以美国为中心的新殖民主义动态正在红糖（而不是白糖）的世界中出现。

在糖业边境沿线的这些二线港口城镇，一个没有显著财富的商人更容易找到机会。他们将自己置身于古巴农业经济彻底变革的位置，从而获得利益。只有小部分最富有的种植园主采用了德罗纳系统的不同版本（这使得他们的奴隶工人每英亩种植的甘蔗能生产更多的白糖和更少的糖蜜）。在 96% 的非社会精英的甘蔗种植园中，蒸汽动力碾磨机是 19 世纪 30 年代和 40 年代的主要创新技术。这些碾磨机相对便宜且易于维护，能产生更多的

---

① 1 英担约等于 112 磅。

甘蔗汁，但由于处理这些汁液的仍然是牙买加的糖厂，净化糖与黑糖和糖浆的比例保持不变：加速碾磨并没有带来白糖的相对增加，它只是使糖浆的绝对产量成倍增加。因此，古巴的糖浆出口总量从 1815 年的 320 万加仑增加到 1868 年的 4370 万加仑。大多数这种廉价的副产品在经过美国精炼厂的机器加工后，被美国居民消费。[55] 精英阶层的商人 – 种植园主继续生产消费级白糖的前提是新开放的英国市场的力量。但是，与爪哇岛、毛里求斯和印度等地的新生产商的竞争（这些地方也为英国人提供了价格低廉的糖）则需要古巴不断降低生产成本，这涉及对田间奴隶工人的日益严重的剥削，以及煮糖厂的机械化。[56] 这还需要降低运输成本，由此加剧了古巴本土商人集团之间的竞争，并有助于解释 19 世纪 50 年代在二级港口城市卡德纳斯及其周边地区围绕糖的运输旷日持久的堂吉诃德式竞争。激化的物流问题加剧了企业之间的竞争，并促进了按糖的等级进行空间隔离。

运输物流、城市系统和首都的划分

黑糖和糖浆的保质期有限，它们必须在打包后立即上市销售。[57] 经过过滤、离心和黏土处理的糖水分很少，几乎可以无限期地储存。此外，质量较低的"经典黑糖"（mascabádos clásicos），实际上是一种从真空锅中直接取出的一种甜的黄褐色糊状物，放在巨大的大木桶中，当装满时重达一千多磅。用这种方法产糖价格昂贵且难以掌握操作技巧。有时，人们会在大桶的底部钻一个洞，把桶里的水部分排出。但通常情况下，处理者们根本就不排水。[58]

由于排水不完全，在货物装船后很长一段时间，漏水仍在继续。1877年，美国作家欧内斯特·英格索尔（Ernest Ingersoll）在参观纽约的一个仓库时，观察到"一层一层的大桶糖，带着对古巴太阳的记忆，渗出了糖蜜"。[59] 匆忙排水导致许多黑糖桶在抵达欧洲或北美时比装船时轻了 20%。一位英国糖业专家讽刺地指出，这种现象的一个好处是，装载黑糖的船只到达目的地时，吃水线比出发时浅了一英尺半。[60]此外，相对于它们所含产品的价值而言，糖桶的重量更重。与成箱的糖不同，大桶不能在仓库里堆放很高，这意味着有效储存它们的唯一方法是建造一个多层的仓库，或者更有可能是建一个庞大的单层长楼。这种结构可能会非常昂贵，只有在销售利润大大超过建筑成本的情况下才具有价值。因此，仓库所有者对大桶糖蜜收取的费用远高于对大桶黑糖或盒装净化糖收取的费用。

由于在仓库中储存大量易腐烂的低档糖不划算，这类产品的销售商几乎没有自由性来对抗世界糖市场的日常价格变动。他们的经营自由进一步受到阻碍，因为他们可能没有使用铁路进行运输，而且很可能仍然受到当地糖商的控制。根据公司负责人爱德华多·费瑟（Eduardo Fesser）的说法，雷格拉仓储公司的客户大多是大种植园主。[61]白糖不易腐烂，加上不同等级糖之间的价格差异，以及商人－种植园主通过雷格拉仓库进入欧洲市场的独特途径，使营销灵活性成为可能，这有助于解释为什么作为精英阶层的商人－种植园主想要垄断古巴的白糖供应。不同种类的甘蔗产品之间的物流差异，使得仓储成为一种有效的策略，可以将白糖与其他蔗糖副产品分离开来。从某种意义上说，耐久的白糖，再加上铁路和仓库，使得新一代的商人－种植园主有能力应对他们无法控制的价格变化。在日益统一的全球糖经济中，大宗商品价格可能会因世界某地糖的产量或伦敦和纽约活动而迅速变化。

精英阶层的商人－种植园主阶层利用铁路和仓储系统来重新调整糖的流通。他们将交通基础设施类比为离心机，将不同等级的糖（过去常常混杂在哈瓦那街头、旧城的政府港口和商人家庭仓库的辖区）分散到不同的经济层面。然而，为了实现这一分流，他们需要做的不仅仅是征服哈瓦那海滨，他们还需要在当时与世界上最主要的白糖生产国直接联系的港口（卡德纳斯港）上施加自己的意愿。他们可能曾表示，这项业务如此重要而艰巨，以致没法通过这样一个缺点如此明显的港口来完成。于是，他们以各种方式运作，以确保给白糖找到更便宜、更快的出口渠道。

本章小结

在 19 世纪 40 年代和 50 年代，古巴港口城市之间出现了一种基于离心机的新的地理分工。糖厂产生的不同糖类产品在大西洋交换网络中走出了不同的路径，为海洋的表面刻画了一组离散的经济关系。种植园、特定港口和港口之间的技术和组织变革有助于构建更大体系的回路。在大西洋奴隶制时代，并不存在一个"全球制糖帝国"可以与一个地方控制的"全球棉花帝国"相提并论。[62] 事实上，古巴煮糖厂离心机碗中开启的糖的分流过程，而英国和美国这两个竞争中心影响和完成了糖产业的分化。然而，糖的离心分化离不开作为"精英"的商人－种植园主设计的一套革新的运输基础设施，这是为了应对关税壁垒并保持灵活性的一次尝试，而这对于19 世纪那些远离全球经济中心的、为了成功的资本家来说是必需的。

第2章

拯救电车的幽默之辞

1900—1910 年，当有轨电车涌入墨西哥街头，一场针对如何通过在电车前安装"救生装置"的奇思妙想的讨论就此展开。如何拯救技术带来的创伤？本章将通过当年对技术的鲜活评论还原那段历史。

"你篮子里那堆是什么？"老太太问。

"是我可怜的妈妈！"女孩回答。"这是我所能挽救的一切了，其余的被压成了鳄梨糊。"

"有轨电车弄的，对吧？"老太太自信地询问道。

"是的！"女孩悲伤地说道，

"只捡回玉米饼这么大小的了。"

"噢，天啊"老太太吃惊地回应，以命令的口吻说道，

"把篮子放水槽里，这样猫就不会吃了它。"

说罢望向远处并提醒女孩，

"留着点神！有轨电车又来了，小心别撞着你！"

"那就是碾过我妈妈的车！"女孩喊道，

"我希望我能赶上它！"

墨西哥城作为一个繁荣的大都市迎来了 20 世纪。与世界上其他主要城市相似，墨西哥的技术化进程的加快和人口密度的升高经常被证明是致命的组合。自 19 世纪后期以来，制造业的集中、新燃料的引进以及城市美化和改善工程使生命和财产面临火灾风险。[1] 在街头，交通流量的增加、新的交通方式和更快的速度大大改变了城市空间的导航。开场的对话虚构了有轨电车（eléctricos）对首都带来的"杀戮"。"在这种程度上，"作者总结道，"我们对这种屠杀习以为常。"[2] 这个小品概括了交通如何快速地改变了街道，以及工业造成的死亡人数的上升；不过，它也证明了幽默作为一种应对方式的存在。

到 19 世纪和 20 世纪之交时，总统波菲里奥·迪亚斯（Porfirio Díaz）已经执政了 20 年，那时首都的物质转型开始被吹嘘成该国政治稳定、大规模外国投资以及出口导向型经济和轻工业增长的结果；换言之，技术进步开始成为墨西哥政权合法化的手段。1900 年 1 月开始运营的电车体现了现代性的有形概念，衬托出铺设了路面且安装了照明的林荫大道和电报线、电话线和电力线纵横交错的、理想的现代城市景观（图 2-1）。在人口快速增长和影响深远的环境卫生、公共卫生和城市更新计划的背景下，有轨电

图 2-1　第一条电车线路的开通仪式，1900 年。

车的推行将拥挤的、作为商业企业中心的城市，与富裕的西部地区，与北部的瓜达卢佩镇（Villa de Guadalupe）宗教中心，与南部的郊区连接起来。

但这些转变既没有覆盖城市的所有地区，其进程也不是一帆风顺的。在引入电力后的两年内，电力迅速取代了动物和蒸汽牵引，使得城市一半的铁路网络实现了电气化。[3]然而，除了服务的频率与速度的增长，电车时常撞倒行人和动物，经常把它们压在车轮和底盘下。耸人听闻的报道探究了事故的公共性和日常性。生动地描述了令人毛骨悚然的残缺尸体和四处散落的肢体残骸，突显了现代生活造成的身体和心理上的压力。批评者在报纸等媒体上猛烈抨击行人和司机，同时对当局和外资所有的墨西哥电车公司（MET）不愠不火的反应表示不满。

墨西哥人以讽刺诙谐的态度应对着快速城市化、新兴工业化和公共空间技术化所导致的日常事故。幽默作为人类存在的一部分，为我们提供了重要的洞察力以了解新技术如何在日常生活中的运用，受到挑战和威胁的思想和价值观，以及随之而来的谈判过程。研究幽默的学者认为，幽默是破解过去文化密码的关键，它"可以让我们了解一代人不断变化的态度、感受力和焦虑的核心"。[4]因此，幽默创作为科技史学家提供了丰富的研究素材。[5]

机智和嘲讽的语言成为直击波菲里奥时期墨西哥城痛点的主要战斗武器，尤其是黑色幽默（绞刑架上的幽默）和讽刺手法，将人们对电车的恐惧、沮丧和愤怒发泄出来。作为混乱的公共景象，电车事故直接体现了一个电力大都市的阴暗面，与迪亚斯政府关于秩序和进步的口号背道而驰。作为文明的象征和"公众心目中的危险、破坏和死亡"的象征，电车以其多面性和不断变化的角色，动摇了威廉·比兹利（William Beezley）所定义的"波菲里奥时期的信心"，展示了技术现代化的脆弱性。[6]然而，公众讨论和对安全装置的尝试则传播了技术解决方案存在前途的希望。

机器的社会现实是构建出来的——不仅在于其作为功能性设备的使用，而且在于人类集体经验塑造其意义的方式。本章的撰写正是基于以上的认知视角，研究幽默是如何被用来消化事故和审视技术解决方案的。[7]本章将"幽默"和"专利"这两个看似陌生的却又相伴相生的概念放在一起，通过其互动展示了对技术解决方案的信心与怀疑。本章通过讨论被称为"救生者"（salvavidas）的安全装置时所使用的"地方话"引入分析。"救生者"是安装在电车前端的减震装置的一个地方话通称，它们的材料、设计、操作以及最终的性能都各不相同。对实用的救生装置的追求证实了普通市民如何生活，又如何塑造了城市技术化的日常现实。现代城市的小故障和对技术解决方案的强调则揭示了生活和技术被重新评估的方式。彼时的技术解决方案不是被动的梦想；相反，社会评论家、文字工作者、雕版画家和发明家进行了一次尝试性的探索。他们仔细研究了不同的"救生者"模型。因此，本章认为，在这样做的过程中，这些声音呼应了对技术解决方案的信心，使一种针对技术的民间文学变得明显，成为"一种对于技术可能性的口耳相传的文化。"[8]

　　"救生者"的专利申请本质上是公式化的，能提供的关于申请人及其设备的社会记录的信息很少。而幽默作品则提供了丰富的说明性文字资源。从文字记录中去挖掘幽默纵然有其局限性。幽默作品具有时代性、短暂性和难以捉摸性，但它们还是通过城市编年史家的筛选有了书面记录。滑稽的插图、笑话、十四行诗、讽刺诗和虚构的故事在首都日报的版面中幸存下来。文字工作者的作品集也是极其珍贵的，讽刺性的言语攻击散落在各式各样的作品集里，这些都为下文的讨论提供了原材料。尽管通过印刷品的流通略去了它们口头表现、语气、节奏和手势等的丰富性，但技术的民间文学的精髓仍然存在。琳达·德（Linda Degh）为通过印刷品传播的民间文学做的辩护提醒了我们，有才华的叙述者"总是将口头和印刷材料结合在一起……"，而"认为民间文学属于文盲文化的观念是不准确和目光短浅的。"[9]

　　在展示幽默和波菲里奥时期的报纸之后，本章亦总结城市的物理变化，及其如何导致事故的分析、对事故的滑稽报道以及关于"救生者"的争议的出现。"救生者"的词源特征表现了墨西哥人如何批判性地接受、适应并"架构出了他们自己的新技术"。对事故的描述也被有策略地架构出，用以作为支持或批评将下层阶级视为进步障碍的观点。因此，与有轨电车的"亲密接触"在物质上和象征意义上都得到了发展。[10]

黑色幽默

作为日常生活语言的一部分，幽默将现代化和城市化等重大进程缩小成普通人在"现实生活中的经历、遭受的危机和遇到的技术"。[11]跨越时间和空间界限，笑话作为一种社会认可的表达禁忌思想和主题的渠道，证实着严肃和令人震惊的话题是幽默滋生的沃土。[12]继压迫、战争和灾难，技术故障成为恐惧情绪的又一来源。[13]在19世纪和20世纪之交，大城市的交通状况不仅成为幽默的素材，而且成为制造轰动舆论的媒体报道的素材而风行一时。都市日报专注于现代生活的感官强度及疯狂的生活节奏。[14]快速的交通、工业化的时间制度、流水线作业对人身体的约束要求，以及公共场所商业广告的轰炸，这些因素结合在一起，形成了许多人所说的对感官的可怕攻击。[15]在这种背景下，纽约、巴黎或墨西哥城街头意外死亡的暴力性、突然性和随机性转化为对实体血肉横飞、技术似洪水猛兽的赤裸而猎奇的描写。社论家、漫画家和雕版画家通过对"危险城市"的想象，构建公共暴力文化。[16]本·辛格（Ben Singer）认为，他们煞费苦心地关注意外死亡的具体细节，不仅是因为怪诞且耸人听闻的手法有销量，而且还证明了"对现代城市中环境压力和身体脆弱性的一种独特的高度关注。"[17]

现代性带来的刺激和冲击对人的身体提出了越来越高的要求。无论是在街上还是在工厂里，城市生活的新危险都要求人们适时调整和保持警惕。[18]"危险评估"被认为是一种理性的行为，缺乏这种能力的人基本上就是被判定为非理性、落后、不适合城市生活的人。[19]轨道交通是波菲

里奥时期经济重组的一部分，其机械化杀伤力促成了克劳迪奥·洛姆尼茨
（Claudio Lomnitz）所说的"死亡的大众化"。[20] 由技术故障或无视纪律导
致的意外伤害和死亡由此打开了滑稽演绎的大门。作为强大讽刺性报刊和
丰富图画传统的继承人，波菲里奥时期的文字工作者和雕版画家用"黑色
幽默"来记录首都的变革。[21]

　　除非把笑点置于其历史背景中，并确定其功能的效用，否则就不能正
确地解释它。要"理解笑话"，就必须对公共空间和它所经受的技术变革进
行文化解读，这是一次进入符号和记忆世界的旅程，"进入使城市成为美梦
和噩梦之地的核心"。[22] 墨西哥研究幽默的学者称，国民的笑点常常"布
满痛苦、嘲弄或挑衅的点"，[23] 因此，对国民笑点的分析必须超越对其明
显的残酷本质的认识，而要掌握它"作为一种有助于适应特定残酷现实"
的功能。一种寻求克服某种悲伤的知识性锻炼。[24]

搭好舞台，做好准备

　　墨西哥城在 19 世纪后期发生了巨大的变化，从 1880 年的 25 万居民增
加到 1900 年的 35 万，到 1910 年接近 50 万；[25] 它的城市面积从 1858 年
的 8.5 平方千米增加到 1910 年的 40.5 平方千米，新建了 34 个居住区。[26]
与此同时，工厂的电气化使这座城市的工业生活得到了发展。[27] 墨西哥城
庞大的消费市场，加上成熟且廉价的劳动力，促成了公司的整合和首都以
南大规模工厂的出现。[28] 到了 19 世纪 90 年代，已经为这座城市服务了几
十年的骡子牵引车被认为已经不适合城市的需求。

　　与此同时，有轨电车被宣传为更快捷、更可靠的交通工具，但在
1896 年有轨电车计划公布后，人们的焦虑情绪高涨。[29]《公正报》（*El
Imparcial*）预测电车将无法主动适应城市乘客的需求。[30] 不良习惯包括不
当避让、跳上站台，还有像表演杂技一样跳下行驶中的汽车。随着有轨电

车的高速行驶，这些"莽撞行为"的持续存在会带来许多悲剧。《环球报》
（ *El Universal* ）对此做出了严厉的评价："文明已经并将继续付出许多生命的
代价。那些不愿死的应该靠边站！"[31]

意外不出所料地发生了。1901 年的一份报告显示前一年有轨车辆事故
的增加。令人震惊的是，在 283 起事故中，令人震惊的是，80% 都与有轨
电车有关，其中一半事故造成死亡。[32]因为法院登记的是事故现场的伤亡
人数，而不是因伤死亡的人数，因而死亡人数可能更多。从同时期地理维
度来看，没有任何地方比墨西哥城更能说明铁路事故"将一种前所未有的
大屠杀引入日常生活"。[33]表 2-1 将墨西哥有轨电车事故与三条国家铁路
线进行了比较。墨西哥电车公司的事故数据与墨西哥中央铁路公司的数据
一样严峻。但后者的事故发生在其 500 万千米的线路上，而有轨电车仅限
于在首都及其周边地区 200 多千米的运营范围。从 1904 年到 1906 年，墨
西哥每年发生的交通事故超过 300 起，其中一半以上的伤者与有轨电车的
运营或服务无关。[34]每年有超过 50 人死亡，其中行人占 80%，这些官方
统计数字相当保守。奥尔瓦尼奥斯（Orvañanos）博士称电车事故的年均数
量超过 600 起。[35]他报告电车的死亡率比主要致死原因肺结核和黄热病还
要高。相比之下，伦敦处于较低的一端，声称在 1903 年只有 10 人死亡（总
人口超过 450 万），而 1906 年在"大纽约"（纽约都会区）范围内有 227
人死亡（总人口超过 470 万）。[36]

这些现代化进程使得司机和行人肩负起更多的事故责任。司机因超速
行驶、不完全停车和起步太快、接近十字路口不鸣铃、事故发生时处理不
当而受到惩罚。他们还因醉酒驾驶而受到严厉批评。为了发现典型司机的
"本性"，报纸、杂志、歌曲、诗歌和广告插图都分析着他们的行为。[37]做
出轻率行为的乘客和行人则被贴上"莽撞者"的标签。在电车开始运营几
个月后，一份名为《莽撞行为》（*Imprudencias*）的报告将公众的粗心大意
列为悲剧的主要原因。[38]

表 2-1　1904—1906 年，墨西哥有轨电车和三条国家铁路线事故伤亡情况对比

年份	轨道公司	运行总里程（千米）	总乘客数	受伤乘客数	伤员总数	死亡乘客数	死亡总人数
1904	墨西哥电车公司	241.006	42602194	63	371	2	57
	墨西哥跨大洋铁路公司	1062164	141655	3	146	–	33
	墨西哥国营铁路公司	2448252	1325847	14	209	2	34
	墨西哥中央铁路公司	5055422	8941998	60	415	13	95
1905	墨西哥电车公司	241.54	4757440	88	411	5	57
	墨西哥跨大洋铁路公司	1020693	1481743	25	149	2	37
	墨西哥国营铁路公司	2527344	1885069	31	222	3	51
	墨西哥中央铁路公司	5056028	3371281	70	464	14	104
1906	墨西哥电车公司	249.986	54562725	123	434	6	68
	墨西哥跨大洋铁路公司	1188664	1483629	6	119	–	24
	墨西哥国营铁路公司	2527344	1782802	20	203	2	48
	墨西哥中央铁路公司	5134728	3806536	38	518	2	154

　　《莽撞行为》的关注重点是遵守道路规则，这关联到墨西哥具有历史重要性的殖民时期。从那时起，开明的城市规划者优先考虑货物和人员的自由流通的原则。他们认为这是个人主义的胜利之一，并支持商业生活畅通无阻以及个人在街道和人行道上的自由活动。[39]这种现代城市的特征能与波菲里奥时期关于公共卫生论述（认为流通是对抗社会病态的最有效策略之一）相融。于是，行人和车辆的流动优先于社会互动。[40]市政厅的声明

"我们的首要义务之一是确保公共通道的清洁和优雅，并为所有人提供自由流动的权利"则是对该报告观点的回应。[41]

然而，这座城市因其热闹的"街头生活"而声名狼藉，城市中活泼而繁忙的景象部分是多样的、街头谋生的居民构成的。到 20 世纪初，修订后的交通规则和礼仪手册要求约束公共行为。其中不恰当行为包括超速行驶、在街道中间停车和占用人行道等。试图超过电车的个体经常会被撞倒，因为很难避免近距离事故。在文件上，交通法规赋予有轨电车优先权，优先于畜力的两轮车、四轮车、搬运车和所有其他类型的车辆，以及行人。第 15 条规定当驾车者按铃时，有轨电车有权先行。第 16 条要求司机或宪兵逮捕违规者，并将他们带到地区政府办公室接受处罚。然而，在实际操作中，有轨电车的通行优先权常常受到质疑。

"莽撞者"与"被粉碎者"

有轨电车事故成为创作笑话、歌曲、十四行讽刺诗、连环漫画和滑稽插图的素材。这些源自日常生活的事故，滋养了诗歌和流行歌词二十余年。以此为题材，作品思考着、质疑着和参与着铁路带来的巨大的社会、文化和政治变革。[42]文字工作者们和雕版画家们已经掌握了颠倒社会精英话语的符号的艺术，用以质疑为技术进步所付出的实质代价。爱国主义思潮弥漫在对外国铁路公司和美国售票员的幽默谩骂中。这种叙述主导了有关列车事故的"科里多民谣"①。就有轨电车而言，这种民族主义言辞在某种程度上被压制，因为事故不仅可以追溯到"贪婪的外国公司"，还可以追溯到行人和本土的驾驶员。这种共同责任将国家的现代化和工业化置于危险之中。

---

① "科里多"是一种曾经流行于墨西哥的音乐风格，具有特色的叙事格律故事和诗歌。这些歌曲通常是关于压迫、历史、罪犯的日常生活、牛仔的生活方式以及其他与社会相关的话题。"科里多"曾在墨西哥革命期间和美国西南部边境广泛流行，并影响了西方音乐。

事故被描绘成行人和有轨电车之间的空间纠纷。精英论者对事故的描绘集中在那些不顾后果占领街道的莽撞个体身上，而大众媒体则嘲笑这样的描绘。《公正报》和《环球报》等保守派媒体谴责下层阶级不愿放弃"未开化的行为"。相比之下，《大众报》（ El popular ）和天主教报纸《国家报》（ El País ）等受欢迎的日报则试图结合亲政府媒体的阶级眼光，对事故进行耸人听闻的讽刺。

墨西哥人在他们的战斗中使用语言作为武器，以"维护或建立对街道的合法所有权"。[43]针对事故的报告文学的所贴的标签不仅暴露了阶级偏见，还用来推卸责任。保守派媒体坚持认为，电车上街的权利高于对公众的利益损害。《公正报》利用统计数据声称经过"长时间的观察"，公众的莽撞行为至少造成了 90% 的事故。[44]这与当年早些时候发布的联邦区政府报告相一致。宪兵在有轨电车的月台上巡查，两个月后，他们的风险估值清楚地表明，90% 的悲剧都源于公众的"莽撞行为"和对有轨电车通行权提出异议的司机。[45]这两个数据来源都展示了他们合理估算的方法。毕竟，统计学是科学的语言，是现代性的语言。[46]这些报告所指的"莽撞者"属于下层阶级。半官方的《公正报》将莽撞行为描述为处于"一种精神上专注又游离的深度状态，这是该国原住民和贫困阶层所独有的"。[47]"不恰当地占领街道"涉及以下活动：在铁路上举行社交聚会；母亲们让她们的孩子在铁轨上嬉戏；醉鬼和瞎子倒在车轮下。

随着波菲里奥·迪亚斯政权在 19 世纪 80 年代的巩固，报纸业开始认为现代化和资本主义政策的社会影响具有新闻价值。亲政府的日报发表了一种关于下层阶级和贫困、酗酒、犯罪、边缘化、社会不平等和维护公共秩序等问题的论述。[48]这些报纸还涉及了街头下层阶级日益增多的问题。然而，呈现在全国性报纸的社会问题虽有更大可见度，但既缺乏自我批评，也缺乏对国家责任的讨论。对工业化和城市化结果的阶级眼光，与政权经济项目利益的密切联系，在当时可谓蒙蔽了对政府和实业家在社会问题的形成和解决中所扮演角色的真正探究。"乡村绅士们"没有在装好照明、铺好路面的林荫大道上漫步,他们带着子孙(prole)①侵入街道！他们缺乏"教育、品味、文明,否定了现代性,否定了统治精英阶层的进步",阻碍了一个现代化的、国际化的墨西哥。[49]

而通俗的日报则发自内心地评价了街头的流血事件,并用幽默来反驳对《莽撞行为》的描述。[50]用"能取出内脏的有轨电车"暗指被压碎的尸体可怕的一面,用"和公众打赌,看哪个消息会让人耳朵先听出茧:是被做成人肉鳄梨酱的行人,还是制作人肉鳄梨酱的电车？"明指社会问题的残酷。[51]大多数"鳄梨们"假装占据了街道,因为它们之前占据了人行道,"占据了空间,挡住了(有轨电车的)路"。很明显,"马路杀手"(matarista)认为这足以让他们疯狂地按铃,甚至连一句"让开！"都不说。广泛使用的"matarista"这个词是"司机"(motorista)和"杀死"(matar)的合成词,在几年后的歌曲《司机》(*Los Motoristas*)中得到了证明,这是他们在定义未受教化的人中常用的名字。[52]

在他们的叙述中,统计学的科学语言通过实物量化而被摒弃了。一份注释用图形的方式表述,"如果把从'被粉碎者'身上扯下来的肉堆在一起,将会有'Peñon'(城市东北部的一座岩石山)那么高"。[53]一个更贴近的形容让读者去想象有诸如"Zócalo"(城市的主要广场)那么大的一锅海鲜沙拉和内脏。不用统计数据,作者为读者提供了一幅心理地图,上面布满了可识别的路标,可以直观地看到有轨电车的屠杀程度。

大批专业人士和技术官僚日益把城市的下层阶级边缘化、病态化、罪犯化和讽刺化。[54]商业广告使用了与他们的结论相呼应的视觉和语言比喻。例如,街头事故出现在布恩·托诺烟草公司(El Buen Tono)的广告漫画中,该公司以掌握流行主题和下层阶级常用的语言技巧而闻名。[55]1904

---

① "prole"一词亦有"穷人"之意,此处为双关。

年的一组漫画提醒人们不要在街上做冒险行为，并传达香烟的作用是引导人们的行为这一思想（图2-2）。这些漫画从侧面嘲笑了乡村绅士们的粗野和技术上的无知。

冷酷的救生者

墨西哥发明家的任务是制造一种可行的"救生者"。从 1900 年到 1912 年，超过 40 个人提交了专利申请，加入了本土发明家的行列，他们在城市技术化采用中发现了机会。[56] 许多与"救生者"有关的发明工作相关活动仍然不为人知。例如，有报道说发明家宣布公开试验，但试验没有实现或没有记录。因此，一项被授予的专利并不能说明什么。以唐·甘博亚（Don Gamboa）为例，他在 1904 年获得了"墨西哥救生者"（Salvavidas Mexicano）的专利，并向恩里克·阿尔瓦雷斯（Enrique Álvarez）支付了 300 比索的制造费用。[57] 1909 年，甘博亚指责阿尔瓦雷斯既没有交付设备，也没有退还这笔钱。由于未说明原因，大量的专利申请没有得到处理。[58] 因此，授予的专利不应被视为发明或创新活动的证据，因为这些"衡量对专利权的投资"仅仅是更广泛的发明环境的缩影。[59] 1900 年以后，外国人获得了墨西哥境内约 80% 的已授予专利。[60] 而"救生者"领域的情况正好相反。国内发明家垄断了这个小众领域，而外国人通常垄断了像铁路这样的经济领域。[61]

对"救生者"的研究为分析技术变革提供了一个独特的机会，并阐明墨西哥人是如何接受、利用和发明新技术的。拉美地区的这种变革动力仍然是一个相对未知的领域。国家专利记录的可得性和可访问性有限，这在一定程度上解释了人们对系统使用专利的漠不关心。该地区的总体贡献"很大程度上是边缘的、衍生的或模仿的"这一观点也解释了这种冷漠。[62] 技术"很少与当地社会接触"的观点源于这样一种认识，即进口技术主要

图 2-2　布恩·托诺烟草公司的漫画，1904 年。漫画注文大意：蒂莫西奥·洛佩兹是一位农场主，他张着嘴走遍了首都的观光点。斗牛场使他欣喜若狂。斗牛士的壮举给他留下了深刻的印象，于是他开始复制这一壮举。他站在路中间等待一只患狂犬病的狗，一群手持棍棒的人紧随其后，后来洛佩兹被狗咬中臀部，还被棍棒击打。他又试图与一辆摇摇晃晃的马车和一个愤怒的骑自行车的人相遇，结果也受了伤。最后他点了一支某品牌香烟站在电车轨道上，逼近的电车突然停下，目睹这一重大事故的人都惊呆了，原来是司机被严格禁止殴打吸某品牌香烟的人。因此，驾驶员紧急制动。洛佩兹很满意，买了两大盒香烟系在骡子身上带回了村庄。漫画在嘲讽不遵守交通规则的人的同时，夸大了产品的功效。

是服务于外国投资者和当地合作伙伴。[63] 这种扭曲抹杀了"当地发明、适应和参与的动力"。[64]

精神食粮

到了 19、20 世纪之交，安全装置已经很普遍了，世界各地的城市都通过了要求使用安全装置的法令。墨西哥电车公司 1896 年特许权的预防措施部分要求使用保护装置，救生装置或车轮保护装置。[65] 1900 年 1 月，第一批上路的汽车没有安装这些装置。在发生了几次事故之后，市议会提醒墨西哥电车公司有必要满足所有现代改进的要求。[66] 铁路委员会督促其遵守规定以保证公共安全。[67] 公司经理声称订购了排障器，但外国商店的超负荷工作导致无法及时交付。他答应货到后立即改装。[68]

"救生者"于 1900 年 4 月中旬问世。最初以试用方式推出的一种横向"S"形救生装置只能撞倒轨道上的"障碍物"，但不能将其救起或将其推到一边。[69] 他们糟糕的表现很快就被用食物形象来讽刺。据报道，在带有"救生者"的有轨电车首次运行当天，就有一辆撞倒了司机卡洛斯·阿尔科塞（Carlos Alcocer），把他做成一个"肉丸"。[70] 费利佩·埃斯特拉达（Felipe Estrada）是"第一批测试该系统的行人之一"，他的死亡也被以讽刺的语气报道：虽然这辆车本来就是为了"把他碾成肉末"，但"救生者"的配合如此精确，不到一秒钟就把他的腿撕得支离破碎。[71] 毫无疑问，它被证明是"好的……好到一无是处！"

虽然技术语言（试用期数据、性能表现和结果反馈）也弥漫在辩论中，但文人学者们还是以怀疑的口吻通过刻薄的讽刺和言语游戏对这种局面进行了解读。《大众报》称赞了这款设备已经有了"出色效果"，但现在又宣布了一款更好的机型。这种型号的优点是"从街上抢走行人，把他们放在铁轨上，让他们瞬间死亡！"[72] 这个虚拟模型，正如其实物，不但没有减少伤亡，反而让伤亡事故更容易发生。对有轨电车物理覆盖范围的夸张描述，揭示了对于行人没有足够安全距离的焦虑和担忧。

"言语游戏"被定义为有意识或无意识地操纵文字和交际元素，既是两个元素相互间，也是其使用环境的社会和文化背景的连接，在本章中还是分析工具用以理解彼时墨西哥人如何表达自己的语言和生活文化。[73] 暗含在"人肉鳄梨酱"和"人肉丸"这样称呼之后的，是即便使用语言也难以对身体血肉模糊和开膛破肚的景象描述的特质。特别是烹饪的隐喻，暗示着日常言语虽有局限性，也在慢慢容纳工业死亡的景象。

食物的隐喻不应被视为纯粹的修辞手法。认知语言学家认为，这些隐喻应该被分析为"将抽象概念的想法以食物的更具体的身体体验为基础进行分类"的反映。[74] 比喻性的烹饪用语现象属于"一种隐喻系统，使人们可以通过理解食物的思维过程来形成一种思维机制"。[75] 而在理解"事故"这一概念，概念隐喻的源领域（食物）可以给目标领域（受伤的身体）赋予体验上的意义。[76]

将肉丸、鳄梨酱和玉米饼选为代替受害者身体，这些形象置换揭示了更多信息。首先，将受害者与鳄梨和玉米相比，作为被改变、被压榨以彻底改变其物理性质的成分。在整个城市，"molcajete"（墨西哥传统杵臼）和"metate"（中美洲地区磨谷石）是经过时间考验的石器工具，是富有乡土文化的特色技术，每天都在改变着食材。彼时将事故称为"施粉碎者"、将受害者标记为"被粉碎者"的说法，使人可以联想到杵臼和磨谷石用于磨碎和捣碎食材。其次，这些用词选择不仅都是本土产品，而且代表遭到打击的本土饮食。实证主义者如弗朗西斯科·布尔内斯（Francisco Bulnes）曾指出，乡土和农民落后形象与以玉米为主食的饮食方式从根源上是相连的。[77] 而作为现代技术代表的"电车"以更简洁的方式消灭了这些原料。最后，通过用鳄梨酱、玉米酱和肉末替代受害者，将问题框定在熟悉的视觉词汇中。读者通过想象常见的菜肴这种方式，不难想象身体受到的伤害，这可能会引起自身的反感和受伤。

套索！（一根绳子！）

人们用幽默的语言审视了技术解决方案，嘲笑简陋的模型。这表明了人们对救生设备的态度，但也表明这种态度并不是不加鉴别的。对 S 型防护装置越来越多的批评导致其在两个月内被淘汰。市议会要求立即实施新的防护装置，[78] 不到一周时间，圣安格尔（San Ángel）线路的车辆已经更换了新的防护装置。它由一个折叠起来的铁栅栏组成，驾驶者拉动一根绳子就可以打开。[79] 当展开时，它的半圆形状覆盖了铁轨的宽度，就像一个可以捡起障碍物的勺子。一旦障碍物被抬起，这个装置就会折叠一半，防止其掉落。

诙谐的材料集中在它的基本性质、结果和选择性实施上。《国家报》强调，如果说在此之前，生命是由电车司机支配的，那么现在，他们真的"命悬一'绳'"，或者悬在不知是否愿意及时拉动这根绳索的司机身上。[80] 该报还强调了一个事实，那就是防护装置的任何一个机制都不是自动的。《国家报》评论道："如果它是铁制的，它至少可以用来煎肉。"该发明被归于诺亚方舟时代，而它的半截外没有任何用处，因为人的身体可以正好卡进去。

本尼托·穆尼奥斯－塞拉诺（Benito Muñoz-Serrano），以化名"基特"（Khit）为天主教报纸《国家报》撰写社论，他用"反叙事"的方式陈述了事故过程，并主张进行技术修复。基特批评了绳索模型，因为它需要驾驶者的干预。他认为司机可能不会拉绳子，就像过去他们不会刹车一样。因此，解决办法将比原来的问题更严峻。他还质疑"救生者"这个用词，他认为更好的用词应该是"愚蠢的杀手"，鉴于一句谚语里说"信仰救世主①，

---

① 此处"救世主"与本章中的"救生者"装置都是同一个西语词"salvavidas"。

不要逃跑！"。[81]《大众报》讽刺地称赞该装置，称它"使行人像球一样弹跳，留下一袋骨头"。[82]一位记者提出了一个改进的模型：在汽车前端安装一对完美填充的钢臂。这个虚构的模型，可以从人行道上抢先救走行人，这些有衬垫的钢手臂会彬彬有礼地、轻轻松松地接起行人，给他们买电车票，安顿他们坐下来抽一根香烟，既能保全生命，又能省钱！文章总结道，"让谁也不能说我们没有像爱迪生这样的发明家，也没有儒勒·凡尔纳那样的想象力"。[83]

"基特"在两个特定的诗句中积极倡导"救生者"设备。《死驴尾巴上的大麦！》改编自西班牙短篇小说，寓意是无论让死去的动物吃多少食物都无法使其复活。它将发明家描绘成"一个自吹自擂的傻瓜，声称自己有'秘诀'可以阻止汽车把人压成肉末"。它思考道：

> 如果发明已经准备好了
> 并且它的有效性已经得到证明
> 并且每天都会造成死亡
> 那是什么原因导致了推行的延迟？

这首诗以此结尾：
> 真可惜
> 如果成功实施了
> 到那时候将没有一个公民
> 需要我们去拯救！

"基特"还嘲笑了绳索模式的选择性采用。《一个有，两百个没有》根据 18 世纪西班牙新古典派寓言作家费利克斯·玛丽亚·萨马尼埃戈（Félix María Samaniego）的童话《两只青蛙》，这首改编诗将杀死一只青蛙的马车替换为有轨电车。两个恶棍在固定的地方开始对话。第一个问道："为什么只有一些电车携带这种崇高的发明？这些电车将会拯救被碾压的人，而其他电车将继续把不留神的人变成肉碎。"[84]担心朋友处境的第二个恶棍警告道："恐怕那边的电车不携带绳索。别傻了，快来我这边！"第二个恶棍笑着说了些粗鲁的话。突然一辆（墨西哥城）特拉尔潘区电车经过，把他压成了玉米饼。同伴痛苦地哭喊道："等他们在其他线路采取这些措施的时候，我们很多人已经抱恨黄泉了。"这首诗再次要求及时进行技术修复。

套索模型实际效果很差。有一次，它抱起了西里亚科·塞迪利亚（Ciriaco Cedilla），但当绳子被拉起时，它强行把他扔了出去，致其双臂骨折。[85]《时代报》（El Tiempo）称这是"血腥的嘲弄"。[86]《大众报》庆祝了它的迅速拆除，因为它"工作时是在完成车轮的破坏性工作，让行人处于悲惨的肉丸状态"。[87]文章辛辣地赞同说，人们可以享受更舒适的死亡，而不是被做脱骨肉片的装置切碎。

何塞·瓜达卢佩·波萨达（José Guadalupe Posada）是这一时期最著名的版画家和雕版画家，他创作了《墨西哥实用"救生者"》（Salvavidas práctico para México）。波萨达在几张大幅报纸版面上通过自己对电车的理解，描绘了混乱的街道、不受控制的科技和惊恐的人群。图 2-3 展示了他描绘的救生设备：当一个人站在铁路上即将被撞时，一辆有轨电车主导了整个行动。旁观者强调了事件的壮观——留神、穿着考究的人被绳子隔离在人行道两旁，还有一些人从邻近建筑的阳台上观察。有轨电车本身也经过了改造，一个穿着礼服、戴着高顶帽的男人坐在车顶上，取代了轨架。他一只手举着一把短剑在空中挥舞，剑旁标有"法律"的字样，另一只手拿着电车的缰绳。他是轨架的拟人化，为有轨电车提供动力的部分，说明了人类对这项技术的控制。第二个人站在驾驶室内，是保险杠的拟人化，他手里拿着一根棍子，高高举在倾向车前端的第三个人头顶上。这第三个人被缰绳拉住，伸手去捡落在铁轨上的人。被标了文字的剑的象征意义在图下文字中得到了证明。对于死亡有责任者不会受到惩罚。如果被抓，司机会被送进叫作"bartolinas"的又黑又窄的牢房，第三天就会被公司带出去。文本提供了一个解决方案，"让我们在前端安置司机，系上腰带，在靠近地面的地方刹车，这样他就能把掉在铁轨上的人扶起来。"如果他没有这样做，他和那个人都会死，这将是即刻而严厉的惩罚。

虽然波萨达并不是唯一一个提出司法系统干预的人，但值得注意的是，无论是图片还是文字都主张追究司机的责任，而不是追究公司的责任。虽

图 2-3　大幅报纸上的救生设备漫画，作者是何塞·瓜达卢佩·波萨达。图下方诗词大意：人们担忧"救生者"，因为电车每天都在"杀人"，除了被杀死的人不用被抓起来，涉事司机会被带去"bartolinas"，过了三天就会被公司带出去。由于各种各样的发明正在测试中，以避免在有轨电车中发生事故，在靠近地面的地方设置一个带扣和刹车的司机，以便将任何掉到轨道上的人清走。若他们同时死了，这就是公平正义了，因为至少凶手会受到惩罚。

然他的人力模型没能获得"牵引力"（支持），但各种各样的三维模型却"杀入"了街头。

街道变成了实验室

在波菲里奥时期的墨西哥，事故的公开性质和固守仪式的文化使得讨论不同的模型成为一件公开的事。为纪念技术成就举行的仪式被视为"进步节"，而事故揭示了技术现代性的脆弱，削弱了这些仪式的意义。[88] 通过对救生设备的公开试验把街道变成了实验室：这些仪式的壮观程度在一定程度上恢复了人们对技术的信心。[89] 下面的四个试验说明了这一点。

1900 年 5 月，西里亚科·加尔西良（Ciriaco Garcillán）和墨西哥电车公司总经理在印第安尼拉电力站附近的贝伦大道迎接了迪亚斯总统。[90] 一大群人沿着铁路旁边观看着电车到来，上面附着加尔西良的"波菲里奥·迪亚斯救生者"标志。展示活动没有使用电力，而是一小撮人推着车，直到它达到相当的速度。当汽车驶近人群时，这位自信的发明家把准备测试的假人放在一边，纵身跃向铁轨。眼看着驶近的汽车加速，观众吓得屏住了呼吸。当"救生者"完成把发明家把毫发无损地捡起来扔到一边的动作，在场一片舒气声与欢呼声。这位发明家还是不满意，再次伏在铁轨上，成功地重复了大胆的表演，以满足观众的需求。第三次试验是在单轨上放置人体进行的。这次救生装置猛烈地撞击了人体，将其甩出了轨道。幸运的是，这个人体已经被换成了假人，代替了加尔西良的位置。墨西哥电车公司将测试结果归档。

两年后，福斯蒂诺·塞万提斯（Faustino Cervantes）在同一地点测试了他的"波菲里奥救者"装置。[91] 该装置的前端采用金属网制成的突出角。这个角的边缘会将轨道上遇到的障碍物抛出。在第一次试验时，车轮压断了一个填充麸皮的假人的一只脚。在第二次试验中，假人没被车轮压，但被前挡板伤害了另一只脚。塞万提斯在最后一次试验前做了一些修改。假人被抬起来，搬运了一段距离。鉴于它的糟糕表现，《时代报》提出了一个不会出错的救生设备方案：高额赔偿！[92]一旦墨西哥电车公司认识到"把人做成焖肉块的代价，它就会采取行动来防止事故"。

胡安·瓦列霍（Juan Vallejo）在1904年申请了自己的"波菲里奥·迪亚斯救生设备"的专利（图2-4）。瓦列霍声称这是"真正的救生设备"，虽然它会撞倒个人，但不会造成伤害，因为"个人脚下只会受到轻微冲击"。该装置的绳索用于保护个人。如果这个人未能落在装置上，警卫员将使用钳子拯救他。专利申请附带的插图描绘了一个戴着宽边帽的人被撞倒，这是下层男性的代表特征。《祖国报》（La Patria）得出结论，"再也不会有受害者了。被撞倒的人将毫发无损地走出去。"[93]它邀请读者前往总统阳台观看官方试验。[94]

1908年，一场轰动的公开实验吸引了近500名好奇的人来到印第安尼拉（Indianilla）。人群阻碍了汽车的移动，因此工程师利奥波尔多·比利亚雷亚尔（Leopoldo Villareal）将实验移到了仓库内。[95]交通和公共工程部命令比利亚雷亚尔对公众提供的所有模型进行了测试。第一个模型被叫作"防御者"，由木板和金属丝网组成，形成一个锐角。木板要放在车的前后

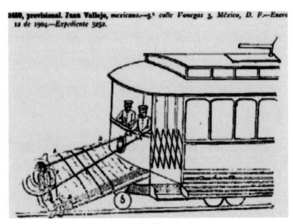

图2-4 "波菲里奥·迪亚斯救生者"，1904年。

端，金属网盖住了车轮。装满木屑的假人从后站台扔出，大部分乘客都是在那里摔倒的。尽管《公正报》声称三次试验都很成功，但《祖国报》坚称每次运行后假人都是碎片。[96] 声称对实验很熟悉的观众大声呼喊着要求发明者更换实验用的假人。第二个模型的效果更好。它由一个木制的半圆形组成，绕轴旋转，离地面非常近。[97] 它能绕轴转四分之三圈，把"未来的受害者"弹射到铁轨的两边。司机按下按钮就可以把它放下来。该装置被其发明者弗朗西斯科·纳瓦（Francisco Nava）命名为"人类防御"，它可以将物体推开，而其橡胶外壳有望减轻撞击带来的冲击。前两次运行时，假人都跑到车轮下。纳瓦认为司机没有把假人放好。在对司机进行指导后，第三轮取得了令人满意的结果。虽然比利亚雷亚尔保留了自己的意见，但《公正报》却明确表达了自己的观点："'防御者'比'人类防御'更好，它的构造简单，更重要的是，不需要司机的干预。第二个模型要求驾驶员的警觉性，在铁路上发现一个人时，就放下车轴。后者需要在试图让火车停下来的时候完成。这太复杂了！"[98]

被尝试的不是模型，而是对技术进步的信念。每一次试验都让观众回到街头，观看一场戏剧性的场面。总统本人、技术专家、公司员工、发明家和人群聚集在一起，希望能从技术上解决问题。具有讽刺意味的是，以迪亚斯命名的少数"救生者"设备的模式既没有被采用，他的政权也没有能够通过采用的现代化模型缓解给大部分人带来的重击。对高效的"救生者"的追求仍在继续。1909 年，墨西哥交通和公共工程部要求详细说明纽约采用的设备。[99] 一年后，波菲里奥的社会经济模型开始试用。

本章小结

交通事故的惨烈景象挑战了秩序和进步的信条。救生设备的公开试验和他们的讨论恢复了对技术现代化的信念：技术上的突破只需要一个模型。

这种信心使得倡导者能够"想象新技术将会拯救人们摆脱持续不断的社会问题，让他们拥有更美好的未来。"[100] 这些解决方案的论述有一个免责功能，能让人们暂时放弃更难的问题，帮助"废除涉及问题的那些人和技术设计者本身的责任"。[101] 只要谈话的中心是"被粉碎者"的责任和解决问题的技术方案的可能性上，备用对话就很难引起人们的注意。[102] 作为社会文化背景的产物，"救生者"揭示了对技术进步的信心被广泛分享的程度，以及该信心的裂痕是如何被抹去的。

利用幽默的方式揭示了电气化所带来的人员伤亡问题，同时也展示了一种集体寻求技术解决方案的态度。公司和政府对此缓慢且不恰当的回应，以及将人员伤亡合理化作为进步的代价的言论，引起了某些社会群体的愤慨。"救生者"被精心设计成对当前动荡局面的决定性回答。采用易于认知的语法，幽默批评成为强烈揭示和嘲笑这种暴力的理想场所。然而，这种批评坚持一种技术主义的观点，与科学家的观点相差不远。就像 19 世纪末的尼古拉斯·祖尼加－米兰达（Nicolas Zuñiga y Miranda）的例子，他是一个聪明的傻瓜，带着他看似牵强的发明和预言地震的方式在街头游行；幽默和对救生设备的探索提醒墨西哥人，并非所有的发明都像宣传的那样发挥作用，那样的技术并不一定需要进口。[103] 笑点作为一种告诫，提醒人们不要做出出格的行为，或者作为一种抗议机制，或作为一种挖苦的不成熟模型的手段，笑声重新燃起了"去面对现实生活的勇气，而不是灌输了去梦想新世界的勇气"。[104]

对车辆防护探索既暴露了技术进步的脆弱性，又重申了技术进步的合法性。公开试验将街道变成了实验室，强化了一种强烈的希望：设备可能已经存在，它是可以实现的，墨西哥人正忙着完善它。

第 3 章

乡村通信革命

1900—1985 年，将近一个世纪，身在拉美偏远农村的人如何建立了通信网？答案便藏在"交互交织"这一概念之后。

本章分析了拉美地区是如何通过当地需求、国家现代化计划和全球发展计划来发展乡村电话的。笔者认为，大型技术系统的每一次变化都为电信系统的重新调整创造需求，以更好带动几乎没有流量的偏远地区。这一过程导致了外国专家、拉美地区工程师、政府官员、当地技术人员和电话用户之间的互动。在这个故事中，我们能发现技术依附和创造性挪用的历史。因此，这是一种新的"相互交织的知识"，在汇集不同领域的知识的基础上发展起来。[1]

尽管拉美国家和外国捐助机构之间存在权力失衡，但乡村电话的历史并不仅仅是技术从北向南传播的故事。从 20 世纪 70 年代开始，拉美地区各国的相关人士组织起来，致力于开发基于低成本设备的替代系统。特别是墨西哥、哥伦比亚和巴西等较大的国家，通过本国科学和技术发展计划建立了研究中心和专门培训机构。

虽然第一个明确针对拉美地区乡村电话的计划起源于 20 世纪 50 年代，但乡村通信的历史可以追溯到 20 世纪初。该期间，拉美地区各国政府修建了通往行政中心和重要出口贸易地区的通信线路。随着电话服务的拓宽，到 20 世纪 30 年代，对线路的需求增加了。然而，投资农村线路对私人企业来说无利可图。安装的价格很高，只有一小部分用户有支付能力。因此，这些企业要求社区参与建设。村庄不得不自主建立当地的基础设施，动员他们的劳动力，并呼吁政府机构提供财政支持。这种模式贯穿了整个 20 世纪。

随着城市化和国际移民，农村地区对电话服务的需求扩大了。笔者认为，乡村电话既是扩大国家权力的手段，也是赋予当地社区权力的手段。一个政府机构的电话可以命令警察对农村游击队采取行动，或者要求提供人口结构的数据。与此同时，公民也可以寻求帮助，组织抵抗强大的地主，或者减少对当地商人的依赖。

关于拉美地区农村技术的研究仍然很少，而且主要集中在农业领域。[2] 在本章中，笔者提议把农村技术史写成一部不同领域和学科之间交叉影响的历史。农村通信构成了全球发展计划的一部分，同时也在内部"文明"使命中发挥了作用。中央的政府机构经常认为农村人是落后的，这也是经常出现在学术界描绘农村反对现代技术时的主题。[3] 相比之下，笔者认为在地方一级有相当多的活动来推广电信技术。人们成立了支持电话服务的委员会，发起了电话合作社，并向国家当局请愿。在试图说服上级当局的过程中，农村政治家维护了对技术进步的主张。

目前关于拉美地区电话系统的研究没有考虑到这些地方性的活动。经济学家伊莱·M. 诺姆（Eli M. Noam）和通信科学家辛西娅·鲍尔（Cynthia Baur）编辑的一本专著以大型企业为重点，概述了拉美地区电话业的不同历史发展路径。编辑们强调了网络连接的不平等和网络缺陷是拉美地区电信业的主要特征。关于拉美地区电话通信系统的少数几篇历史文章主要涉及国家政府与外国电信跨国公司之间的关系。[4] 除此之外，还有一些国有企业和私营公司的制度史。[5] 总而言之，在拉美地区，对小公司和本地电话通信系统的研究以及电话技术的社会和文化史都很少见。

关于拉美地区乡村电话的研究几乎不存在。大多数研究都是在对外发展合作的背景下产生的。此外，当代电信工程师撰写了关于技术系统和网络规划的文章，笔者将其作为历史资料加以利用。本章还借鉴了墨西哥州和恰帕斯州政府档案馆的文件。来自墨西哥国家档案馆的资料说明了农村社区如何向当局申请要求接入电话系统。来自德国发展合作组织的文件介绍了外国专家对哥伦比亚和巴拉圭农村电话系统的活动和看法。笔者还参考了国际电信联盟（ITU）和世界银行等外国捐助机构的官方报告，从比较的角度分析农村电信。最后，笔者还纳入了拉美国家农村电话项目的报告。这些档案文件中的大多数是从自上而下的角度看待农村电话服务的，并不包括当地运营商或用户的看法。

在本章中，笔者首先考察了 19 世纪末恰帕斯州在没有外国技术专家参与的情况下建立的早期电话网络。这个网络是一个有趣的案例：一个被墨西哥发展计划边缘化的地区实施了自己的系统。恰帕斯州的例子表明，国家行政部门、出口企业和当地公司是农村电话的首批用户。与本章分析的所有其他系统相比，恰帕斯州的国家机构主要使用电话进行书面通信。他们四处发送书面信息，即所谓的"电话通知"（telefonema），以传达重要事件、政府法令和行政指示。接下来，笔者将展示 20 世纪 30 年代农村对通信的需求是如何增长的。之后，笔者分析了整个拉美地区农村电信发展的不同路径。随着向公共电信垄断的转变，农村通信的国家计划得以发展。在一些国家，"电话合作社"作为一种替代模式发展起来。农村公民发起了这些合作社，它们比中央集权的国家方案更能适应农村用户的需求。

接下来，笔者将讨论国际捐助机构支持拉美地区大陆电信发展的动机。以哥伦比亚和巴拉圭为例，笔者得出结论，当捐助机构竞争或国家政府改变优先事项时，外部资助的项目未能使农村通信受益。在第五节中，笔者讨论了卫星技术对农村电信的影响。尽管该技术承诺降低对偏远地区的电信网络连接成本，但专家们花了十多年时间才为低成本卫星地面站开发提出可行的解决方案。在最后一节中，笔者评估了少数现有的关于农村地区电话使用的发展研究。这些研究表明，社区代表强调了电话在紧急情况和农业活动中的用处，而统计数据显示，大多数电话是出于社交目的。

迈向区域自主的一步：恰帕斯州的农村电话系统，1896—1930 年

恰帕斯州的本地电话网络属于个例，原因有二：第一，它的建造和维护都没有很强的技术专长。第二，国家行政部门主要将电话作为官方书面交流的媒介。正是基于以上两个原因，这个独立的电话系统存活了五十多年，直到 1958 年才与国家电话网络相连。虽然历史学家经常把早期的电话历史描述为服务于少数精英和中产阶级客户的城市网络的历史，但这种解释方式忽视了墨西哥不同地区存在的当地公司和早期农村网络的历史。由于墨西哥政府和外国电话公司都没有兴趣投资恰帕斯州的电话行业，于是当地政府主动采取了措施。

对墨西哥政府来说，恰帕斯州是遥远南部的一个边缘地区，没有强大的经济潜力。因此，除了边境安全问题之外，对于扩大国家基础设施建设的问题，该地区所受的重视程度较低，因为有电报网络就足够了。外国电话公司认为恰帕斯没有投资前景。在扩张长途电话网络时，它们把重点放在工业发达的墨西哥北部地区和该国与美国的边境地区，因为这些地区有望获得更高的收益。因此，恰帕斯州政府决定启动自己的电话系统。这是迈向更加区域自主的一步：第一，通过国家政府实现不受外部干扰的自主；第二，自主性独立于公司商业优先事项，即优先为利润丰厚且交通量大的地区新建线路。虽然恰帕斯州政府必须与国家当局协商每一次电报线路的

变更，但它可以自主决定电话系统。

仅仅在 12 年的时间里，恰帕斯州的电话网络就得到了显著的扩展，覆盖了所有行政区域，每个区都至少有一个站点。目前尚不清楚是谁发起了建立独立电话网络的倡议，因为早期的档案资料很少。政府大约在 1896 年和 1897 年开始安装电话线路。第一批线路连接了最重要的城市，圣克里斯托瓦尔－德拉斯卡萨斯（San Cristóbal de las Casas）和图斯特拉古铁雷斯（Tuxtla Gutiérrez），以及 2500 到 3500 位居民的小型定居点。[6] 到 1909 年，这个网络已经覆盖了 63 个官方电话站和 39 个私人电话站。线路的总长度已扩大到 1507 千米[7]。起初，新的电话网络主要服务于官方用途。但很快，当地种植园主也提出了连接电话网络的要求，通常每月收取 4 比索的费用。此外，当地的企业家和酒店也连接了电话网络。虽然政府主要依靠书面信息，但私人客户也使用这种媒介进行口头交流。

早期的网络是基于简单的结构和异质的技术设备。它由一些简陋的电话站组成，电话站之间通过开放式线路连接。目前尚不清楚谁向当地政府提供了第一批设备的技术建议。20 世纪 20 年代的资料表明，不同的供应商提供了不同的异构设备。其中，政府向爱立信（Ericsson）、西门子（Siemens）和通用电气（GE）这样的公司订购了设备。[8] 由于传输能力仍然有限，中间站是必要的，用以长距离传递信息。这使那些原本可能没有电话服务的小居民点受益。然而，这些地方的通信量很低，一个月只有 10~20 条信息。[9]

从技术问题和维护的来往信件中可以看出，员工的技术知识非常贫乏。大多数问题是由于线路中断或电话机损坏造成的。位于州首府图斯特拉古铁雷斯的中央电话局负责管理这个网络并确保维护。一般来说，有关技术问题的文件都不是用技术术语写的。例如，州政府对电话设备的技术型号缺乏了解。有一次，它在没有任何规格说明的情况下向西门子公司订购了 4 台电话交换机。公司代表满怀惊愕，要求提供更多有关电话网络的信息，以便提供合适的设备。政府没有提供进一步的解释，而是提供了一个样本，要求西门子公司提供同类型的设备。因此，政府当局缺乏足够的技术词汇来订购设备和更换零件。[10]同样，当地电话运营商报告设备损坏时也没有提供技术细节。由于这些接线员无法解决技术问题，他们将损坏的设备送到中央电话局，在那里进行维修。1926 年，中央电话局的副局长评论说，当地电话接线员的维修尝试通常是无效的。[11]在开始工作之前，这些接线员没有接受过任何技术培训。因此，电话网络的维护是一个通过实践学习的过程，这些专业知识集中在图斯特拉古铁雷斯的电话厅。主要是电话厅的电话检查员使用不同种类或不同特征的异构设备临时想出了解决方案。通过这样做，他们创造了一种适应当地特定环境的知识，或者用历史学家莱达·费尔南德斯·普列托（Leida Fernández Prieto）的话来说，创造了一个"知识岛"。[12]

除了没有受过训练的工作人员和不足的财政资源，热带气候、频繁的盗窃和当地的抵制也影响了电话网络的建设。政客们经常抱怨说，由于电话线路经常中断，根本不可能发送紧急讯息。[13]大雨和强风经常使电话线从木桩上掉下来，这会中断网络，直到工作人员将其重新安装回去。由于地理位置偏僻和道路稀少，线路维护是一项困难、耗时的工作。有时，地方当局要求当地工人参与维修工作；有时，他们不能或不愿提供劳动力。[14]此外，电线经常被盗也造成了中断。到 20 世纪 20 年代中期，这个问题已经变得如此严重，以至于州长的秘书长建议设立一个奖励制度，奖励任何提供盗窃线索的人。[15]历史研究把电线盗窃事件解释为对电话的一种抵制。[16]虽然这可能是真的，但档案资料并没有解释为什么恰帕斯州的人们拿走了线路上的电线。目前尚不清楚他们是想中断网络，还是将电线用于其他目的，还是拒绝使用电话。总的来说，维修就像西西弗斯神话中的惩罚：一个问题解决了，另一个问题又出现了。一整年，电话检查员、工作人员和当地工人都在进行维修工作，而关于电话接线员不足的抱怨从未停止过。

政府试图寻找值得信赖的人来担任电话接线员的职位，因为他们的办公室内处理着机密政府通信和私人通信。而客户那边则指责接线员们擅离工作岗位，无视信息，在书面通信中出错，甚至醉酒。由于薪酬太低，当地政府很难找到好的接线员。在 20 世纪 20 年代早期，一个电话接线员一个月只能领 8 比索，还必须同时从事多种工作。[17] 技术问题和不可靠的接线员都导致官方通信遭遇严重的延误。

在 1910—1930 年期间，1910 年的墨西哥革命造成了严重的破坏，缩小了当地电话系统规模。军方或叛军经常接管电话站并破坏线路，以切断对手的信息来源。政府当局试图尽快重建网络，但缺乏财政资源。因此，在 1926 年，一位当地政治家得出结论，"进步的展示"只会成为一种记忆。[18] 事实上，统计数据显示，1930 年的电话网络规模缩小了，仅有 814.5 千米的线路连接着 86 部电话。[19] 缩小的电话网络成为政治过渡期间普遍不稳定的象征。在 20 世纪 30 年代和 40 年代，尽管技术问题仍然存在，但该州的更多的社区依然要求接入该网络。这也是墨西哥其他地区的趋势。

电话作为"对地方进步的贡献"：动员在墨西哥农村社区使用电话

从 20 世纪 30 年代开始，墨西哥各地的农村社区都要求安装电话线路。那时，大多数电话线路都集中在墨西哥城。在墨西哥城和墨西哥其他地方一样，有两家跨国公司经营着自己独立的网络：爱立信公司和国际电话电报公司（ITT）。在 20 世纪初，这些公司扩展到其他大城市，但也覆盖了小规模的城镇。随着服务的扩大，农村社区开始意识到这种新媒体，并向墨西哥总统提交请愿，要求提供使用电话网络的机会。

20 世纪 30 年代的政治背景有利于动员农村社区使用电话网络。受到拉萨罗·卡德纳斯总统（Lázaro Cárdenas，1934—1940 年在任）对墨西哥乡村更加关注的启发，请愿者对土地和更好生活条件的期望值也水涨船高。此外，通信部长弗朗西斯科·J. 穆希卡（Francisco J. Múgica）加强了将电话网络作为必须满足人们需求的公共服务的理念。他的公开声明鼓励农村人民为争取电话网络的使用而发起请愿。

这些请愿表明，当地社区领导人将接入电话网络视为属于现代墨西哥国家的标志。从 20 世纪 30 年代中期开始，来自全国各地的请愿书交到了总统手中。例如，遥远的米却肯州（Michoacán）阿克伊齐奥德尔坎赫（Acuitzio del Canje）的商会的代表坚持认为，他们需要与国家的中心进行沟通。从这个意义上说，他们认为接入电话网络是"对当地进步的贡献"。[20]类似地，许多请愿书把电话称为"文明"和现代化的一种表现形式。[21]另一些社区则强调节省金钱和时间的必要性，并打破孤立状态。[22]在其他情况下，社区感觉受到当地土地所有者的威胁。来自格雷罗州（Guerrero）奥米特兰（Omitlán）的"集体土地"（ejido）的成员在他们的请愿书中表示，为维护他们的土地权利，他们需要与政治中心进行直接沟通。[23]在一些地区，居民们成立了地方性的支持建立电话通信网络的协会。这些协会与政治当局一起为开展电话服务进行宣传，并组织社区工作者来安装电话设备。然而，很难确定当地社区对这种新媒体的支持程度，毕竟，一些请愿书包含了许多签名，这意味着当地政治领导人可能强迫社区成员签名。

由于农村电话服务没有产生大量利润，电话公司没有投资安装线路，因此需要社区动员工人进行安装。例如，爱立信公司让社区建造自己的线路连接到它的网络。然而，当地居民缺乏足够的资金来支付电线和电话设备的费用，这也是向总统请愿的另一个动机。例如，格雷罗州的康科迪亚·维森特（Concordia Vicente）的社区提供了当地劳动力的"热情合作"，但要求为安装提供物质支持。[24]

总的来说，爱立信公司向农村地区提供了两种不同的服务：带有公用电话的农村用户服务或一般服务。对于一般服务，该公司安装了一个电话交换机，允许连接私人客户，需要交通部的正式授权。爱立信公司向这些社区收取连接到下一个电话交换机的费用。从国家档案馆的请愿书可以看出，社区经常认为这些费率过高。[25]居民没有足够的收入来支付如此昂贵的电话费。

在大多数情况下，从现有文件中无法就政府为什么支持某些社区而拒绝支持其他社区得出结论。最有可能的原因是，政治偏袒以及预算问题和电话网络的距离。不幸的是，20 世纪 30 年代的统计数据只区分了墨西哥城和全国其他地区。因此，无法分析农村地区的电话线数量是否显著增加，因为统计数据没有区分城市和农村地区。考虑到高昂的安装成本和缺乏有支付能力的客户，我们可以合理地假设，公司专注于在城市地区扩张。

尽管如此，这些请愿书表明，至少在社区领导层中，农村地区的需求非常强劲。当地领导人将电话解释为"文明"的象征。成为电话网络的一部分就意味着成为现代墨西哥国家的一部分。至于社区里的其他人是否也有这样的想法，就不得而知了。虽然当地的精英接受了通过技术实现现代化的理念，但基础设施的建造却是当地工人完成的。然而，昂贵的费率使得大多数人几乎不可能打电话。尽管如此，在有利的政治条件下，一些农村居民积极行动，争取获得电话线路的接入，希望与国家机构更好地进行沟通，以改善他们的生活条件。

政治态势随着曼努埃尔·阿维拉·卡马乔总统（Manuel Ávila Camacho，1940—1946 年在任）上台而发生了变化，政策支持从农村地区转向了墨西哥城市和工业发展。在这种新的政治环境下，城市用户受到鼓励向总统申请使用电话线路，而来自农村地区的请愿书数量减少了。与墨西哥类似，早期拉美其他地区的统计数据中没有提供农村电话密度的数据。在下一节中，笔者将确定拉美地区电信业的总体趋势，并描述 20 世纪 50 年代将服务扩展到农村地区的举措。

不均衡的扩张：20 世纪 40 年代到 80 年代拉美地区农村电话通信的国家计划和地方合作社

在整个 20 世纪，拉美地区电话网络的扩张是一个缓慢而不均衡的过程，其间会出现短期的增长。在墨西哥、阿根廷和巴西等较大的国家，电话服务在 20 世纪 20 年代和 30 年代得到了显著扩展。在 20 世纪 40 年代，电话网络的增长速度放缓，但从 50 年代开始又恢复了增长。发展不平衡的部分原因是巴西、阿根廷、墨西哥、委内瑞拉和哥伦比亚与美洲大陆其他地区之间存在明显的差异，在这些其他地区，电话业务的发展速度较慢。[26]

从 20 世纪 40 年代到 80 年代，虽然大型国有垄断企业仍然主导了拉美地区的电话网络，但是在一些国家，地方企业幸存了下来。这两者对电话网络扩展到农村地区至关重要。在 20 世纪 40 年代和 50 年代，许多政府决定建立电信的国有垄断企业，并任命政治盟友作为管理者。这些管理人员有时缺乏专业技能，并遭受频繁的人事变动。因此，电话网络扩张的决策变得更加政治化。总的来说，许多这样的企业未能满足电话服务的需求。当政府将电信收入用于其他国家项目时，电话网络扩张也减慢了。[27]与此同时，在许多国家，当地公司仍然继续存在，但他们的历史尚未被探索。来自墨西哥、阿根廷和玻利维亚的证据表明，在整个 20 世纪，当地公司对农村地区的电信业起着重要的作用。这些当地公司也对许多农村电话系统的技术异构性做出了贡献。

农村电话的性能取决于技术设备、中央电信主管部门的关注程度和地方运营商。在 20 世纪 50 年代到 80 年代之间，典型的农村电话基础设施要么是拥有 20~30 个用户的小型手动交换机，要么是高频无线电连接。[28]无线电话（Radio telephony）把难以安装实体连接线路的偏远地区连接起来。然而，它也存在很多缺陷，比如频谱过于拥挤。例如，在 20 世纪 80 年代早期秘鲁的一个项目中，拥有超高频无线电话传输机的站点一年有三分之一的时间里一直处于停机状态。如果中央管理部门不能保证定期维修，与设备相关的问题就会长期存在。[29]停机或通话质量不佳的电话站从现代化的象征变成了被忽视的象征。除了技术问题外，城市运营商经常对农村电话厅打来的电话不予优先考虑。此外，电话接线员的业务能力也决定了电话服务的质量。如果人们认为接线员不可靠或侵犯了他们的隐私，他们就会犹豫是否打电话。在不同民族聚居的地区，由于接线员不懂当地语言，也会出现沟通问题。[30]

拉美地区的第一批农村电话工程起源于墨西哥和阿根廷，但是基于完全不同的前提条件。在阿根廷，从 20 世纪 50 年代末开始，当地合作社为农村社区提供电话服务。虽然没有对这一现象进行系统的历史分析的研究，但通过案例研究可以得出以下初步结论：第一，许多合作社受益于意大利移民带来的合作社组织相关知识。第二，电话用户能通过交费和自己的劳动为这项服务支付费用。第三，合作社更加了解当地的需求，并相应地调整了服务和费率。第四，它们有时比大型国有电信企业更快地引进新技术。到 1975 年，阿根廷已经有 175 家合作社，约有 17000 名电话用户。[31] 因此，合作社组织推动了电信领域"相互交织的知识"的传播，因为合作社彼此之间以及与电话用户之间进行了互相交流。这些交流促进了更广泛的技术和知识共享，有助于农村电话服务的发展。

相比之下，墨西哥的情况则是由国家主导，集中规划的农村电话扩张。1959 年，总统签署了一项法令，将农村电话服务的责任交由通信部门负责。这项措施是第一批倡议的起点。国家农村电信委员会遵循三方协议模式。通信部、州政府和地方政府三方签署了建立电话线路的协议。通常情况下，国家和地方政府在财政上支持建设，而社区则提供劳动力和电线杆。在 1966—1967 年间，地方电信委员会安装了 27 条新电话线。通信部出资 140 多万比索，州政府出资 230 万比索，个人出资 57.9 万比索。[32]

在 20 世纪 60 年代和 70 年代，墨西哥国家官方机构和地方政府将电话网络描述为现代化的成功故事。与此同时，城市化增加了农村地区对电话服务的需求。1966 年，电话公司的杂志《墨西哥电话之声》（ *Voces de Teléfonos de México* ）向读者介绍了以微波站和电线杆为特征的现代农村景观，这些微波站和电线杆将墨西哥人团结在一起。一旦新的电话线路建成，就会举行启用仪式。通常，地方代表会象征性地打第一通电话给更高一级的政治权力机构。1970 年，米却肯州塔里姆巴罗（Tarímbaro）的政治家马里奥·鲁伊斯·阿布托（Mario Ruiz Aburto）通过长途电话向州政府祝贺开通服务。在通话中，他说："现在，文明已经来到了我的社区。"[33]1967 年，墨西哥电信公司（Teléfonos de México）的经理、州长和当地牧师在普埃布拉州（Puebla）北部的圣米格尔卡诺阿（San Miguel Canoa）举行了一项长途电话服务开通仪式。牧师在讲话中强调，电话服务是解决当地紧急情况的一种办法，同时也为墨西哥国内和其他国家提供了更好的通信机会。[34]虽然全球连接对当地电话用户来说可能不是那么重要，但随着越来越多的人口向大城市或美国迁移，长途通信变得更加迫切。其他拉美国家，如哥伦比亚、厄瓜多尔和秘鲁，也是如此。这些国家的政府都启动了农村电信计划。这些项目通常受益于国际捐助机构的贷款支持。

在欢欣鼓舞的规划和低成本设备之间：发展合作的贡献

从 20 世纪 60 年代开始，国际捐助机构为拉美地区的电信发展提供了信贷和外国专家。全球规划热潮和战后发展理念塑造了这些项目。与此同时，"发达"与"不发达"或"第一世界"与"第三世界"之间的差异定义了国际合作中的新角色。[35]基于技术现代化是经济发展的先决条件这一坚定信念，世界银行和美洲开发银行（IADB）为电信项目提供贷款。例如，在 1962—1983 年间，世界银行签署了 93 项以上的电信贷款协议。在拉美地区，世界银行向哥斯达黎加、萨尔瓦多、委内瑞拉和哥伦比亚提供了首批贷款。[36]初期，农村地区在这些资金计划中没有优先权，但在 20 世纪 70 年代全球对农村发展的关注度上升，这也使得更多的财政资源用于农村电话服务。

根据世界银行对经济增长的工作重心，该机构的电信项目强调三个原则：第一，电信项目应该以盈利的方式运营；第二，应为商业客户和国际投资者提供良好的交易条件；第三，国家电信公司应该接管规模较小的地方公司，以打造强大的企业。为了提高电信的效率和盈利能力，世界银行建议提高费率，投资新技术，并减少电信企业的员工。这些措施有利于商业客户而不是私人用户，有利于城市地区而不是农村社区。[37] 20 世纪 70 年代，世界银行更新了其农村发展政策，为农村电信提供了机会。

随着捐助机构对农村发展工作意识的不断提高，电信贷款逐渐拓展并囊括农村电话项目。世界银行行长罗伯特·麦克纳马拉（Robert McNamara，1968—1981 年在任）提倡改变战略。在他看来，仅靠经济增长并不能显著减少贫困。因此，银行项目必须直接使穷人受益，例如，通过向小农户提供信贷。[38]因此，电信贷款增加了对农村地区的关注。然而，这些项目只占全部贷款的一小部分。[39]在美洲开发银行也发生了类似的转变：美洲开发银行早期在拉美地区的项目支持的是远距离微波网络，而20 世纪 70 年代的项目则把农村电话服务置于重要位置。[40]美洲开发银行为其电信项目制定了以下标准：与国家发展计划相连接，使用低成本解决方案，在农村社区建立公共电话，并满足生产部门的需求。除美洲开发银行和世界银行外，国际电信联盟和双边的捐助机构也参与了电信发展项目。

国际电信联盟为电信项目提供专家，虽然犹豫不决，但它还是充当了农村电信知识中心。此外，该组织在 20 世纪 60 年代支持了"全球南方国家"的电信培训中心，尽管在 20 世纪 40 年代和 50 年代，该组织一直不愿支持发展项目。几十年来，非洲、亚洲和拉美地区的代表一直要求国际电信联盟满足他们对低成本设备和技术解决方案的具体需求，为极端气候的偏远农村地区提供服务。

早期，拉美国家要求对农村电话项目提供更多支持。例如，在 1970 年美洲电信委员会会议上，成员们要求国际电信联盟在该地区举办一次关于农村电信的区域研讨会。同年，在马那瓜（Managua）举行了这一活动。[41]在这类会议上，专家们不仅在区域内交流了知识，而且还与国际组织和公司代表交流了知识。国际电信联盟的专家们作为一个新的团体，为农村电信的"相互交织的知识"做出了贡献。他们的知识与拉美地区工程师的专业知识相辅相成。在1974年举行的第二次拉美地区研讨会上，66位代表敦促国际电信联盟提供更多的专家，并就农村电信的信息通信出台公告条例。[42]此外，与会者认为不收取昂贵的专利使用费的设备是迈向"更大的技术独立"的一步。[43]考虑到当时该地区内部的政治异构性，可能并非所有代表都同意这一愿景，但研讨会上的关注足以写入国际电信联盟的报告中。

从20世纪60年代到80年代，新技术显著改变了拉美地区的电信网络。微波网络、卫星系统和数字技术为设计成本更低的农村电话网络提供了新的机会。每当引进新技术时，外国技术人员都起着关键作用。例如，1963—1968年期间，一个德国专家团队支持了哥伦比亚基于微波系统的远距离网络的设计。这一系统通过微波发射器和接收器传输电话和电视信号。在安装之前，需要进行详细的几何分析和跳频测试测量。[44]德国专家在1500千米的距离上对22个跳频地点进行了勘测。他们的工作为世界银行资助的一个更大的电信项目做出了贡献。在实地考察过程中，当地的实际情况对专家们最初的计算提出了挑战。

在执行任务期间，专家们面临着测量仪器和模糊数据的问题。首先，专家组在使用不精确的地图时遇到了困难。有时，地图和实际地形的海拔相差500米，这迫使专家组调整路线。其次，高温和骡子的运输对仪表产生影响，有时会导致不准确的结果。[45]最后，由于哥伦比亚电信当局协调不力，一些跳频已经被其他项目占用。[46]如果一个网络是基于错误的数据构建的，这将影响后面的传输和服务质量。最后，哥伦比亚政府把网络建设交给了一家日本公司，这家公司的测量方法比德国人更粗略。因此，德国驻波哥大（Bogotá）大使馆怀疑在最初5年的紧张工作中产生的测量结果是否会被使用。[47] 由于德国和日本的竞争，哥伦比亚的工程师将不同的知识集成到他们的网络规划中。接下来，专家们根据当地实际情况调整了在城市总部设计的计划，这增加了电话系统的"相互交织的知识"。专家组的 37 份报告表明，他们不得不经常更改最初在波哥大总部设计的计划。最后，每个专家组都有自己的网络规划和测量方法，这使得合作变得复杂。国际组织意识到这些冲突，但在其官方报告中保持沉默。

在推广电信业发展的效益时，国际捐助机构通常采用中立、非政治化的语言。然而，与偏远社区建立电话通信是一种政治行为。因此，政府在决定电信网络扩张时不仅要考虑经济因素，还要考虑政治和安全因素。后二者的层面虽然在规划文件中处于边缘地位，但在对农村电话项目的任何分析中都应当被考虑。特别是在以政治暴力为特征的社会，安全问题是将偏远地区与电信网络连接起来的重要动机。例如，在哥伦比亚东部的一个农村电话项目提出的一个目标是确保"控制和安全"。[48] 然而，农村电信也可以促进地方赋权。正如笔者对早期墨西哥农村电话的分析所显示的那样，社区认为电话网络可以促进他们的自我保护。例如，一些社区报告侵犯人权事件、在发生抢劫时寻求支持并利用电话进行社会动员。[49] 而拉美地区政府如何利用电信来提高对反对派团体的政治监视也需要得到进一步的研究。上述角度对巴拉圭来说也是相关的，在 20 世纪 60 年代，巴拉圭的专制政府委托制定了一项国家电信计划。

1963 年，巴拉圭政府请求联合国开发计划署（UNDP）支持国家电信计划。当时巴拉圭由独裁者阿尔弗雷多·斯特罗斯纳（Alfredo Stroessner，1954—1989 年在任）统治。在最初的国际电信联盟派出考察团之后，德国发展合作机构提供了贷款和技术专家的支持。1969—1977 年间，巴拉圭电信国有企业"ANTELCO"获得了 4410 万德国马克的贷款。此外，德国发展合作机构为该项目提供了超过 440 万德国马克的支持。[50]

然而最终，由外部资助的巴拉圭电信项目未能惠及农村社区。虽然巴拉圭政府方面官方宣称将为所有人口提供电话线，但它主要将这笔贷款用于扩大城市电话网络。多年来，巴拉圭政府成功地操纵了捐赠机构：逐步将扩张目标从内陆地区转移到首都，在此期间德国发展合作机构未能提出追问便批准了计划。当时，德国电信项目明显支持西门子公司的商业利益。从 1955 年起，西门子公司就开始为巴拉圭的电话网络提供了设备，并从贷款中获得了巨大的收益。然而，到 20 世纪 70 年代末，情况发生了变化。

当德国发展合作机构建立了可持续性标准后，先前的资助方案得到了修订。1978 年 6 月，德国发展合作部调查了巴拉圭的项目，认为其是灾难性的失败。根据调查，该项目主要服务于德国的出口利益。在城市地区，大多数巴拉圭精英受益于新安装的设备。[51] 而且，这些都是超大装置。巴拉圭在电信设备上的花费超出了必要水平，尤其是在新的电话交换机方面，报告认为这些设备过于庞大。事实上，巴拉圭国家电信计划的政府文件主要包括一些新的宽敞建筑的彩色照片。[52] 最后，德方建议终止支持该项目。[53] 这个例子表明，一些拉美国家政府，只是口头上支持发展目标，而实际上是在按照自己的计划扩张网络。在德国的支持结束后，巴拉圭政府在电信方面获得了日本的几笔贷款。其中，日本的公司在 1978 年为巴拉圭建造了一个卫星地面站，将其与全球卫星网络连接起来。[54] 随着卫星技术为农村地区的整合带来了新的机遇，拉美地区各国政府在 20 世纪 70 年代末加强了农村电信计划的推进。

新机遇和对技术依附的担忧：卫星技术的影响

起初，美国主导了卫星通信的技术发展和国际协议。通信卫星是在 20 世纪 60 年代初发展起来的。这些卫星通过电磁信号与卫星地面站通信，因此可以远距离传输电视信号和电话呼叫。在 1962 年冷战最激烈的时候，美国设计了一种绕过国际组织的新型全球通信系统。《卫星通信法案》创建了一个新的私营企业"通信卫星公司"（COMSAT），它在建立"国际通信卫星联盟"（Intelsat）方面发挥了主导作用。该公司在 20 世纪 60 年代末实现了全球覆盖，并在一开始就侧重于国际电信。[55]

国际通信卫星联盟成员根据其投资份额和通信量拥有卫星基础设施的一部分。他们根据自己的流量支付卫星通信费用。从 20 世纪 70 年代中期开始，国际通信卫星联盟为国内服务提供了特殊的租赁容量。[56]到 1970 年，诸如哥伦比亚、阿根廷、秘鲁、巴西和墨西哥等大型拉美地区经济体都加入了国际通信卫星联盟。在电路租赁成本降低的 20 世纪 70 年代和 80 年代，一些小的国家也相继加入该组织。然而，拉美地区对新系统的看法仍然模棱两可：他们需要卫星接入来扩大广播设施，但又担心产生技术依附。[57]

一方面，卫星系统为偏远地区的电话网络创造了机会。通过卫星地面站连接社区比建一条电话线要便宜，尤其是在地理条件使连接变得困难的情况下。另一方面，国际通信卫星联盟主要为通信强度高的国家提供技术，这使中等或低通信强度的地区处于不利地位。在早期阶段，国际通信卫星联盟需要大型且昂贵的卫星地面站，这使得贫穷国家的连接工作变得困难。例如，20 世纪 80 年代初期，秘鲁农村的一个美国国际开发署援助项目订购的设备最终比最初预计的要多花费 60 万美元。通过放弃交钥匙式协议并修改卫星地面站的设计，美国国际开发署和秘鲁国家电信公司（ENTEL）在与供应商的谈判中设法降低成本。但结果，他们安装的站台数量少于计划数量，并基于一种廉价的匈牙利无线电电话系统制定了预算，这在后来引起了许多技术问题。[58]这再次说明，不同技术的结合导致了"交织的知识"，尽管在这种情况下，技术人员没有找到令人信服的解决方案来确保兼容性。然而，这种知识防止了其他项目犯同样的错误，并激励了专家们寻找技术替代方案。[59]

同时期的研究人员得出结论认为，服务于农村社区的电话网络需要小型、廉价、耗电量低的卫星地面站。[60]从 20 世纪 70 年代末开始，不同的研究机构和企业致力于为农村电话网络寻找可行的解决方案，其中包括斯坦福通信卫星规划中心。他们在使卫星地面站设计适应于农村系统的需求方面做得特别成功。

多年来，其他工业国家也获得了有关卫星通信方面的知识，这导致了外国专业知识的多元化和竞争的加剧。虽然最初美国在技术知识方面占据主导地位，但欧洲国家和日本很快就赶上了。在 20 世纪 70 年代，其他国家致力于开发自己的卫星系统，以摆脱美国的主导地位。例如，加拿大在 1972 年推出了自己的 "Telsat" 系统，随后阿拉伯地区在 1976 年推出了 "ARABSAT" 系统，欧洲在 1977 年推出了 "EUTELSAT" 系统。[61]尽管这些系统相互竞争，但是在应用于拉美农村地区时，卫星通信方面的知识逐渐紧密交织。外国顾问为该地区带来了他们的技术解决方案，而一些拉美国家则启动了自己的研究和教育计划。

其中特别值得注意的是，欧洲和日本的专家就卫星技术向拉美政府提供了建议。20 世纪 80 年代，德国专家在哥伦比亚工作，提出了在哥伦比亚东部建立基于卫星技术的电话网络的建议。他们强调了让小型卫星地面站适应高温高湿环境的必要性。此外，他们还建议为这些卫星地面站开发太阳能供电的解决方案。在向政府提交了他们的建议后，德国工程师担心日本专家会接手这个项目。[62]在农村卫星系统的技术解决方案仍在发展的情况下，外国专家采用了不同的解决方案，并相互竞争。在这种背景下，企业之间为争夺卫星领域的细分市场而展开了激烈的竞争。到 1983 年，就连国际通信卫星公司也提供了一项专门针对低流量通信和更便宜的卫星地面站的特殊服务。[63]

在拉美地区，大国再次走在卫星计划的前列。例如，墨西哥和哥伦比亚首先加入了国际通信卫星联盟，但同时也致力于推进自己的解决方案。哥伦比亚的卫星系统 "SATCOL" 仅 4 年就失败了。该系统设计于 1978 年，目的是避开国际通信卫星联盟的高费率，但新总统贝利萨里奥·贝坦库尔（Belisario Betancur，1982—1986 年在任）并没有采取这一计划。相比之下，墨西哥在 1985 年就发射了其首批卫星（莫雷洛斯 1 号和 2 号）。在这个国家，电信管理部门担心对外国专家的依赖，从 1979 年便开始启动了自己的空间通信教育计划。[64] 墨西哥还成功地开发了农村电话技术专业知识。1972 年，通信部成立了电信研究与开发中心（Centro de Investigacióny Desarrollo de Telecomunicaciones，CIDET），官方称这是迈向技术独立的一步。[65] 墨西哥国家电信部门的杂志《电信数据》（*Teledato*）定期发表有关技术进步的报道。[66]

随着卫星技术的普及以及国际社会对农村发展的日益关注，拉美地区的农村网络规划取得了显著进展。最初，外国专家的知识很重要，但随着时间的推移，拉美地区的专家们也逐渐积累了更多的知识，以满足农村社区的技术需求。拥有自己的研究设施的大国对这种"交织的知识"做出了特别的贡献。在墨西哥，国际会议影响了农村电话项目。在 20 世纪 70 年代，墨西哥专家参加了关于农村电信的国际研讨会，带回了关于系统规划的新想法。

墨西哥农村电话计划在 20 世纪 70 年代初有了显著增长，原因有二：第一，墨西哥电信公司于 1972 年成为一家国有企业，这促进了国家发展项目的合作。第二，总统路易斯·埃切韦里亚（Luis Echeverría）领导的政府对墨西哥农村投入了更多的关注和财政资金。[67] 在 1973—1975 年间，政府在农村电话项目上投资了 3620 万比索，主要针对原住民人口众多的地区，如恰帕斯高原（Chiapanecan highlands）、塔拉乌马拉山区（Sierra Tarahumara）和位于墨西哥北部的韦科特地区（Huicot）。[68] 1978 年，农村电信委员会主任赫克托·阿雷利亚诺（Héctor Arellano）将这些地区项目称为"具有战略规划的积极例外"。总的来说，农村电话规划绘制了一张带有电话服务的"孤岛"地图，而不是一个连贯的网络。因此，仅选择电话服务社区的行为缺乏长期规划。如上所述，政治标准有时支配着网络的扩展。[69]

在 20 世纪 70 年代末，农村电话规划的下一个时期，国际会议上的专家辩论和外国规划工具改变了墨西哥农村电信。1978 年，赫克托·阿雷利亚诺参加了国际电信联盟关于偏远和贫困地区通信的会议。在为《电信数据》杂志撰写的文章中，他称加拿大是向农村社区提供电话服务的典范，因为该国已经建立了自己的卫星系统，用于连接国内大量偏远的农村社区。此外，他还报告说，墨西哥工程师使用了斯坦福大学开发的规划软件的改进版本。[70]墨西哥工程师改进了斯坦福的软件，这是"知识交织"的另一个例子。斯坦福大学的研究人员是否对这些改进进行了跟进，目前尚不清楚。

《电信数据》杂志还承担了专业知识的论坛的功能。该杂志报道了针对农村网络的新技术解决方案，例如农村公共电话的费率测量装置。有时，来自其他拉美地区电信管理部门的工程师也会投稿。这之后，我们也可以看到，墨西哥参与者借鉴了其他拉美国家开发的网络规划和技术解决方案中的外国工具，但根据自己的需求进行了调整。

官方出版物将电话网络扩张视为将偏远地区纳入现代墨西哥的成功故事。例如，《墨西哥电话之声》杂志定期发表关于建立新的电话办事处的报道，其标题如"电话服务正遍及墨西哥各省的各个角落"或"我们的目标：团结并服务墨西哥"。[71]成百上千张关于首次通话、启用典礼和农村新建筑物的照片展示了这种对墨西哥通信业的叙述方式。与这种得意扬扬的叙述形成鲜明对比的是，1978 年，赫克托·阿雷利亚诺报告说，许多地区的电话服务仍然不足。因此，如果从社区的角度讲，还有一个被忽视的故事，这将产生不同的叙述。不幸的是，在墨西哥的案例中，几乎没有关于农村电话的使用和项目拨款的证据。这与 20 世纪 70 年代末在拉美地区开始的其他农村电话项目不同。

对 20 世纪 70 年代到 80 年代拉美地区农村电话使用情况的调查研究

20 世纪 70 年代末和 80 年代期间，项目开始收集有关电话使用情况的数据。这些调查表明，农村人士认为电话在紧急情况下、在获取信息和与家人保持联系方面很重要。例如，1978 年，巴拉圭萨尔托德尔瓜市（Salto de Guairá）的 20 位知名人士向德国专家解释说，电话使他们能够迅速了解物价、外汇汇率和银行支票的可靠性。[72]巴拉圭东部的农业移民也提出了类似的论点：最新的价格信息使他们减少了对当地商人的依赖。然而，德国的报告批评地指出，一个低收入的农村用户要花三分之一的月收入才能打一个 3 分钟的电话到巴拉圭首都亚松森（Asunción）。[73]由于外国专家经常采访的是当地精英和固定电话用户，最贫困阶层的观点仍然没有得到考虑。此外，在分析引入电话服务后的长期社会变化方面，他们也做得不够。

总的来说，调查记录了电话在社会和商业用途上的广泛使用。然而，一些团体仍然认为电话没有社会需求，而另一些团体由于价格高、质量差而放弃了电话。在 1974 年和 1975 年，哥斯达黎加大学和世界银行对 3 个农村村庄的 674 名电话用户进行了调查。研究团队发现，人们拨打的电话中有 50% 以上是为了与亲朋好友交谈，其他拨打电话的重要原因是商业、农业以及政府行政事务。该团队还分析了电话用户的社会构成，得出结论，公共电话服务对所有社会群体都有益。[74]

然而，其他研究显示社会的不均衡存在。[75]1985 年在秘鲁的调查很重要，调查团队进行了为期两年的调查。与哥斯达黎加的研究相比，该调查揭示出社会差异：一般的电话用户都是收入较高、受过良好教育、拥有专业职位或拥有企业的人群。此外，该团队在两个地方进行了家庭调查，调查涵盖了非电话用户，结果如下。总的来说，对电话服务的认知普遍存在，所有受访者中有 97% 知道电话服务。共有 58% 的受访者打过电话。那些没有打过电话的人提到的主要原因是他们在其他社区没有亲戚或朋友。他们也认为没有理由给外地的朋友打电话。受访者还提到了高昂的价格和糟糕的服务质量。[76]遗憾的是，这些调查的作者没有反思电话对交流习惯的影响以及它在社区中引起的长期社会变化。专家们主要关注的是数据，以争取更多的资金或促进电话网络扩张的决策。

本章小结

20世纪初，电话进入农村社区主要是出于政治和行政方面的原因。早期的电话网络刺激了拉美国家出口导向型增长，促进了国民经济一体化。技术系统仍然非常基础，还面临着与气候、未经训练的员工和设备盗窃有关的挑战。对于私营公司来说，向农村地区扩张并不是特别有利可图，这就是为什么他们要求社区建设自己的线路并支付高额费用。

随着20世纪30年代拉美地区较大经济体的电话网络大幅扩张，越来越多的小城镇和农村地区的人口开始意识到电话服务的存在。当地的精英们将这种新媒介视为技术现代性的象征，是属于"文明国家"的标志。尽管需求不断增长，但在这一时期，只有少数农村地区获得了使用机会。在20世纪40年代，许多政府为电信国有化做准备。国家垄断使得建立国家农村电话项目变得更加容易实施。这为农村电信领域的知识生产方面的积累做出了重大贡献。

连接农村的另一项重要举措来自基层：在一些国家，地方合作社填补了私营电信公司留下的空缺。这些合作社与用户保持密切联系，能够更好地满足他们的需求。因此，所产生的知识更多地与用户的经验交织在一起，而不是国家计划所产生的知识。与此同时，微波技术使长途电话的扩展成为可能，从而使地方网络可以连接到国家系统。随着城市化和国际移民的发展，农村居民需要与远方的亲戚联系。然而，高昂的费用和服务缺陷阻碍了长时间的定期交谈。

从 20 世纪 60 年代开始，国际捐助机构为拉美国家的电信项目提供贷款。在国际合作的第一个十年里，电话成为国家发展计划的一部分，并被视为经济发展的手段。有了外国贷款，外国专家也来到了这个地区，从事测量、员工教育、规划或系统设计等工作。他们的报告将使用电话视为一项中立的发展任务，但与网络扩展相关的决策则具有高度的政治性。与系统规划不同，政治上的考虑以及经济上的优先考虑，在没有电信网络的海洋一般的大片村庄中创造了一个由相互连接的小岛组成的系统。

在 20 世纪 70 年代随着捐助机构转向农村发展，更多的财政资源可用于向农村扩展通信网络。与此同时，卫星技术为连接偏远地区提供了新的机会。一开始，卫星造成了对美国和外国专业技术更强的技术依附。彼时只有大国能够启动自己的卫星项目，并发展技术专长来取代外国专家。在这个过程中，工程师们根据当地情况调整技术，并试图寻找低成本的解决方案。20 世纪 80 年代的金融危机限制了雄心勃勃的扩张计划，而第一批数字电话交换机却到达了农村地区。

电话将全球、国家、地区和地方各级的参与者联系起来。跨国公司和国际组织与拉美地区政治家和国家官僚机构形成互动。他们有时合作，有时对立，形成了发展、规划和控制的理念。这些理念塑造了农村电话系统的设计。扩展计划涉及不同背景的技术人员和工程师。国际电信联盟的代表与当地工程师、外国跨国公司员工、国有垄断企业的官僚机构和技术人员汇到一起。这些参与者在电信学校、国际会议、培训研讨会以及施工现场会面。在那里，他们也遇到了电话接线员和用户，但至少外国顾问经常将他们的谈话限制在当地的精英成员中。对外国技术的适应发生在首都的实验室、电信管理办公室以及偏远的村庄中。

气候、地理条件和政治优先事项的自发变化促使了随机应变和在实践中学习。通过国际组织，知识在拉美地区和世界其他地区传播。因此，关于农村电信的知识可以被理解为"交织的知识"。随着大型技术系统（微波和卫星）的出现，对外国技术的依附性也随之增强。随着公司争相推广技术解决方案，拉美地区的工程师在掌握知识和处理异构系统方面遇到了困难。当专家团队相互竞争，政府根据外交政策标准而不是技术需求购买设备时，就会出现紧张局势。此外，购买昂贵的外国设备使有限的国家预算变得紧张。特别是早期的双边合作忽视了社会发展目标，充当了国家电信公司的市场支持的手段。

农村社区的请愿和强烈要求持续了整个 20 世纪。然而，电话网络也面临着停用和被抵制的情况。电话服务对农村居民来说价格昂贵，经常促使当地人参与线路建设。未来的研究应该找到更多的历史文献来说明农村运营商、用户和非用户的观点。

在官方话语中，电话是技术现代化和进步的象征。它预示着通过电信连接实现国家的一体化。然而，不稳定的服务和技术问题破坏了这一理想。一年有三分之一时间不能提供服务的无线电话，无法满足政治家和工程师的高期望，成为被忽视的象征。许多农村社区仍然处于没有电信网络的状态，在 20 世纪末和 21 世纪初，他们不得不等待移动电话填补农村电信领域的空白。

第4章
知识转移与煤炭工业

第一次工业革命（18 世纪 60 代年至 19 世纪 40 年代）掀起了煤炭开采的热潮，而大洋彼岸的墨西哥也受到了这种新燃料体系的影响。然而，墨西哥本国的煤炭开采史，特别是煤炭的知识体系，尽管建立了与世界知识变迁的相互关系，也经历了一场大中断，由此改变了墨西哥的能源体系。

> 促进文明发展的最大问题……是如何用矿物燃料替代植物燃料，因为植物燃料的使用带来了最令人担忧且有害的影响，相比之下，矿物燃料的应用关系着人类未来的福祉、为工业开辟了新的道路。它给人类的工作和生活带来了新的视野，为国家财富开辟了新来源。[1]

在世界上的许多领域，矿物煤是工业化的主要推动因素。工业化的历史学集中研究使用煤炭的机器相关的社会问题上，最近，则更多地关注其对环境造成的影响。[2]笔者基于上述研究背景，还想补充以下事实：如果没有关于煤矿开采、地质学和化学的基本知识，工业化就不会发生，至少不是以文献中通常描述的煤炭为基础。本章将讨论 19 世纪墨西哥煤炭知识的历史。它将呈现一个典型的全球化的知识体系，包括经济的相互作用和知识的相互交融。第二部分将讨论煤炭知识的传播被中断，以及相关问题意识的重要性，并通过墨西哥煤炭的历史加以说明。为此目的，本章从墨西哥国家部分区域的工业化的角度出发，例如科阿韦拉（Coahuila）、新莱昂（Nuevo León）和普埃布拉等区域，而不是整个国家空间。

许多不同的概念都被用来定义工业化。例如，A. 鲁珀特·霍尔（A. Rupert Hall）强调了技术变革、机械化和非人工生产模式的引入。[3]这个观点受到了克里斯托弗·A. 贝利（Christopher A. Bayly）、扬·德·弗里斯（Jan de Vries）和其他人的质疑，他们则支持"勤勉革命"的概念。他们把（主要在欧洲国家的）生产的工业化和机械化视为更广泛的全球化进程的一部分，而这个过程涉及世界上很多地区的大量非熟练工人的雇用。[4]法国历史学家费尔南德·布劳德尔（Fernand Braudel）也考虑了技术创新和变革，但他特别强调了资本主义在这一进程中的作用。[5]在《现代世界体系》（The Modern World-System）的第三卷中，伊曼纽尔·沃勒斯坦（Immanuel Wallerstein）以布劳德尔的资本主义为导向的模式为基础，将工业的崛起与资产阶级或中产阶级的崛起相结合，以解释 1800 年左右在欧洲的工业革命潜力。[6]沃勒斯坦反对经济史编纂学中将英格兰大肆描绘为整个工业化发展的榜样的现象，尽管他仍然承认英格兰是工业的先驱。[7]沃勒斯坦赞同大卫·兰德斯（David Landes）、埃里克·J. 霍布斯鲍姆（Eric J. Hobsbawm）、安德烈·甘德·弗兰克（André Gunder Frank）和其他人的观点。[8]他赞同这些作者强调的工业生产模式的两种变化：一种与棉花有关，另一种与铁有关。他指出，棉质纺织品的新生产模式主要依附于新的机器设备，与之相辅相成的过程中，化学创新改变了铁工业。

这两种变化发生在某些欧洲国家，与此同时，墨西哥和美洲的其他许多前殖民地也在努力争取独立或进行内战。总的来说，这些国家和地区的经济结构与欧洲的大相径庭。[9]爱德华·贝蒂最近表示，在英国、美国和北大西洋区域的经济体已成为机械化技术（运输业、煤矿业、农业和制造业等领域）的发明和运用的"全球中心"之时，墨西哥陷入了内部纷争，更不用说与北方邻国和法国全面爆发的大规模战争。在这种情况下，贝蒂强调了对墨西哥国家工业化进程的限制因素，例如获取和安装蒸汽技术并采购煤炭的高成本。[10]工业在其他国家意味着使用煤炭和操作蒸汽机，而在墨西哥则是采用了相对"低技术"水平的技术，并使用替代能源设备，例如水力发电。[11]在墨西哥，化石燃料的成本仍然很高——直到20世纪20年代，石油行业才开始提供较为便宜的能源。不过，地质学家路易斯·托罗恩（维勒加）[Luís Torón（Villega）]提醒人们煤炭在某些用途上比石油更为可取。[12]

贝蒂和其他研究墨西哥经济史的历史学家强调了该国殖民时期在贸易、生产、社会关系和地缘政治渗透方面的遗留影响，这极大地改变了墨西哥进入工业资本主义时代的进程。[13]然而，这些改变意味着一个相较其他方面而言"缓慢和区域性的差异化增长"的方面，这个方面便是煤炭使用工业的生产现场和生产企业。也许许多墨西哥的煤炭生产企业本可能像其国际竞争对手一样，在墨西哥的经济中发挥举足轻重的作用，本可能更有国际竞争力，可前提是，这些墨西哥企业能够设法配备上更便宜的机器和化石燃料。[14]尽管有那么些不利因素，但有一点还是值得强调：在墨西哥的某些地区，煤炭开采和煤炭利用工业确实发展起来了。依照技术要求，其中一些工业使用进口煤炭。[15]其他行业可以使用墨西哥当地的煤炭，墨西哥生产的煤炭部分出口到美国，那里有更多种类的煤炭使用工业。

因此，我们应该把墨西哥的煤炭历史放在一个区域和行业差异的框架中。于尔根·奥斯特哈梅尔（Jürgen Osterhammel）曾提出支撑性论断：即使是欧洲的工业化也是一种区域现象。像其他历史学家一样，他强调了区域发展对工业化历史的普遍存在重要意义。[16]欧洲经济史学家蒂博尔·伊万·贝伦德（Tibor Iván Berend）阐述了在经济史学中的国家和地区的经济统计方法的区别。此外，他强调国家平均经济增长率并不能代表各个行业的增长率，这些行业在某个时期只是经济上的利基市场。尽管这些行业规模相对较小，但从长远来看他们会向"旧技术"发起挑战。[17]

发展中的领域或地区从来都不是自主的，而是被束缚在跨区域的商品和商业链上，在技术、知识、金融－投资、专有技术和机器的转移过程中纠缠不清。墨西哥境内的地区也是如此，用世界体系的语言来说，这些地区被定义为世界经济的边缘：

> 工业革命对欧洲的影响——蒸汽机的存在，以矿物煤和经过处理的矿物煤（焦炭）为燃料，用于钢铁工业——不仅仅是由欧洲宗主国主导的技术史过程。可以观察到，工业革命的边缘国家和整个世界都发生了变化，均是全神贯注的态度。如今那一部分的历史仍然支离破碎，对此展开的科学研究应当展现这些不容反驳的证据，这是重新评价那段历史的关键的一环。[18]

在上述引文中，桑切斯·弗洛雷斯（Sánchez Flores）指出，即使有些地区被认为是经济落后的，但它们仍然是向新的生产形式过渡的全球进程中不可或缺的一部分。他们也经历了能源系统基础从植物燃料到化石燃料的转变。这段能源体制和技术转型的历史既包括国家间、科学机构间和经济体间的相互关系和相互联系，也包括它们之间的中断和断裂。

关于煤炭储量知识的相互关系

相互关系往往是当前全球化史学关注的中心：转移、流通、交换等是定义这部分历史的术语。就墨西哥的煤矿开采而言，地质知识随着欧洲专家的进入或从欧洲书籍的进口而得以传播。特别是，许多美国人和美国公司在墨西哥开展了活动。他们在墨西哥的投资项目中投入的创意、商品和资金往往获得了可观的回报。在学术界，在墨西哥获得的知识被注入科学著作中。以亚历山大·冯·洪堡（Alexander von Humboldt，1769—1859年）为例，他凭借在殖民后期的墨西哥旅行中获得的知识，建立了作为学者的声誉。此外，部分知识在当地并不受重视，例如采矿科学、地质学和国民经济学通常只被人们从抽象的层面去看待，但是这些知识传播到国外却引起了关注，尤其对国外投资很有用。

关于采矿知识不断相互联系和扩散的种种历史叙述，我们还可以充实技术转移的叙事。在墨西哥开采煤矿所需的大多数机器和技术设备都是从美国引进的。在拉斯埃斯佩兰萨斯（Las Esperanzas），一个由一家美国公司开采的煤矿厂，会使用不同的美国公司的发动机来运煤，其中包括两台由利奇菲尔德汽车和机械公司（Litchfield Car and Machine Co）制造的蒸汽机，这家公司既生产固定式蒸汽机，也生产移动式蒸汽机。[19]从利奇菲尔德（伊利诺伊州）当地开始，该公司开始在美国境内销售其机器，并最终扩大其经营范围，为世界各地的面粉厂提供设备。此外，在成为煤炭、石油和天然气开采的蒸汽机和泵的全球供应商之前，它获得了一些为当地煤矿和天然气矿山提供装备的初步经验。9 台英格索尔－萨金特（Ingersoll-Sargeant）牌带空气压缩机的凿岩机也在拉斯埃斯佩兰萨斯投入使用。该公司总部位于纽约州，其创始人西蒙·英格索尔（Simon Ingersoll，1818—1894 年）于 1871 年为其凿岩机申请了专利。消耗煤炭的墨西哥铁路的铁轨也是美国制造的，[20]建造的高炉同样如此。

从全球史的角度来看，将墨西哥的能源利用的发展与其他国家相对比是有必要的。尽管在较早进入工业化的地区，煤炭成为许多社会经济领域的主要能源，但是一份对 19 世纪末和 20 世纪初墨西哥能源系统转型的简短概述揭示了重要的反差。当时，不断增长的墨西哥能源市场依附于多样化的国际投资。加拿大的和英国的公司在墨西哥的城市安装了涡轮机为其供电和照明，20世纪初，西门子公司和德国通用电气公司（AEG）紧随其后，开始在墨西哥销售他们的产品。[21]其他外国公司也相继在墨西哥建立了电话线（见本书第3章）。然而与欧洲和大多数美国城镇相比，墨西哥的电力多是通过水力发电厂而不是燃煤涡轮机产生的。公共照明更多的是用电，而不是欧美城市使用的煤气灯。公共照明历史上的这种差异体现了煤炭对墨西哥国家工业化的特殊重要性：只有在某些行业和地区，煤炭才像在其他国家一样占主导地位。

像大多数拉美国家一样，墨西哥的煤炭使用开始于19世纪晚期。墨西哥大部分的水力发电厂为拉美地区的城市提供公共照明用电。[22]然而，煤炭仍然是地质勘探的一部分，并最终在美洲大陆的几个地区进行开采和使用。已知最早开采的煤矿可能是哥伦比亚的锡帕基拉（Zipaquirá），尽管其规模和产量仍有待调查。[23]在古巴，自19世纪20年代末以来，政府和一些私人投资者就积极参与了煤炭的勘探，但几次的结果都令人失望。[24]在智利，煤炭的历史与19世纪30年代的铜业繁荣和英国的大量投资有关。虽然在像圣地亚哥（Santiago）这样的城市，电力和公共照明是由水力产生的，但智利的煤炭推动了铜冶炼工业的发展。[25]阿根廷的煤矿，最初的说法是始于19世纪60年代，事实上最早是在19世纪80年代末开采出来的。与墨西哥相反，阿根廷政府立即利用这些发现，将这些煤炭用作蒸汽船和铁路的燃料。

19世纪末，墨西哥逐渐发展出了一个广泛的经济市场，这符合美国市场的利益。几家美国公司、几家欧洲公司和数量更是少得可怜的墨西哥公司开采地下和农业资源。其中，奇瓦瓦州（Chihuahua）和杜兰戈州（Durango）的铜矿，韦拉克鲁斯州（Veracruz）的铁矿和铁陨石矿应该值得一提。[26]沥青以及像糖、棉花和剑麻这样的农作物对吸引外国投资进入墨西哥市场完成农村工业化也至关重要。

在 19 世纪末能源行业的演变过程中，煤矿开采业的发展是石油成为新的基本燃料之前的重要过渡环节。[27] 1900 年左右，科阿韦拉州的煤矿开采吸引了北美的外国投资。至于布拉沃河（Río Bravo）和格兰德河（Río Grande）一带的煤炭发现的史学记载，则又可以往前追溯 100 年，追溯至医生兼博物学家何塞·安东尼奥·阿尔扎特 – 拉米雷斯（José Antonio Alzate y Ramírez，1737—1799 年）撰写的《关于 1794 年煤矿的记忆》（*Memory about coal deposits of 1794*）。文章的最后一段中，作者提到在 "圣胡安德里奥（San Juan del Río），新墨西哥（Nuevo Mexico）" 存在煤炭储量的传闻。[28] 尽管很难确定他究竟指的是哪个圣胡安，但他的记载确实指向的是墨西哥北部地区。亚历山大·冯·洪堡在 19 世纪 20 年代初也提到了布拉沃河北部的地区可能存在的煤矿。这种地形上的不确定性指向了墨西哥煤炭开采史上一个更为普遍的问题。在新西班牙总督统治下的西班牙殖民地，比实际的美墨边境沿着里布拉沃河向北扩展得更远。由于美墨战争和 1847 年的和平条约，拥有丰富自然资源的大片地区进入了美国的边界。只是在阿尔扎特的有生之年或洪堡前往美洲的航行中，新墨西哥（New Mexico）和得克萨斯（Texas）的领土还处于西班牙殖民地（后来是墨西哥）的统治之下。

但真正最早在墨西哥发现煤矿的是法国博物学家让·路易·伯兰迪尔（Jean Louis Berlandier，1805—1851 年），他在拉雷多（Laredo）附近发现褐煤和其他煤矿。这位来自法国的移民在 1827 年和 1828 年与墨西哥边境委员会一起工作，其中包括对得克萨斯地形的调查。[29] 伯兰迪尔是新桑坦德地区（Nuevo Santander）煤炭发现的历史的一部分，在约翰·A. 亚当斯（John A. Adams）的《格兰德河的贸易与冲突：拉雷多，1755—1955 年》（*Conflict and Commerce on the Rio Grande：Laredo，1755-1955*，2008 年版）中被提到。让·路易·伯兰迪尔声称："与利物浦煤矿质量相当的煤矿已经被发现。"[30]这一发现可能在美墨战争期间和之后都得到了应用。但是彼时墨西哥并没有从中获得直接的利润,因为该地区的煤矿开采是在40年后才开始的。

在战争结束后的几年里,在墨西哥中部各州进行的几次勘测探险都相当不成功。1854年,美墨合资的太平洋煤铁矿业公司(Pacific Coal and Iron Mining Company)派遣爱德华·李·普拉姆(Edward Lee Plumb,1825—1903年)前往这片土地勘探煤炭和金属矿藏。但3年后,由于没有任何重大发现,普拉姆换了工作。[31]后来,由于普拉姆是墨西哥国际铁路公司(Mexican International Railroad Company)的股东,并且认识迪亚斯总统的财政部部长何塞·伊夫·利曼图尔(José Yves Limantour),因此他在墨西哥北部地区铁路建设和煤矿开采的发展中赚到了一些钱。[32]

墨西哥大规模开采煤炭的历史是从19世纪60年代才开始的。在这一时期,美国公司的经济投资向南扩展,主要活跃于铜铁开采,以及在布拉沃河北岸修建铁路。[33]德国出生的测量师雅各布·库赫勒(Jacob Kuechler,1840—1907年)在美国内战期间曾在邦联军队服役,1861—1867年间逃往墨西哥。他在墨西哥期间,在北部的科阿韦拉地区发现了煤炭。[34]从1884年开始,拥有大部分美国资本的公司进入了圣费利佩(San Felipe)、拉斯埃斯佩兰萨斯和其他地方的矿藏。开采出来的矿物为彼德拉斯内格拉斯(Piedras Negras)的墨西哥国际运输公司(Ferrocarril Internacional Mexicano)提供服务,该公司将其运往更北的南太平洋铁路公司(Southern Pacific Railroad)[35]以及附近的炼铁厂。[36]

一些墨西哥和美国合资企业的总部设在新莱昂州的首府蒙特雷(Monterrey)。彼时蒙特雷的经济十分活跃,有着制糖、纺织、酿酒和炼铁等行业。作为一个边境城市,[37]蒙特雷是许多墨西哥领先实业家的家园,并与来自其他地方的一些最重要的墨西哥实业家家族有联系,比如克里尔家族(the Creel family),他们是一群来自奇瓦瓦州的银行家和实业家们。

在新莱昂北部和科阿韦拉的这片地区的大地主，就是那些同时在参与当地初期铁矿和煤矿开采的原班人马，他们也参与了蒙特雷地区的产业。此外，他们还参与了墨西哥城、蒙特雷、拉雷多和其他墨西哥北部城镇[38]之间的铁路建设，并参与了 20 世纪初的地质勘测探险。[39]

这个北部地区早期的、对煤炭友好的工业领域逐渐发展壮大，并变得多样化，但工业生产并没有达到应有的强大程度。国内对墨西哥钢铁的需求相当低，迫使蒙特雷铸造厂（Monterrey Foundry）把高炉的开工率维持在不足其产能的 50%。[40] 其结果是产品价格居高不下，难以与从美国进口的钢铁竞争。[41] 直到后来，在 20 世纪 20 年代，生产率才有所提高。

尽管如此，这些墨西哥北部的煤炭开采在拉美地区具有独特的地位，并有助于该地区的工业化。1891 年，来自拉美地区各个地方的美国领事向美国政府提交了一份与煤炭有关的商业、采矿和工业状况的官方报告。美国驻科阿韦拉地区彼德拉斯内格拉斯的领事是尤金·费切特（Eugene Féchet，1846—1925 年），[42] 内战期间在美国联邦军队服役后，成为墨西哥北部的一名采矿企业家。他在报告中提到，适合生产焦炭的煤炭是由两家美国股东公司开采的。[43] 1890 年，他说：

> 彼德拉斯内格拉斯港是墨西哥唯一，而且我相信是在整个西属美洲唯一的出口煤炭而不是进口煤炭的港口……这个领事区所消耗的煤炭全部来自位于该地区的萨比纳斯煤矿（Sabinas coal mines）。这些煤矿由科阿韦拉煤炭公司（Coahuila Coal Company）和阿拉莫煤炭公司（Alamo Coal Company）拥有和经营。年产量约 1 万吨。这些企业搭建了 30 台炼焦炉，每台炼焦炉每天可生产 1 吨焦炭。这种煤按重量计可生产 62% 的焦炭。[44]

1891 年，人们对彼德拉斯内格拉斯煤田出产的煤的质量进行了分析。

这些煤矿为美国铁路企业家科利斯·P.亨廷顿（Collis P. Huntington）所有，年产量大约 25 万吨煤，专门出口给美国产的机车使用。[45]

美国在墨西哥资助的煤炭工业开采这种黑色物质，要么用在自有的熔炉里，要么为自有的铁路提供燃料。此外，他们还进一步积极了解北部地区地质的情况。埃德温·勒德洛（Edwin Ludlow，1858—1924 年），另一位美国籍采矿工程师，也是墨西哥煤炭和焦炭公司（Mexican Coal & Coke Company）的总经理。他于 1889 年来到墨西哥，负责科阿韦拉矿区的工业化以及组织物流和销售。正如他在 1906 年国际地质学大会的投稿中所描述的那样，他对科阿韦拉煤盆地的地质情况了如指掌。在那篇论文中，他描述了那里的地质情况，以及煤的不同种类和质量及其用途。[46]那篇论文也是勒德洛 1902 年在《美国矿业工程师学会会刊》（*Transactions of the American Institute of Mining Engineers*）上发表的一篇论文的后续，论文只集中讨论了拉斯埃斯佩兰萨斯这一个区域。[47]

科阿韦拉的煤炭市场发展迅速，成为美国主导的产业，其中包括直接出口的煤炭和焦炭供美国国内使用。这种情况可能导致了化石燃料价格的上涨，甚至在墨西哥北部也是如此。开采和进口对投资者来说是至关重要的，1910 年何塞·Y.利曼图尔延长了对煤炭生产商的免税期，以保护科阿韦拉的煤炭工业不失去美国市场。[48]

知识传播的中断

本章的第一个重点是概述墨西哥煤炭工业受全球相互关系的向心力：知识流入墨西哥，另有一些知识以及很大一部分提取的材料最终流出。墨西哥、欧洲和美国之间的这种相互关系显得格外重要，尤其是有了知识、人员、技术和资金的流入之后。然而，墨西哥煤炭开采历史的另一个方面往往被低估。除了国际上的相互联系，历史也显示了中断和干扰的时刻，即某些进展被中断，没有得到应有的发展。最初只涉及社会发展的一小部分的破坏性时刻，可能会对整个社会产生广泛的影响。例如，路易·伯兰迪尔的著作部分为人所知，是因为他在 1828 年向墨西哥政府作了报告。但随着伯兰迪尔于 1851 年去世以及达吕斯·N. 库奇（Darius N. Couch）为史密森尼学会隐秘收购了他的遗产（论文和矿物学收藏品），[49] 随后任何基于伯兰迪尔对墨西哥地质学的研究向墨西哥政府或任何其他墨西哥科学机构的知识转移都被中断了。相反，论文和藏品落入了美国科学家的手中，而他们在接下来的几年里对它们大加利用。[50]

美墨战争也是知识流入被中断的明显例子。墨西哥的地质勘测体系（也是伯兰迪尔在内的一些欧洲人在墨西哥进行勘测的方法）是基于洪堡－弗莱贝格科学理念。19 世纪 80 年代之前，墨西哥矿业学派地质学家的目标是参照法国、普鲁士和西班牙的范例，建立一个全国性的地质图。这种地质学与其他欧洲国家实行的更以商业为导向的地质学有很大的不同，而那种以商业为导向的地质学也在美国扮演了尤为重要的角色。无论战争和吞并的动机是什么，失去通往北部煤田的直接领土通道对墨西哥的工业发展来说是一个沉重打击。领土的重大损失意味着大多数美国矿业公司能够利用在得克萨斯、亚利桑那（Arizona）和新墨西哥探测到的有关地质结构的知识，在（以前的）墨西哥北部开展勘探活动。此外，这场战争导致产煤丰富的得克萨斯和新墨西哥并入美国，也几乎结束了欧洲人、知识和物资的涌入。从此，墨西哥的地质勘探就由北美人来进行了。直到 19 世纪60 年代，墨西哥人才重新开始调查中部和南部各州，但他们的目标仍然主要集中在寻找银矿上。19 世纪 80 年代，当圣地亚哥·拉米雷斯（Santiago Ramírez，1836—1922）和一些美国探险者（如普拉姆、班克罗夫特和伯金拜恩）报告发现了矿藏时，才发现了煤炭。

至于煤矿的知识是如何以及何时出现并传播到北美洲的英语和西班牙语的地区的，目前尚不清楚，但紧随墨西哥战争的爆发，美国陆军中就出

现了大量军官汇报发现煤炭的记录。勘探拉雷多北部的格兰德河的蒂尔登
中尉便提供过一份关于他和勘探兵阿尔菲斯·拉克利夫（Alpheus Rackliff）
于 1846 年 11 月发现的"优质"煤炭的详细报告。[51]布莱恩特·P. 蒂尔登
（Bryant P. Tilden）在次年出版的一份报告中提到需要一艘蒸汽船来巡航格
兰德河附近。在获得了一艘名为"布朗少校"号的船后，他试图使用硬木
作为燃料，但事实证明这种燃料效率低下。幸运的是，在发现了一堆优质
烟煤后，他改变了燃料来源。蒂尔登反复提到拉雷多附近的煤矿，但目前
还不清楚这些煤矿是否已经开采出来了。他指出，无论如何，煤炭是拉雷
多繁荣的原因之一。

也是在与墨西哥的战争期间，詹姆斯·威廉·阿伯特（James William
Abert，1820—1897 年）被他的父亲（美国陆军的首席地形工程师）派去
与斯蒂芬·W. 科尔尼（Stephen W. Kearny）将军一起探索新墨西哥地区。
1848 年，阿伯特在给美国参议院的信中写道："在几英里之外的地方……我
们注意到一个虚张声势的禁止通行标志，那里有明显的煤炭迹象。我骑马
过去，收集了一些优良的烟煤样本。"阿伯特记录道，原来这是一个虚假路
标。[52]而几天后，当探险队沿着加利斯特奥河（Río de Galisteo）前往圣达
菲（Santa Fe）的途中，陆军地质学家再次发现了煤炭的证据，主要表现为
小溪的河床被盐碱化的痕迹染成了白色。[53]后来，他和一位来自密苏里州
（Missouri）的煤矿开采专家莱恩（Laing）一起回到了这个地区。这位专家
否认发现的化石可能是煤。阿伯特没有气馁，他把他所有的发现都寄给了
西点军校（West Point Academy）的雅各布·惠特曼·贝利（Jacob Whitman
Bailey）教授，后者同意检查这些化石。[54]与莱恩的直觉相反，这位化学、
矿物学和地质学教授说，它确实是石炭纪的物质，来自新墨西哥圣达菲以
北、拉顿（Raton）附近的地区，与美国已知的其他煤的地质构造有明显的
不同。贝利甚至可以确定，这种物质"绝对是近代形成的"。[55]对这些发
现最初的困惑清楚地表明，阿伯特的考察主要是为了研究新墨西哥的地形

结构和地理位置，而忽略了地质情况。阿伯特没有在报告中提供更熟悉该
领域的专家所能提供的岩层和地层信息。

在战后的几十年里，地质学家从格兰德河的北岸来到墨西哥，勘探工
业和商业上有用的材料的矿藏。煤和铁是他们的首要任务，因为美国公司
已经开始投资建设墨西哥铁路。这种经济扩张与早期的军事行动有关，许
多后来在墨西哥开展地质勘探工作的美国人往往是军人，如布莱恩特·蒂
尔登、詹姆斯·威廉·阿伯特、雅各布·库赫勒和尤金·费切特。埃德
温·勒德洛本人是一名土木工程师，但他的两个兄弟都是军官，其中一个
在美西战争后成为驻古巴和菲律宾的总督。

墨西哥的南部领土主要由墨西哥地质学家勘探和勘测，北部地区则
主要由美国地质学家展开工作。但是不久后法国入侵打破了这一局面。在法
国－奥地利联合政府时期，成立了一个科学委员会（Commission Scientifique），
委员会的一些成员致力于北美的采矿活动和地质调查。他们在 1867 年发表了
一份报告，提到了一些煤炭储量和煤矿开采，但没有对未来的工业发展提出任
何建议。在这份报告中，据说在哈拉帕（韦拉克鲁斯）[Jalapa（Veracruz）]
附近发现了煤炭，[56] 但对此唯一的详细描述与 5 年前在加利福尼亚州发现
的矿床有关，在那里，冶金调查的负责人在迪亚布洛山（Mount Diablo）[57]
附近发现了煤矿。其他石炭纪矿床的发现也提到了奇瓦瓦州、索诺拉州
（Sonora）、靠近太平洋沿岸的格雷罗州和瓦哈卡州（Oaxaca）[58]。科学委
员会的这些地质报告最终对扩大墨西哥煤炭的工业开采贡献不大。[59]

根据行政记录（而非恰当的调研），工程师路易斯·罗伯斯·佩苏埃拉
（Luis Robles Pezuela，卒于 1882 年），墨西哥矿业学校前任校长、时任财
政部部长的儿子，他在 1866 年向马克西米利安皇帝（Emperor Maximilian）
提交了一份报告，报告提及了所有已上报给财政部的与采矿有关的工业活
动。这份记录中包含了大部分未经证实的地下资源地点，这些地点是由渴
望获得政府特许权和法律保护的开发商报告的。据报道，在哈拉帕、雷诺

索（塔毛利帕斯州）[Reynoso（Tamaulipas）] 附近，以及布拉沃河和巴尔萨斯河（Río Balsas）沿岸发现了煤炭。[60]另外一些人声称在太平洋沿岸、墨西哥南部的安赫尔港（Puerto Ángel）附近、墨西哥中部的特皮克（Tepic）和北部的库利亚坎（Culiacán）以及韦拉克鲁斯北部等地发现了煤炭或一些沥青物质。[61]他没有提到在科阿韦拉的发现，那里的采矿业总体上处于令人遗憾的状态。[62]罗伯斯·佩苏埃拉的这份写于政治动荡时期的文件，似乎对后来的地质研究史或墨西哥工业化没有任何影响。随着法国－奥地利"干涉期"的结束，无论是罗伯斯·佩苏埃拉的著作，还是科学委员会收集和出版的报告，似乎都没有在重建的墨西哥共和国引起人们的关注。

对煤矿储量知识的追求，直到 19 世纪 80 年代初才再次兴起。但那个时期的著述，比如前墨西哥矿业学院的学生圣地亚哥·拉米雷斯的著作，几乎没有包含墨西哥北部已知矿床的信息，也没有包含以前对墨西哥中部的研究的信息。这些文献清楚地显示着墨西哥北部和中南部地区之间开发的明显分裂以及信息流动的中断。

在政治和科学条件更稳定的大背景下，以及墨西哥总统迪亚斯首届任期的经济需求下，圣地亚哥·拉米雷斯于 1881 年在普埃布拉州南部进行了一次调查探险。至于他被委托去调查这个地区的背后原因，我们只能猜测。[63]在 1921 年墨西哥的《矿业公报》（Boletín Minero）的一期特刊中，路易斯·G. 希门尼斯（Luís G. Jiménez）指出，1853 年在普埃布拉州西部地区发现了褐煤。[64]希门尼斯引用了华金·贝拉斯克斯·德·莱昂（Joaquín Velázquez de León）和费利佩·萨尔迪瓦（Felipe Saldívar）发表在《地质学会公报》（Boletín de la Sociedad Geológic）上的一项研究。[65]另一个印证在拉米雷斯所在的马塔莫罗斯（Matamoros）地区正在进行的煤炭开采活动的迹象来自工程部长罗伯斯·佩苏埃拉 1864 年的记录，[66]但拉米雷斯没有提到这项研究，也没有提到他调查过的任何其他关于普埃布拉、格雷罗和瓦哈卡边境地区的地质报告。[67]

拉米雷斯提到了他选择地理位置的两个可能的原因。在那个地区，富铁地层已经被开采出来，这些地层似乎也含有石炭纪物质。对当地铁矿地质特征的了解可能促使他去寻找煤炭，这种化石燃料可以替代当地冶炼工业中日益稀缺的木材燃料。此外，即便他没有事先了解，他也可能在探险过程中获得了该地区小型煤炭开采的信息。他在报告中没有提到的是普埃布拉地区煤炭的其他工业用途，例如蓬勃发展的纺织工业，在 19 世纪 50 年代开始使用现代机器，正如卡洛斯·马里查尔（Carlos Marichal）[68] 所指出的那样。[69] 在拉米雷斯沿着蒂扎克河（Río Tizaac）、巴尔萨斯河和内哈帕河（Río Nexapa）旅行期间，他在北部的伊苏卡尔 - 德马塔莫罗斯（Izúcar de Matamoros）、西南边缘的奇奥特拉 - 德塔皮亚（Chiautla de Tapia）和东部边缘的阿卡特兰 - 德奥索里奥（Acatlán de Osorio）之间的三角形区域中发现了不同的煤炭矿床，这些地区的经济传统上以甘蔗种植为基础。[70]

除了地质和地球化学分析之外，拉米雷斯的著作还考虑了煤矿开采的法律层面。此外，他还采用地质类比法，将依赖植物燃料的工业的增长极限考虑在内。另外，他还考虑了煤炭的多种工业用途，煤炭支持运输基础设施的能力，以及它对国内工业生产所提供的经济优势，使其与进口工业产品相比有竞争力。[71] 以上种种可以看出圣地亚哥·拉米雷斯熟悉英国和美国的钢铁工业的发展过程。

从拉米雷斯自己的陈述可以推断出，普埃布拉的一些矿床实际已经处于原始开采状态（例如阿卡特兰地区），尽管这个时期煤炭的价格已经高于木炭了。其他一些文字证据也指向了那个地区。关于该地区早期煤炭开采活动的信息以及开采煤炭量的信息和数据都很少。希门尼斯在他 1921 年的报告中指出，一家墨西哥采矿公司在阿卡特兰地区开采煤矿。这家美墨合作公司早在 1887 年就获得了该地区的开采权。[72] 在经历了一段不景气时期之后，该公司被一家来自弗吉尼亚（Virginia）的采矿公司收购。[73] 在 1891 年关于墨西哥的一份报告中，总部设在华盛顿的"美洲共和国国际联盟"，即"泛美联盟"之前的国际组织，提及过此事和其他墨西哥的煤矿。[74]十年后，同一组织在 1890 年的报告中提到，在普埃布拉州范围内开采了 59 个煤矿。[75]美籍人类学家休伯特·豪·班克罗夫特（Hubert Howe Bancroft）在其 1893 年资源报告中也提到了这些煤炭的发现。[76]在这一时期，墨西哥南部可待开采的煤矿的信息，在墨西哥人自己都没有弄清的情况下，又传了一波到美国。

在 20 世纪的头十年，铁矿和煤矿的开采权被让与瓦哈卡铁矿煤炭公司（Oaxaca Iron & Coal Company），又是一家美国公司。[77]1909 年参观矿区时，约翰·伯金拜恩（John Birkinbine）[78]描述说，在炼铁工业中，煤炭正加速取代木炭。与这种相当乐观的说法相反，同年，一份给何塞·利曼图尔的匿名报告声称，瓦哈卡铁矿煤炭公司没有勘探煤田以确保持续生产。[79]

本章小结

在远离人口中心的地区要找到廉价的木材并不是难事；但在首都，制造业中大量使用的木材，其稀缺性已经令人担忧……一旦马塔莫罗斯、基奥特拉（Chiautla）和阿卡特兰地区的煤矿被开发，就会有廉价的燃料用于冶炼厂的规划和其他采矿设施。[80]

普埃布拉政府的高级顾问安东尼奥·佩雷兹·马林（Antonio Pérez Marín）指出，到 19 世纪末，有关煤炭的储量和这种燃料的使用方式的知识已经具备了改变地区经济的潜力。在 19 世纪早期，促使能源系统转型的努力只在局部地区取得了部分成功。后来，在科阿韦拉和新莱昂的北部地区，煤矿开采成为工业活动的一个既定部分。考虑到来自墨西哥北部的格兰德河边境煤炭生产商不得不与竞争对手展开斗争，形势无疑是艰难的。

从地域角度来研究墨西哥的煤炭开采历史，就有可能理解煤炭重要性的地域差异。19 世纪末，在墨西哥的一些州，有限的能源转型取得了一定成功。不出所料，与墨西哥煤炭业务有关的知识主要转移涉及北部邻国：要么是像库赫勒这样的个人来到墨西哥，作为采矿地质学家工作数年，要么是像勒德洛这样的矿业企业家开发了矿区。美国公司对科阿韦拉和新莱昂的煤炭开采和煤炭消费行业进行了重要投资。他们通过修建铁路或资助铁厂，改善了当地"提取经济"。在这些投资的同时，墨西哥也对同样的工业部门以及其他一些部门进行了投资。

　　总的来说，能源系统的转型从根本上来说是一个全球性的过程。在墨西哥，尽管其煤炭生产的增长率很低，但情况大抵相同。在最容易找到煤炭的地方，如科阿韦拉和新莱昂，以及对采矿和用煤生产部门进行了大量投资的地方，发生了更广泛的转型。在墨西哥中南部，转型发生的速度较慢，也更加多样化。在那里，煤炭的使用与木材的使用以及水力发电一起发展。之所以造成这些不同发展，是因为此地区与北部地区在地形位置、地质条件及特点和普埃布拉的含煤盆地相比存在差异。这就解释了为什么国际资本较晚涌入普埃布拉和瓦哈卡的煤矿行业，也解释了为什么墨西哥政府开始建设连接太平洋与中部高地和韦拉克鲁斯周围大西洋海岸的铁路的时间也较晚。科阿韦拉和普埃布拉煤田之间的信息和资本流动明显中断，没有实现全面勘测。

　　将矿物煤在墨西哥工业化中的作用描绘为相互联系和被中断的历史，即强调了比严格遵守扩散模型更为综合的全球历史叙事。关于煤炭的知识，包括煤矿的开采和使用，从不同的来源（美国、法国和德国等等）传到墨西哥。墨西哥的政治和经济发展意味着这些独立的知识转移不会相互融合。尤其是在北部煤田，知识和技术设备仍然处于"提取式资本主义"的帝国主义背景下。早期，普埃布拉州的煤炭开采和使用状况似乎发生了不同的变化，因为更多的地方倡议能够推动该行业的发展。当普埃布拉州的地质状况为人所知，更多国际化的公司很快便开始投资这些矿业企业。

第 5 章

教育技术迈向全球的前奏

19 世纪至 20 世纪是课堂教育走向现代化的重要阶段，围绕教育而开发的技术逐步走入拉美课堂。拉美地区是美国将新教育产品投入世界各地前的一片试验田，了解这段历史则可以了解美国教育，技术产品在设计好后，经历了何等考验，才与我们相见。

现如今，信息通信技术（Information and Communication Technologies，以下简称"ICT"）因其能够改善教育、商业，巩固国家治理，被视为解决欠发达问题的法宝。[1] 而大量的美国或欧洲设计的"ICT"层面的先驱性质的教育举措都通过在拉美地区的实施成为其走向全球的先决一步。在科学和技术研究领域，对于诸如"每个孩子一台笔记本电脑"（One Laptop per Child，以下简称"OLPC"）或在一些拉美国家实施的"计算机进校园"（Computers for Schools）等项目进行批判性分析的文章如雨后春笋般涌现。与此同时，一系列有助于教育研究的学科所做的研究正在助力于消除对"教育性信息通信技术"（educational ICT，以下简称"教育性ICT"）仅仅作为计算机信息处理技术解决方案的限制性的偏见，以支持对教育技术进行更全面和细致的定义。

在这一新的视角下，"教育性 ICT"将成为长时段课堂技术史中的当代案例研究，包括黑板、计算尺、教科书、学生和教师笔记本、幻灯片和电影投影机、电视和电影内容、实验室指南、考试和测试、编程指导手册、博物馆和实验室收藏、教学机器，以及一些旨在改善教育的乌托邦项目。分析这些技术和与之相关的实践的研究仍然很少，而且分散在几个不经常相互作用的学术领域，此外还包括科学技术研究、教育史、科学史、技术史、媒体研究、博物馆研究和当代科学教育。虽然文献数量庞大，但其分析质量参差不齐，从技术史角度进行关注的文献少之又少。

在本章中，笔者将对这些文献和自己的研究经验进行探索性地分析回顾。笔者将首先提供一个置于历史框架下的教育技术的特征。随后，通过对不同拉美国家背景的案例研究，笔者将探讨 19 世纪小学教育阶段教学工具和教学机器发明专利的潜力。最后，笔者将分析冷战时期美国－拉美地区文化外交背景下视听传播和大众传播的兴起。必须说明的是，本章中的方法更多的是实证而非理论，它构建了一系列简要轮廓，以期局部展现拉美地区教育历史的全面观点。通过广阔的视角并结合典型案例的研究和跨学科文献的回顾，本章的主要目的是在科技史的范畴内为拉美地区教育研究提供一个新的历史学和方法论议题。

教育技术

1970 年，在巴西物理学会（Sociedade Brasileira de Física）的主持下，巴西首届物理教学研讨会在圣保罗（São Paulo）举行。一个主要小组专门讨论中等教育中的物理教学问题，小组成员有全国各地的大学物理学家、学校教师和科学教育研究人员。讨论涉及多个方面，从教学哲学到教学大纲、考试、教师培训、职业和工资。其中一个关键点是讨论从美国引进的教学包，比如自然科学研究委员会（Physical Science Study Committee，以下简称"PSSC"）和哈佛大学物理计划（Harvard Project Physics）的教学包，在改变巴西物理教学方式方面的作用。与会者认为，这些外国的尝试产生了很大的影响，尤其是通过他们的课本。然而，巴西的学校不仅要求翻译外国教科书，而且要求全国范围内编写适合本国学校、教师和学生具体需要的教学教材。[2]

至少从 19 世纪开始，教科书就一直是巴西教授物理的传统方式，而当代科学教学的问题往往归咎于教科书过于书本化。[3]然而，在这种背景下，对这些传统教学工具的一种新颖而更广泛的定义出现了。作为一本标准中学物理教科书的作者，圣保罗大学（Universidade de São Paulo）物理学教授小安东尼奥·S.特谢拉（Antônio S. Teixeira Jr.）在与同事的探讨中认为这不仅仅是一个文本问题，而且是一个技术问题：

> 我认为这是技术问题。教材应该与教学素材、教学方向、教学作品结合在一起；它是整个教育技术的重要部分。从"PSSC"引进的不仅是一篇课文，而且是一套教学素材。[4]

事实上，1960 年在美国发行并于几年后翻译到巴西的"PSSC"教学包不仅包括主要教科书，还包括其他教学材料。[5]然而，特谢拉不仅提到了这些元素，还提到了教科书的设计特征，即应该被视为一种具有内在教学哲学、技术和知识结构的技术。因此，将教科书用于教学实践通常需要对教师进行使用方法上的具体培训，其特殊设计可能有助于推动老师和学生在课堂上的特定活动。技术和技巧与教学产出及教具（教科书）的使用密切相关，而许多忽视了教育认识论相关性的科学技术研究人员将其称为制造知识的"最后的存在行为"。[6]

"PSSC 项目"源于 1956 年麻省理工学院（MIT）提出的一项关于制

作"高中物理教学电影辅助工具"的提案。1956—1960 年间，通过一个由军事－工业发述的组织和美国国家科学基金会、斯隆基金会（Sloan Foundation）和福特基金会（Ford Foundation）的资助，由数百人的物理学家、高中教师、仪器制造商、电影制作人、摄影师、编辑、打字员和教育测试设计师组成的"PSSC 团队"开发了一门新的物理课程，其中包括教科书、教师指南、实验室手册、科学仪器套件、电影和一系列的科普书籍。它的研发包括在成套教材商业化之前，在试点学校进行实验，以及培训讲习班，使教师适应"PSSC 材料"的使用，而且还成立了一家非营利性公司来管理"PSSC 产品"。[7]

该项目的目的是打破以前的物理教学方式，包括现有教科书的不足和教学对教科书的过度依赖，并使影视的全新应用与教育结合起来。它从一个制作教育电影的倡议发展成为一个更复杂的教学包，其中还包括科学仪器、教科书和其他一些印刷材料。与当代教育心理学一致，这些教学材料通过将内容和教学原理集中在科目的概念结构中，通过探究进行教学，强调学习的深度而不是广度。[8]

"PSSC 项目"在美国和国际上都取得了成功。最早的外国版本被翻译成西班牙语和葡萄牙语，并在 20 世纪 60 年代初在拉美地区广泛使用。[9]拉美地区是最早的由美国设计或由当地教育家和联合国教科文组织（UNESCO）等国际机构设计的科学教材的试验田。在美国，"PSSC 项目"为物理学（如哈佛大学物理计划）、其他自然科学（生物、化学、地质）和社会科学的后续教学创新项目开辟了道路。它促成麻省理工学院建立一个具有国际创新教育项目的永久基地，尽管成立时间不长，它为后世创立了一种模式。由"PSSC"在麻省理工学院发起的项目推动了 20 世纪 60 年代和 70 年代其他学科的教育项目（例如技术和环境研究，社区教育和医学），推动了从 B.F.斯金纳（B. F. Skinner）的教学机器以及弗雷德·S. 凯勒（Fred S. Keller）的个性化教学系统中受到启发的编程教学的文本设计，还有计算机合成影视的制作和计算机教育节目和辅导课程（例如"ELIZA"和"PLATO"）。[10]在这种背景下，麻省理工学院的企业家们，如西摩·佩珀特（Seymour Papert）和尼古拉斯·内格罗蓬特（Nicholas Negroponte），通过"知识机器"和"建构主义"等概念，对计算机在教育方面的潜力产生了新的认识，这些概念在几十年后促成了麻省理工学院媒体实验室的建立和"OLPC"等项目的发展。[11]

在1970年的巴西物理教学研讨会上，安东尼奥·特谢拉将教科书定义为技术的观点引发了一些困惑。但在20世纪70年代，在实践中，这一概念成为巴西物理教学发展的标准，如"PEF"（物理教学项目）、"PBEF"（巴西物理教学项目）和"FAI"（自导自学物理）等项目都在践行这一标准。[12]至少从20世纪60年代初开始，巴西的教育研究人员就完全熟悉了把教育工具、教学方法和教学创新项目视为一门总的技术这一全新的概念。此外，他们是编程教学系统的国际发展的一部分，模糊了文本和机器之间的界限。在此期间，巴西也是联合国教科文组织实验科学教学试点项目的运作中心，该项目开发了一门类似物理编程的教学课程，把课本、仪器包和电影结合起来。[13]同样的，由美国行为心理学家弗雷德·S.凯勒制定的"凯勒计划"（以他的个性化教学系统为基础）源于他和亚利桑那州立大学（Arizona State University）的一位同事以及新成立的巴西利亚大学（Universidade de Brasília）的两位心理学教授之间的对话，该教学法在美国成功实施之前首先在巴西进行了尝试。[14]

到20世纪60年代末，巴西的物理学家们也在尝试在教学中运用计算机。圣保罗联邦大学（Universidade Federal de São Paulo）物理研究所所长赛吉奥·马斯卡伦哈斯（Sérgio Mascarenhas）认为，20世纪的伟大革命不会是卫星或核物理学，而是利用计算机、电视、磁带和电影等制造出一种全新的教育技术。在他看来，与受市场饱和限制的其他类型产业相比，由于人口增长和机器文明带来的自由时间增加，这是一个巨大的、不断扩大的市场。在这种背景下，教育应用电子计算机产业的兴起成为一个利润丰厚的行业，正如其在美国的发展所证明的那样，[15]巴西的大学也在朝着这个方向努力。马斯卡伦哈斯驳斥了反对在教学中使用计算机的观点，他说：

> 学生用机器学习并不是一种不人道的技术。恰恰相反，在巴西有许多老师是比计算机冷得多的机器。[16]

马斯卡伦哈斯的热情并不能掩盖乌托邦式预测：以机器为基础的新教学法在某种程度上有意取代教师，及其背后每一种教育技术的设计都涉及一种特定教学的实施的事实。[17]

拉美地区和美国在制定和定义教育技术方面的密切关系，无法被准确描述成半个多世纪连续性历史。尽管如此，时至今日，许多最初在北美洲设计的项目，如"OLPC"和"计算机进校园"，再次证明了这一相互作用的深远影响。这些项目在拉美地区的影响目前在教育研究中受到了极大的关注，产生了大量的文献，遗憾的是，这些文献往往是项目开发者以偏概全的胜利宣言。[18]然而，在科学技术研究领域中，也有越来越多的关于这一主题的批评性文献是值得一读的。

对"OLPC项目"的研究显示了拉美地区与当代计算机教育项目的相关性。2012年，超过80%的"OLPC项目"国际影响力（影响全球46个国家）集中在10个拉美国家。对该计划在秘鲁农村小学进行的人种学调查显示，"OLPC项目"的领导人通过技术推广实现教育转型的基本信念与该计划最终失败的结果之间存在巨大反差。麻省理工学院将该项目设计为一个全球性的解决方案，但该项目在设计之初没有考虑到实施该项目的众多国家的教育和文化多样性。相比之下，在当地工作的工程师和社会人类学家认识到需要与当地教师和学生开展合作，以便对这一技术方案进行富有成效的教学利用。[19]因此，项目设计者构想的处于中心位置的传统概念和外围辅以传播的媒体工具被重新协调配置，在这个过程中，位于所谓外围国家的农村地区的各种代理人将能够重塑教育技术的设计，以实现其预期的使命。[20] 在巴拉圭中小学教育机构中引入"OLPC 笔记本电脑"的类似研究表明，"OLPC 项目"设计师的教学理想与这些学校所需的教学理念之间存在明显差异。与巴拉圭学校的学生、教师和家长的文化背景良好接洽被认为是发展这一教育计划的基本要求，矛盾的是，麻省理工学院的理论家们并没有考虑到这一点。从这个角度来看，"OLPC 项目"领导人的想法与盲目推崇并依赖机器所形成的教育技术观点是一致的。此外，这项人种学调查指出将"超凡的个人魅力"这一概念应用于研究教育技术的用户身上，如参与的学生，家长和老师，让他们觉得，由于他们无法正确使用计算机，他们应该对计划的失败负责。在巴拉圭政府所推动的资讯社会中，这种客观能力是根深蒂固地存在大众的意识中的。[21] 类似的结论和方法也出现在其他拉美国家的计算机教育项目中，例如厄瓜多尔的"计算机教育在厄瓜多尔"（Computadores para Educar）项目。[22]

理解教育技术不仅需要处理技术问题，还需要处理教育问题，这两者都涉及特定的社会、政治和经济的合理性，这些合理性随时间和地点的变化而变化，这一事实似乎是不言自明的。然而，正如我们所看到的，它挑战了设计者和公众普遍持有的关于新教育技术的观念。[23] 1989 年，一本关于计算机革命的评论卷的第二版回顾说，二十多年来，计算机即将给教育带来革命的说法反复被提及，但实际上并没有发生。[24]

尽管在 20 世纪 60 年代和 70 年代之间，在拉美地区及其他地区形成了一个关于教育技术的特定定义，但它比今天通常所说的"教育性 ICT"要多样化得多。此外，快速回顾一下我们的近代史就足以证明只涵盖单一的教育技术的定义具有相当的局限性。技术在课堂上的出现及其在教学中的应用其实有更加悠久的历史，也更有多样性。因此，在接下来的小节中，笔者将回顾过去，并简要介绍两个案例研究，以典型案例说明跨学科但在历史上存在细微差别的教育技术方法。[25] 第一部分涉及小学教学机器和技术的专利，第二部分涉及用于教学中的视听和大众传播媒体。

教学创新的专利

自 19 世纪头几十年以来，为学校提供教材一直是拉美地区那些新独立共和国的首要任务。这涉及教科书的供应，最初通常是翻译欧洲的作品或书籍，尤其是在伦敦和巴黎等世界性的图书贸易之都为拉美地区制作教材。[26] 而这种制作通常是多样化的，并在国家的推动下得到加强，到 20 世纪中叶，政府为初等和中等教育的国家教科书生产进行了大量投资。[27] 作为拉美地区历史研究对象的教科书引起了教育史学家和教育研究者的兴趣。[28] 相比之下，对其他类型的教育技术的研究则较为有限。事实上，这是教育史的一个国际问题，教育史仍在通过与其他学科，如博物馆和媒体研究、科学和技术研究以及科学史等学科的对话，寻找对其物质文化进行更多分析性研究的途径。[29]

因此，从以上延伸的例子便有，在 19 世纪的头几十年，在哥伦比亚，以贝尔 – 兰开斯特监督教学系统为基础的学校提供了书写样本、黑板、碳铅笔、钢笔、墨水瓶、纸张和图表，内容涉及拼写、道德、国家宪法、语法、算术和地理等主题。虽然计划为学校和大学提供物理、化学和自然历史的教育技术框架，但引进这种教育技术花了几十年的时间。到 19 世纪末，通过与欧洲国家签订的协议，哥伦比亚政府购买了一批机器模型、科学仪器和地质样品。[30] 在同一时期，墨西哥小学教材的供应也出现了类似的特点。[31] 19 世纪最后几十年，巴西为实物教学而进口的学校教材包括：帕克字母、普朗模型、德约罗尔和萨弗雷收藏柜、车床、解剖模型、物理和化学仪器，以及地理、自然历史和度量衡系统图表。20 世纪上半叶又进口了一些新物品，例如放映机和唱机转盘等视听设备。[32] 在阿根廷，政府引进了法国和德国生产的教学材料之后，还在学校博物馆中进行收藏。19 世纪末，一些当地的教师和制造商从国家的角度出发，为实物教学设计了百科全书式的盒子。[33]到 19 世纪下半叶,阿根廷、巴西和墨西哥主要城市的中学收藏了大量的物理、化学和数学以及自然历史的教学材料。[34]这里提供的叙述非常具有描述性,正如它所依据的二级文献样本。在下文中,笔者举例说明了一种更具分析性的方法,它可以让我们对 19 世纪拉美地区教育技术的历史有更深层次的了解。笔者选择了一个关于专利的案例研究,因为它能够在这一背景下整合几个相关的研究方向。处理专利、广告或现存的教学收藏品是记录拉美地区对教育技术生产和使用的贡献的必不可少的先决条件。墨西哥保存的一些专利可以作为这种方法的说明性例子。

在 19 世纪的墨西哥,现存的教学发明的专利实际上只占墨西哥档案中保存的所有专利的很小一部分。它们的时间跨度从 1836 年到 1890 年(尽管主要集中在 19 世纪下半叶),在农业、交通、建筑、采矿或冶金等其他技术发明领域的专利文件中所占比例不到 1%。教学方面的发明属于"文具、教学和普及用品"一类,再细分为两类:"办公用品、信函印刷机、装订书、教学用品和打字机"和"书套、宣传、邮寄、信鸽和信号通信"。保存在墨西哥城和墨西哥国家档案馆的关于教学发明的文件有两种:一种是申请在该市学校引进教学发明或将其商业化的申请,由市学校委员会评估(称为"特许权"),另一种是专利本身,由政府委员会审查。在实际中,专利评估的过程很少讨论发明的有用性,而只讨论其是否符合立法和公共安全。对专利的注册和控制的松散做法证明了对这两个档案集进行综合分析是合理的。[35]

由于这些文献的边缘性和零碎性,[36]很难进行定量分析,以解释教育技术发明在教育实践的变革和改进中所起的作用,尽管这在经济史和技术史的研究上往往是惯例。诚然这种方法有其益处,但众所周知,专利并不是一个国家范围内所有技术发明的精确衡量标准,发明与专利是不同的,专利是促进还是阻碍了技术变革仍然是一个值得讨论的问题。[37]这里所使用的方法是定性的,但它的目的仍然是为教育技术发明的研究提出建设性路径,以促进对教育实践和教育变革的研究。

如果我们抛弃那些因在学校中引入教科书、入门读物、论文或百科全书而获得的特许，那么也有相当数量的特许和专利展示了旨在改善教学实践的技巧和技术的发明。它们包括阅读技巧、写作技巧和计数技巧，以及以教学系统、百科全书盒和教学机器的形式整合不同科目的技术。它们的作者一般是墨西哥人，[38]且都是（公立或私立学校的）教师、器械师、商人或独立企业家，往往不为人所知。在这些发明中，写作技巧通常是通过笔记本的设计来实现的，笔记本上有字母图案，小学生们必须在字母图案后面用墨水进行描红，通过仔细观察笔顺，或者用不同类型的水平线、垂直线和对角线构成一个支架，使孩子们通过不断重复和模仿掌握正确的书写方式。这些发明大多强调手和身体姿势的重要性，因此旨在训练学生身体的技能。[39]同时还设计了一些机器来打印这一类书写指南；由深色玻璃制成的黑板，可以在背景中复制不同的书写；或者一种器械拼写机，由一个旋转的圆盘组成，上面有四行同心的字母（从简单的字母到三四个字母的组合），当旋转圆盘时，窗口显示字母组合的变化；另外，还有一种旨在"解决任何算术问题"的机器。[40]

其中一些发明针对多个学校科目，并提倡通过实物进行综合学习。1887 年，在墨西哥州首府托卢卡（Toluca）的艺术与贸易学院担任校长的艺术家兼教师庞波索·贝切里尔（Pomposo Becerril）提交了一份专利申请，是一种同时教授地理和算术的方法，该方法被设计成一种棋盘游戏。[41]墨西哥州的另一位教师克莱门特·安东尼奥·内夫（Clemente Antonio Neve）提出了一种学校教学体系，旨在通过一系列抽屉柜，例如三维彩色字母、数字和球、玩具娃娃、书写样本、图片、图表、黑板、方形和圆形面板以及圆形桌子的排列，来教授阅读、写作、算术、语法、宇宙结构学、政治和自然地理以及历史。无独有偶，有人也提出了百科全书式箱子的专利申请，这种小抽屉里装着数百种物品（矿物、蔬菜、保存完好的动物或动物的一部分、木材和工业产品），是为实物授课而设计的。[42]

内夫以坚决倡导"直观教学"或"客观教学"的教学方法而闻名,这种教学方法通过学生对日常简单物品的操作和感官的运用来组织教学。例如,他用念珠来教数学,这是一种将算术具体化的方法。[43]他还发明了一种"教学直观器械",该设备是一个立方体(体积为一立方米),其两边附着不同的可移动的部件。每个可移动的部件(圆盘或正方形)表面都印有信息,并通过杆子连接到立方体上,使其可以旋转。其中一些圆盘上还有放射状的金属棒,可以放置一组彩色的球。根据内夫的说法,每天早上和下午各使用该器械学习两小时,就足以保证学生在学校的良好学习表现。他计划用这个器械系统来教授阅读、写作、算术、语法、地理和宇宙结构学,方法是通过他的机器中圆盘和球的排列,建立音节、数字和行星之间的算术、几何和色彩同源性。内夫的理念有其实践性,他在专利申请中提到了拉蒙·柳利(Ramon Llull)在 13 世纪发明的逻辑机,很可能他就是受到了这个机器的启发。他还指责当时的竞争对手剽窃。据他说,安东尼奥·P.卡斯蒂亚(Antonio P. Castilla)同月提出的一台名为"Caleideslojico"(英语"万花筒"和"逻辑"的组合)的机器与他的设计相似,实际上是德国和美国学校中众所周知的发明的复制品,在 1874 年纽约出版的《学校材料手册》(*Manual of School Material*)中有明确描述。相比之下,他的发明才是真正总结了三十年教师从业经验而得的,并且,它在 1879 年在密苏里州圣路易斯举行的农业和机械年度博览会以及在普埃布拉州举行的类似竞赛中获奖。[44]卡斯蒂亚也是墨西哥城的一名教师(内夫也搬到墨西哥城开办了一所私立学校),并且是一名积极的教学发明专利申请者。

在这些墨西哥专利申请的过程中,对剽窃或缺乏新颖性的指控是很常见的,在关于其原创性的争议中,相互竞争的申请人或专利官员审查员最常见的论点之一是,该发明已经在国外存在,并被墨西哥申请人复制或改编。一些专利申请包括相当详细的图纸;它们一般都是形象化的(而非技术性的)表述。显然,墨西哥当局并没有要求发明者必须提交他们的发明原型。因此，据笔者所知，考虑到墨西哥没有保存的 19 世纪教育技术（包括教学机器）用于小学教育的收藏品，其实很难确定这些发明是否真的被生产出来并批量制造，或者它们是否被引入并在学校中使用。

　　研究 19 世纪科学仪器贸易的历史学家注意到，仪器制造商经常在他们的产品目录中包含一些仪器，但他们从未生产过那些仪器，之所以列出，不过是为了吸引顾客关注其在售产品。[45]研究技术的历史学家已经证明，专利申请从几个方面来说都是一种文学创作，目的在于尽可能长久地保护发明者的权利，甩开竞争对手，回收投资，通过基于类似科学或技术机制的发明构想或概念产品来捞钱。[46]本节所介绍的教育技术在设计、材料和生产方面在技术上都是初级的，而且可能只是少量生产过。在同一时期的欧洲，像法国和德国这样的国家在大型车间里为中小学教育生产科学仪器，这些仪器不仅满足了本国的需求，而且大量出口到其他欧洲国家、拉美地区的共和国和北美洲等地。[47]尽管从质量和数量上看，墨西哥的专利产量都不高，[48]这里提及的墨西哥专利文件非常有价值，因为它们展示了墨西哥教师、器械师和贸易商如何看待教学创新以改善国家学校教育，他们的兴趣和眼界，他们的想法与构思。此外，通过这些专利，我们可以研究到19 世纪下半叶，在墨西哥等拉美国家，人们对教育的技巧化和技术化的期望，以及对教学机器的设想。

用于教育的视听和大众传播媒体

　　19 世纪，在教师、发明家、商人和政府的倡议下，新技术逐步进入拉美地区的课堂。他们设想出来的机器和技术设计是基于特定的教学哲学的（如实物教学和实验物理演示）。因此，他们对教育技术的定义做出了贡献，这些定义与笔者在本章第一部分中提出的 20 世纪出现的定义相关，但又有所不同。

到 20 世纪中叶，通过在学校中更大规模地推广教育技术，以及对其使用的规范化的努力，视听和大众传播媒体在教学中的使用呈上升趋势，这有助于教学实践的多样化和专业化。在墨西哥，罗伯托·莫雷诺·加西亚（Roberto Moreno García）和玛丽·德·拉·卢兹·洛佩兹·奥尔蒂斯（María de la Luz López Ortiz），是国家教师培训学校的教授同时也是墨西哥国立自治大学哲学系的员工，他们综合了自己的经验出版了一本重要的视听教育手册。[49] 在序言中，他们一开始就提出了一个有争议的主张：

> 投影技术，在混乱状态和缺乏教学系统化的情况下应用，是目前威胁我们国民教育的最大弊端之一。

两位作者将当代学校对图文投影的热情所带来的风险与 16 世纪印刷机的出现进行了比较，印刷机最初把教学变成了一种书呆子式的实践。这引发了一个问题：由于电影和幻灯片的价格实惠，它们大量进入学校，逐渐形成了一种信念，即所有学校科目都可以通过投影来教授，从而抛弃了其他相关的教学工具。回顾过去，电影占据了曾经书籍所拥有的位置，教学等同于掌握放映机器的技术这一观念渐渐形成。[50] 我们领略到新的教育技术的超凡魅力。[51] 作者提醒，在墨西哥的 2 万多所学校中，有电力供应的不超过 20%。只有数量非常有限的学校能够使用这些新的教育技术。此外，作者认为机械设备可以代替教师的工作的观点是错误的。在不否认他们的趣味的情况下，在漫长的教育经验历史中，教学涉及更广泛的技巧和技术，包括模型、黑板、图表、实地考察（去大自然、博物馆或其他城市）、图形材料、戏剧表现、俱乐部、一系列视听投影技术、科学仪器、广播和电视。

他们的手册描述了一百多种这样的教学材料，强调这些材料应纳入指导教学实践的若干教学理念和技巧的框架中，将这些材料分成五类并称之为"墨西哥分类"。此外，它还展示了在墨西哥进行的教育技术和教学实践调查的经验数据，以及对国际教学技术发展的深刻了解。[52] 1951 年，莫雷诺在墨西哥国立自治大学（Universidad Autónoma de México，UNAM）建立了一个视听教育服务机构，由于在国家学校系统中担任不同的行政职务，他制定了一个持续的教师培训计划，作为在墨西哥学校中合理有效地引入教育技术的一种方式。为了达到这个目的，教师必须具备良好的教学基础和技术知识，从而避免教学的即兴发挥，让教育技术市场的经济利益服从于学校的需要。[53]

　　尽管大量的新教育技术（如电影及其放映设备）仍然是进口的，但在 20 世纪下半叶，拉美地区为教育生产的视听和大众传播媒介有所增加。自 20 世纪 20 年代以来，墨西哥、巴西、阿根廷和智利等国家已开始制作教育影视。[54] 此外，自 20 世纪 30 年代以来，哥伦比亚、阿根廷、乌拉圭和委内瑞拉都有了国家教育广播网。[55] 拉美地区的第一个国家广播网是因为文化和教育的目的而建立的，它们最初播放的是专门设计的教育节目。这些先驱电台在一些国家被称为"空中学校"。[56]

　　受这些教育网络的经验启发，20 世纪 50 年代至 60 年代拉美国家普遍建立电视广播。[57] 例如，哥伦比亚等国在 60 年代通过电视对选定的小学科目进行教学。其中，哥伦比亚广播公司得到了美国机构的技术支持。同一时期，美洲国家组织同意成立拉美电视中心（Latin American Television Centre），培训教育电视专业人员，总部设在哥伦比亚、墨西哥、智利和阿根廷。广泛发展教育电视还涉及诸如建立地面或卫星网络等技术变革。[58] 直到今天，教育电视和广播仍然发挥着很大作用，尤其在支持拉美国家农村地区的教育方面。[59] 然而，许多项目是短期的，几年后就因为财政、技术或政治问题而终止，因此它们的发展历史显示出非连续性。[60]

　　尽管在拉美地区建立稳定的教育技术生产平台存在困难，但墨西哥、智利和巴西等国家在培训整个美洲大陆的教师和制作教学包方面积累了相关经验。通过与联合国教科文组织达成的协议，墨西哥建立了一个拉美地区教育摄影研究所（1956 年），[61] 智利建立了一个拉美地区视听教具特派团（1960 年代），[62] 巴西建立了一个科学教学的教育技术项目（1950 年代至 1970 年代）。随后，联合国教科文组织在拉美地区的经验被推广到世界其他地区。巴西的一个项目堪称典范：最初在大学实验室开始，为圣保罗州的一些学校生产科学工具包，随后转移到工厂，使得生产扩大到全国的学校，最后范围扩大到医疗技术市场。[63] 这些项目不仅是国家范围的，而是构成了整个拉美地区教育生产和培训的端点。

本章小结

电脑、平板电脑和网络平台正在入侵我们思考和实践教学的方式，成为政府改善教育政策和国际社会经济发展话语中不可或缺的参考因素。教育理念的技巧化及技术化程度以及教育技术在公共领域的特点也许是前所未有的。尽管如此，电子机器也只是至少自 19 世纪以来为教育活动而设计的大批教育技术中的一种。以后见之明，我们可以看到，大多数新的教育技术在引进之初就被赋予了一种光环，这种光环源于对其对教学贡献的夸大。尽管社会的技术化不断升级，且教育技术发挥着不可否认的力量，但历史和社会学的分析表明，教育的关键仍然掌握在实施教学的教师手中，而教师们的教学实践由社会文化特征塑造，与地缘政治位置相联系。技术本身将无法执行教育活动或产生教育变革，这对于技术史学家和科技研究学者来说可能是显而易见的，但技术为导向的教育活动和教育变革不失为他们向教育学者和政策制定者提出观点的相关的依据，不失为他们总体上提出教育技术及其实践史料化的依据。

在 21 世纪，拉美地区是新教育技术和商业化试验的优选之地，而从本章可见，这种情况至少自 19 世纪以来一直存在。教学仪器、机器和技术的引进在 19 世纪很普遍，这种情况在 20 世纪仍在继续。此外，正如本章所指出的，自 19 世纪以来，拉美地区还产出了教育技术发明、引进技术的变革性活用以及走向国际的教学创新方面的重要经验。当我们按部就班地朝着"全球"教育质量的指标迈进时，安东尼奥·内夫等教师的技术教学创造力、巴西研究人员参与程序化教学和学校科学工具包设计的发展，抑或墨西哥、巴西、阿根廷和哥伦比亚团队在教育广播、电影和电视发展方面的经验，都是极具价值的里程碑。

与当今对"教育性 ICT"普遍理解的局限性定义相比，在不同的历史时期，教育技术有其特定的含义。在 19 世纪的墨西哥，印刷材料、写作、阅读和计数技术和工具，以及百科全书式的盒子，可以与教学机器一起构成课堂。20 世纪 20 年代至 60 年代，在拉美地区，电影、广播和电视的兴起，以及影像投影技术的发展和多样化，为视听辅助工具和大众传播媒体等新术语和新含义的出现开辟了道路。在 20 世纪 60 年代和 70 年代之间，在巴西生产的科学教学包促成了教育技术作为一个"集大成工具箱"的概念，这种工具箱整合了前文所提的在不同的教学框架中提到的许多（或全部）元素。

与此同时，从 19 世纪发展至今，教育技术生产也发生了重大变化，例如从单个的发明者转向大型跨学科团队，教育技术设计的技巧化和专门化，商业化和教学的熟练控制，以及它在教育研究的制度化和专业化中的作用。本章对 20 世纪 60 年代至 70 年代巴西教育研究背景下的教科书作为技术和程序化教学的讨论，以及对 19 世纪墨西哥教学机器的文本质量的讨论，都是对这些趋势的有力证明。笔者在本章中依据经验定义"教育技术"（从教科书到计算机）为研究对象，其本身及其所包含的历史现象，正如本章所论证的那样，需要综合考虑它们在历史上微小差异的技术和教学多样性，但同时又要将它们作为一个整体来处理。在此背景下，拉美地区的突出特点在于其教育技术经验的历史与当代的相关性，以及在这个世界地缘政治地区进行案例研究的巨大潜力。这一研究议程需要对教育实践感兴趣的众多学科之间的广泛合作，因此它为未来的技术史研究创造巨大的机会。

第 6 章

技术变革与原料产业兴衰

19 世纪中叶至 20 世纪中叶，尤卡坦半岛乃至加勒比地区还是热带原始森林与小农经济的风貌，还是"三角贸易"的前线或"边境地带"，三种当地原材料的开采改变了世界，但又走向了衰落。本章将揭示，是什么，导致其沦为过渡产品。

新技术的变革力量已经是老生常谈的话题。技术变革可以解释一切现象，从工业革命到政治体制，从文化价值观到社会结构。值得注意的是，技术一直是推动环境变革的主要历史驱动力，例如通过自然资源的开采。总的来说，新工具、新机器和新方法已经决定了许多商品生产的模式，正如我们所知的白银、糖、石油和橡胶的历史所展现的一样。与此同时，世界上一些地区由技术驱动的工业化进程，往往与其相距千里之外的"商品的边境"的形成联系在一起。当然，纵观历史，技术变革与扩大的商品生产之间的相互联系是多样和不均衡的。但其中似乎有一点是很明显的：技术变革和商品生产之间的相互作用会受到特定的物质和历史条件影响，包含的因素有本国和帝国的政治、地理和环境。

　　本章从技术史的角度探讨加勒比地区自然资源边界的演变，特别是 19 世纪中期至第二次世界大战期间技术变革与商品生命周期之间不断变化的关系。本章以玛雅人居住的尤卡坦半岛上生产的三种基本资源：墨水树①、黄条龙舌兰②和糖胶树作为例子，阐述全球商品的兴衰变化。本章认为，这些原材料的生产、贸易和消费的变化趋势主要是由全球技术、地方知识的实践，以及生产环境条件的历史这三者的相互作用决定的。

　　本章采用长时段的技术史视角，试图通过比较研究评估热带商品生产的技术需求，目的是理解技术力量对尤卡坦半岛上商品生产的塑造方式，揭示共同的模式和对比某些特征和差异。本章并没有全面涵盖墨水树、糖胶树和黄条龙舌兰商品链的所有维度，而是在工业资本主义巩固的背景下，对全球工业与转移的商品边界之间的联系和共同进化进行更深入的解析。这样的视角也揭示了工业需求、相互影响、政治对抗、跨国网络以及无法预料的后果。

　　黄条龙舌兰、糖胶树和墨水树的经济和社会文化史已经引起了学术界非常多的关注。尽管这些文献通常仅局限于区域研究，但这些商品的技术维度的考量，将其置于比较框架内的研究并没有获得应有的关注。中美洲和加勒比地区的农村，特别是在偏远的尤卡坦半岛上的玛雅人聚居地，几个世纪以来一直在生产和使用这些自然资源。正是在 19 世纪下半叶，处在所谓的第二次工业革命的核心时期，这些基本自然资源的开采和制造达到了巅峰，成为西欧和美国不断增长的化学、农用工业、纺织和食品行业的基本供应物资。在这一点上，玛雅人与全球工业变得密不可分，直到 20 世纪之后的一段时间，尤卡坦半岛与全球的历史都一直交织在一起。

　　"边境地区"的资本主义和这一时期的消费者需求密切联系着，但若不思考它们之间是如何受到技术和环境必然性调和的，就无法认识清楚这种

① 又有"采木""洋苏木"等别名。
② 又有"赫纳昆麻""黑纳金树"等别名。

关系。这三种资源的案例表现出的工业生产和农业生产的技术变革显著地改变了整个 19 世纪的商品生产模式。而在 20 世纪,这些资源最终衰落,技术变革在其中也发挥了相关的作用,尽管这些技术变革是存在着矛盾的——化学着色剂、人造纤维和由树脂与蜡等合成聚合物制成的胶基,诸类人工替代品开始大行其道。如今,绳索、口香糖和染料在国际市场上仍然有较大的交易量,但围绕黄条龙舌兰、糖胶树和墨水树的发展的上述产品已不再是尤卡坦半岛的主要经济活动。

在此对本章背景作简要介绍之后,笔者将论述三个部分。第一部分以"技术框架""边境资本主义"和"商品链"等概念范畴为基础,探讨技术对热带商品开采发展的历史影响。这一部分不仅考虑了自然的商品化和面向世界市场的原材料生产,还考虑了在商品边境对社会和劳动关系的影响。第二部分追溯了黄条龙舌兰、糖胶树和墨水树商品链在全球的崛起和最终衰落,并重建和分析了在不同规模情况下它们的长期开采技术模式,确定了其生产中涉及的具体技术和专业知识,包括当地的农业和林业实践。第三部分分析了在欧洲和北美地区,食品、染料和塑料产业生产中化学创新的后期发展状况,特别是加工机械的创新和化学替代品的发展。本章的小节以更广泛的比较角度,超越国家史学和政治事件,反思技术前沿和商品生产结合点的相关轨迹,并揭示长期模式。

技术、商品和边境资本主义

令人信服的历史证据表明,从各地到全球范围,技术创新一直是不同规模的深层社会文化变革的源泉。正如社会学家斯蒂芬·希尔(Stephen Hill)所指出的,在特定社会中建立的新"技术框架"会推动其文化的重塑。从这个意义上说,技术变革是一把双刃剑:它是机遇和经济变革的源泉,但也造成了主流文化的重新定位(下降甚至是毁灭)。[1] 当考虑在世界经济边缘地带的原材料开采时，技术变革产生的文化影响是显而易见的。资本家对热带地区土地的渗透往往导致本土文化的转变、地方经济体系的削弱和社会结构的恶化，带来了对国际经济前所未有的依赖。

一个富有内涵、有助于理解技术、文化和商品之间关系的出发点是"边境"这个概念。若将商品边境的动态理解为一个特定的过渡地带，则需要注意到其灵活的特性及其与资本主义空间扩张的相互关系。在热带地区的边境扩张过程往往是由千里之外的工业地区和城市地区的商业和工业需求驱动的。对于以前未商品化的土地的整合开始进行，其动力源泉是技术变革提高了对原材料（诸如农业产品和林业产品）的需求。与此同时发生的是，特定自然资源的开采受到地理、地质和环境条件的限制，而这些条件反过来又影响到商品开采和生产中的技术创新模式。[2] 对自然环境的占有和商品化，用杰森·摩尔（Jason Moore）的话来说，需凭借"技术和边境开拓的巧妙结合"。[3] 就这方面的研究而言，戴尔·托米赫（Dale Tomich）认为，技术和环境的力量重构了 19 世纪在加勒比地区甘蔗生产边境盛行的劳工制度。从这个角度来看，自然环境通过技术和专门知识被重新创造了，反过来又受制于社会经济条件。[4]

商品边境不仅仅是依照自然地理标记的边界，从历史上看，资本主义向未被商品化的土地扩张，创造了社会政治和文化交汇的区域。[5] 因此，对提取活动的边界的研究也有助于揭示将"新民族"纳入帝国和国家领域、纳入世界经济的历史过程。一个明显的历史例证便是热带雨林，它被商业开发，成为殖民者和原住民之间接触的边界地带。[6] 外来和本土的技术文化和认识也在不断变化的商品边界处相遇，这些边界不是固定的，而是流动变化的。商品边界是由历史叙述构建的"互动空间"，在此，热带农村社群的社会-政治结构和经济结构得到了重组，特别是在劳动关系和土地使用权方面。史考特·库克（Scott Cook）和埃里克·沃尔夫（Eric Wolf）等历史人类学家专注于商品边境的发展过程，他们表示，中美洲和加勒比地区自然资源的商品化从根本上改变了乡土文化、经济和认识论，往往涉及剥削和依赖。[7]这一过程并不是该地区的例外现象，而是全球资本主义发展的总体历史趋势。

热带商品边境的政治生态往往与外生的工业和技术变革有关，在诸如植物学和化学领域的发展。[8]其中，历史学家伊恩·英克斯特（Ian Inkster）展示了全球化学进步和英国赛璐珞①工业的发展如何直接影响了19世纪60年代至第一次世界大战期间中国台湾地区热带森林的殖民动态和战争政治。[9]根据英克斯特的说法，对中国台湾地区樟树的大规模、无意识的开采导致了泰雅人群体的边缘化和冲突。另一个例子是19世纪下半叶，西属菲律宾的原住民对机械化甘蔗种植园扩张的抵制。正如环境历史学家理查德·塔克（Richard Tucker）所指出的那样，土地掠夺和商业化农业使菲律宾内格罗斯岛（Negros）的原住民边界变得政治化，以至于岛上爆发了战争，热带森林被大量砍伐。[10]拉美地区还有许多其他的典型案例，最引人注目的是亚马孙地区橡胶和棕榈油生产边界的扩张。

本章的核心是对"商品链"的分析，它被理解为现代全球资本主义的潜在社会经济结构。商品链这一类别，通常也称为"价值链"或"生产网络"，被政治经济学家和经济史学家广泛使用，用于阐明商品从开采、运输、生产、商业化到消费的错综复杂过程。商品链是流动的物质和以知识为基础的回路，其中一些环节可以通过控制价格和生产配额等方式，集中整个链条的力量。利用这类商品链，卡洛斯·马里查尔（Carlos Marichal）、史蒂文·托匹克（Steven Topik）和威廉·克拉伦斯－史密斯（William Clarence-Smith）等经济史学家展示了具体的农业原材料，例如咖啡、棉花、橡胶、糖，在19世纪和20世纪是如何在欧美大众消费市场上作为工业和食品生产的基本原料。[11]有一点是明显的：19世纪出现的对拉美地区

---

① "赛璐珞"（celluloid）是硝酸纤维素塑料（cellulose nitrate plastics）的俗称。

原材料的日益广泛的全球消费是该地区边境提取主义背后的驱动力。经济史学家仍有争议的问题则是：商品单一文化和商品交换的不平等条件是否为拉美地区相对欠发达背后的主要因素。[12]

研究边境资本主义的技术史需要集中研究地方与全球的清晰连接。在 19 世纪下半叶，商品边界的渗透与多种形式的全球结构、全球制度和全球机构的巩固同时在发展，共同改变了热带农业生产的规模和范围。[13]这些全球结构不仅是政治性的（例如帝国），也是社会环境的、技术的和经济的。一个很好的例子就是专利制度，但还有许多其他的例子，从跨国运输网络到国际资本市场，比比皆是。话说回来，这些全球结构不仅影响了当地的边界，而且本身被当地条件所塑造了。将全球商品与全球技术变革进行逐一对应叙述的目标诚然十分诱人，但更见效的做法是重新编写商品在地方、国家和地区的历史，重点强调它们的技术维度，将世界的连通、交换和依存关系纳入其中。

笔者通过研究近期的、以科学技术史视角考察全球商品史的学术作品，总结了一个宝贵的教训：解析商品的任何全球历史都需要先仔细研究当地使用的技术、乡土知识体系和混血或移植的方法，包括化学和机械转型对经济作物种植产生的影响。[14]这种方法需要从最广泛的意义上理解技术，包括其更非正式的形式，如实用的、默会的、混血的和移植的。不仅需要将技术视为一种客体（如人工制品），还需要考虑与其相关的问题，例如知识创造、传播、挪用和主张中的实际做法、行动者、空间和制度。采用对技术的广义定义的另一个重要原因，是要超越技术与环境之间的人为划分，转而关注两者之间的相互作用。[15]这种研究技术史的方法可能有助于打开研究的大门，将那些在技术史上不太引人注目甚至处于边缘地位的行动者和社群涵盖进来，比如热带农业和森林边境的原住民社区和当地农民群体。

有几个因素是大宗商品繁荣和萧条的历史驱动因素。拉美地区商品的生产、贸易和消费模式可以与财政、金融、消费和贸易相关问题一一对应。

技术变革也一直是商品生命周期的主要力量。技术和专业知识的交织与这些全球商品链的形成同步发展，从而促进了商品的生产、贸易和消费。这一点在所谓的拉美地区出口繁荣时期（1880—1929 年）尤为明显，其特点是国际贸易快速发展、新帝国主义、知识全球化和文化交汇。这几十年见证了拉美地区食品和基本原材料商品链的扩张和多样化。20 世纪 30 年代的大萧条减少了拉美地区的出口量，改变了其商品的价格，尽管国际上对热带原材料的需求仍然显著。

在所谓的"第二次工业革命"期间，对热带原材料的需求是随着欧美工业化进程及相应技术变革而来的。这是一个与力学、有机化学和电信技术突破发展相关的时代。铁路和蒸汽船组成的国际运输网络的发展促进了全球商品生产和贸易。这也是一个实用科学研究的时代，与其他方面一道，农业技术和工艺取得了重大进步，形成了在其他细分经济领域（例如制冷、带刺铁丝网、蒸汽船）或专门为农业设计的新设备和投入的意外附带成果。[16] 随着植物学和农业科学的发展，一系列机械和化学领域的创新成为热带景观商品化和标准化的工具。然而，这并不是一个仅仅以全球技术突破为特征的时期，也是一个以无处不在的地方技术为特征的时期。全球技术创新与大量本土人工制品和传统方法同时存在，其中许多具有核心的经济和文化相关性。

我们不应当抱怨加勒比地区商品的历史是个被忽视的话题。[17] 正如许多历史学家所表明的那样，该地区长期以来一直是多种农产品的驯化和生产地区，其中许多农产品，如糖、咖啡和可可，一直是全球交易的对象。种植园制度是在帝国冲突的背景下建立在加勒比地区的。在扩张过程中，种植园与世界经济边缘的当地生态系统和农业领域相遇，创造了新的接触和冲突领域。因此，对加勒比地区种植园研究的一个中心问题是研究对当地农村、小规模农业生产和主要满足自给自足和当地市场的作物产生的影响。加勒比热带森林的开发也与新帝国主义发展和工业资本主义的形成有关。森林边界有时会跨越传统的国家和帝国边界，导致资源开采地的政治化。当然，以自给自足和当地市场为导向的作物，有时被称为"反商品"，在出口繁荣时期对加勒比地区的人民来说仍然是有价值的。[18]

多条轨迹的玛雅"商品边境"的技术史

尤卡坦半岛是"大加勒比地区"①（the Greater Caribbean）最后的边境之一[19]。19世纪下半叶，当面向国际市场的原材料生产在该地区广泛开展时，这片遥远、被遗忘的、玛雅人的土地发生了变化。这个地区由墨西哥的三个州（坎佩切州、金塔纳罗奥州和尤卡坦州）、英属洪都拉斯的殖民地（现在的伯利兹）和危地马拉的北部（佩滕地区）组成，人口稀少，政治上不受控制。尤卡坦半岛是一个有争议的边境，殖民和商品化在这里与抵制政治扩张和资本主义榨取的原住民相遇。虽然很快它就成为一个为遥远的市场生产大量商品的地区，但当地种植的、对玛雅人生存至关重要的玉米和其他主食仍然继续在大规模商业地产和雨林的边缘地区种植。玛雅人的耕作方式和与大自然之间的关系与大型单一栽培种植园的非常不一样，后者的生产仅限于单一作物，或是大规模开发森林。例如，原住民社群采用刀耕火种式农业系统，包括砍伐和焚烧植被，产出的作物仅够自给自足，或者最多能够在当地市场销售就行。[20]这种自给自足式的农业体系是通过传统技术实现的。

在19世纪下半叶和20世纪前几十年，尤卡坦半岛成为世界上主要的黄条龙舌兰、墨水树和糖胶树产地。外国资本投资和国际贸易推动了对这些资源的开发。用历史学家赫尔南·W. 康拉德（Hernan W. Konrad）的话来说，"可利用的自然资源是以一种受国际需求和初级产品价格调节的方式被开采的"[21]。这些原材料不仅是资本主义发展中的对象，而且是几个世

---

① 此概念囊括了加勒比海岛屿、委内瑞拉、哥伦比亚和整个中美洲，包括墨西哥。

纪以来在玛雅经济和社会中起着核心作用的本土自然资源。资源开发是以牺牲当地"拉美农民"及其农业用地和森林为代价的,通常包含着与当地社会经济和知识结构的冲突。玛雅工人开始参与到商品化的进程中,但并非没有出现抵触。这不仅是对无产阶级化和土地剥夺的回应,也是对边缘化、暴力、流离失所、文化适应、自然破坏和基础设施扩张做出的反应。尤卡坦半岛商品的繁荣出现在种姓战争(1847—1901 年)期间,这是一场墨西哥政府和原住民之间的主要冲突。[22] 这也是一场具有国际层面的政治冲突。英国除了在该地区的经济利益外,还控制着半岛的南部。来自西班牙和美国等其他国家的国民也卷入了这场冲突。

黄条龙舌兰的兴起,也可以说是剑麻的兴起,是尤卡坦半岛向农业资本主义过渡的早期例子[23]。19 世纪中期,甘蔗成为该地区的主要经济作物,但很快就被黄条龙舌兰取代。这是一种从尤卡坦半岛原生植物中提取的坚硬的纤维素纤维,自古以来就被玛雅人用来制作绳索、衣服和垫子。在玛雅语中被称为"kih",黄条龙舌兰纤维是通过刮掉不同品种龙舌兰的剑状叶子而获得的,这些龙舌兰最初是在该地区培植的,用于商业种植园的种植。在 19 世纪 80 年代,在波菲里奥政权时期,黄条龙舌兰成为墨西哥主要的出口商业作物[24]。从那个时候开始,尤卡坦半岛建立了劳动密集型的大规模黄条龙舌兰种植园。玛雅人被迫在半岛北部干旱土地上建造的黄条龙舌兰种植园中从事雇佣劳工的工作。他们成为贫农-抵债苦工,做简单的收割纤维作物的工作,与此同时,继续维持着自给自足的农业生产方式。尤卡坦半岛的黄条龙舌兰的黄金时代一直持续到第一次世界大战。

技术变革为黄条龙舌兰的繁荣奠定了基础。农业技术在 19 世纪最后几十年中取得的进步节省了劳动力,降低了工作时间,从而提高了粮食大规模采摘的效率。只有机械制造和农业的实用知识结合起来,这种农业创新才有可能实现。例如,1872 年,美国发明的收割-捆扎机降低了谷物收割的劳动强度,却产生了对捆扎绳的大量需求。对于美国中西部的农民来说,黄条龙舌兰纤维提供了几个优势：相比金属丝价格昂贵，体积笨重，对动物会产生风险，黄条龙舌兰成本低，具有韧性，可从尤卡坦半岛大量获得。黄条龙舌兰的其他商业用途还可作为捆扎绳、绳索和缆绳，用于各类生产和商业活动，如捕鱼和航运。

完备的麻绳捻条机很快在美国广阔的谷物田收割中广泛使用。芝加哥的几家公司，如麦考密克机械收割公司（McCormick Machinery Harvesting Company）、迪林收割机公司（Deering Harvester Company）和普莱诺制造公司（Plano Manufacturing Company），在 19 世纪 80 年代和 90 年代期间，制造了收割－捆扎机。美国的几家公司，如纽约特博兄弟公司（Thebaud Brothers），也向尤卡坦半岛的种植户出售机器和工具。这家公司恰好也是尤卡坦半岛黄条龙舌兰原料最大的买家之一。在 1902 年，通过合并当时领先的农业机械制造商，"国际收割机公司"（International Harvester Company）成立了；从此，这家公司垄断了美国机械收割机市场。

与黄条龙舌兰的兴起同样重要的是生产的机械化。早在 19 世纪 40 年代，美国发明家就尝试在尤卡坦半岛实现黄条龙舌兰剥皮的机械化操作，但并没有取得较大成功[25]。从 19 世纪 50 年代开始，是尤卡坦半岛当地人首先成功发明了黄条龙舌兰剥皮和加工的机器。在 1857—1889 年间，墨西哥为此目的申请了大约 60 项专利，当地的发明家也收获了各种各样的奖项。[26] 在这些专利中，被称为"索利斯轮"（Solis wheel）的机械挫磨机尤为重要。[27] 在 19 世纪 80 年代和 90 年代，继尤卡坦人的发明之后，一系列的创新被设计和制造出来。虽然纤维分离机是墨西哥人的发明，但美国和英国的制造商向尤卡坦半岛提供了大部分的机器。其他技术设备，如黄条龙舌兰压力机，也同样是从国外进口。[28]

每片龙舌兰叶子只能产生少量的龙舌兰纤维。尤卡坦半岛早期的农场里，用手工方式完成纤维与浆质的分离，这使得绳索的产量无法满足出口。在机械化设备出现之前，锉磨工序都是使用当地手工工具（"Tonkós"和

"pashké")完成的，效率低且纤维浪费严重，该方法生产出来的黄条龙舌兰绳索在质量、耐用性、长度和重量方面均不稳定。而且，采用这种劳动密集并且耗时长的工艺以满足日益增长的国外需求是无法实现的。正如发明家兼木匠何塞·埃斯特班·索利斯（José Esteban Solis）自己所说那样，在锉磨机出现之前，没有足够的人工实力可以使规模化加工黄条龙舌兰有利可图。[29]

剥皮技术的改进和使用带来了新能源的引进。为了提取纤维，种植者在19世纪60年代开始使用以蒸汽为动力的旋转挫磨机。1892年，在尤卡坦半岛使用了1300多台进口蒸汽动力锉磨机。[30]推动锉磨机轮子的蒸汽机需要持续使用木柴和水，这种方式一直延续到20世纪10年代和20年代，使用了天然气和石油作为动力源。[31]在半岛北部，有数百个风车和动物驱动的抽水水泵，以及大量运输物资的交通基础设施网络。

到19世纪20世纪之交的时候，大多数规模较大的种植园（仍然是家族式的）中都使用了纤维加工技术，拥有机器房、压力机、挫磨车、磨坊、机械清洁器、锅炉和蒸汽机。最现代的自动锉磨机每小时能加工大约20000片叶子。[32]生物条件，特别是龙舌兰的易腐性，促进了农工综合体在尤卡坦地区的发展。龙舌兰的叶子干得很快，在采摘后一天内必须去除叶浆。因此，加工地点就必须在种植园里或附近的地方。一条无休止的传送带分开了黄条龙舌兰田地和加工厂。正如在加勒比地区建立的现代甘蔗工厂里，种植园和机器车间的工作必须在时间和空间上精确同步。然而，黄条龙舌兰田地和工厂之间的协调似乎不像在最先进的甘蔗厂那样有效率。[33]黄条龙舌兰机械化生产的兴起也促进了尤卡坦当地机器和工具产业的形成，该行业虽然规模小并且属于劳动密集型，但却有能力对设备进行维修并提供备用件。[34]

相比加工技术，黄条龙舌兰栽种和采摘方面的创新非常有限，仍然属于劳动密集型工作。干燥的尤卡坦平原和半岛北部的气候非常适合黄条龙舌兰的种植，不需要犁地，也不需要使用农药和化肥。黄条龙舌兰的植物寿命为 15~20 年，到了这个时候就需要更换。等生长到六七年的时候，在旱季，也就是 11 月到次年 5 月之间，人们就用开山刀切掉龙舌兰的大叶子。这些叶子由马车运走，通过机械皮带运到工厂里面。纤维通过机器去皮提取出来后，洗净，挂在绳子上，在太阳下晒干。大型黄条龙舌兰种植园里有仓库来储存捆扎完成的龙舌兰纤维。[35]

黄条龙舌兰种植综合体促进了该地区现代交通和通信基础设施的发展。[36] 在 19 世纪 80 年代和 90 年代时期，涵盖了铁路、公路、蒸汽船、电报线路、电话和码头。出口黄条龙舌兰原料纤维需要基础设施网络。铁路基础设施将种植黄条龙舌兰的主要城市（如梅里达市）与西沙尔（Sisal）和普罗格雷索（Progreso）的港口连接起来。此外，大型商业种植园拥有轻便的窄轨电车，将黄条龙舌兰运送到火车站。由骡子牵引的轻便窄轨车穿过田野，装载大块龙舌兰叶子和蒸汽机所需的木材。

尤卡坦半岛专门从事原料纤维的出口业务。很难见到在尤卡坦半岛生产黄条龙舌兰的终产品，大部分情况下，当地种植园只完成了初级加工。大部分将黄条龙舌兰制造成商用麻绳和绳索的最终加工业务是在美国工厂完成，类似于棉花产业的生产方式。美国的绳索制造公司，如马萨诸塞州的普利茅斯绳索公司，拥有自动搓绳机。[37] 19 世纪末和 20 世纪初，尤卡坦半岛建立了一些绳索厂，但最终都没有获得成功。在这之后，20 世纪 20 年代中期期间，梅里达市（Mérida）建立了生产绳索和捆绑绳的绳索工厂，供应国内和国际市场。然而，它们只有很小的市场份额。制绳技术相对简单，意味着一些机械设备的设计和生产在本地就能完成。

第一次世界大战之前，尤卡坦半岛在国际硬纤维市场上处于领先地位，满足了美国 85% 以上的捆扎麻绳需求。[38] 这就解释了为什么剑麻是国际上少数使用自动化生产方式生产的叶纤维。[39] 然而，在两次世界大战之间的这段时期，黄条龙舌兰产业进入了萧条期，尤卡坦半岛因此失去了其世界领先地位。主要的竞争来自麻绳的替代来源，如菲律宾的马尼拉麻和印度生产的黄麻。[40]同时还面临着来自世界其他地区的竞争，如爪哇、古巴、肯尼亚、荷属印度和巴西，在这些地方已经引进种植了剑麻。其中一些国家的杂交剑麻植物在经过几年的栽种后产量更高，纤维韧性更强。

在20世纪20年代，美国谷物田里捆绑机逐渐过渡到联合收割机，也减少了对捆绑绳的需求。[41]尽管在1937年发明的干草捆扎机在20世纪40年代为黄条龙舌兰带来了第二次生命，因为对捆扎绳的需求会由此增加，但是，黄条龙舌兰被替代是不可避免的。第二次世界大战后，由尼龙、涤纶和聚乙烯制成的更便宜、韧性更强的合成纤维逐渐兴起，进一步加速了黄条龙舌兰的衰退。[42]黄条龙舌兰衰落背后的一个重要因素是它不能按需供应，因为这种植物需要种植数年才能产出纤维。引发该行业危机的另一个原因（需要进一步调查）是其生产效率和质量日益低下。可以看出的是，尤卡坦人的锉磨机的报废并不罕见，由于缺乏维护，机器故障频发。这也就导致了国外客户抱怨墨西哥黄条龙舌兰产品的质量和厚度问题。还有人将墨西哥黄条龙舌兰与其他地方生产的硬纤维加以对比，批评墨西哥产品的制作质量。[43]

与黄条龙舌兰并行的历史中，尤卡坦半岛雨林边界的发展同样主要是由各种规模的技术变革决定的。然而，森林的商品生产和技术规则的传统垄断形式与黄条龙舌兰生产庄园的形式大不相同。[44]森林资源是天然形成和固定的，但技术将它们转化为在国际市场上交易的商品。在尤卡坦半岛南部地势较低的地方发现了大量可生产树胶和着色剂的树木。这片热带雨林地区还生长着各种各样的其他树木，如柏树、桃花心木和绞杀植物。具体提取和加工技术取决于树木本身的生物特性。

森林资源的提取，特别是糖胶树、墨水树和富有异国情调的硬木，推动了基础设施深入到了尤卡坦半岛南部。对森林的提取边界的扩张则需要进一步渗透到玛雅领土的中心，那里仍然由原住民所控制。铁路、公路和港口成为向美国出口糖胶树胶的主要手段。随着20世纪头几十年美国口香糖工业的蓬勃发展，拖拉机和马车进入了尤卡坦半岛南部的森林和与世隔绝的原住民村落。热带森林里的糖胶树胶站就这样与尤卡坦半岛的城市和港口连接起来（包括与后来由口香糖公司投资的飞机跑道），大量的糖胶树胶从那里出口到了美国。1931 年，美国人类学家赛勒斯·L. 伦德尔（Cyrus L. Lundell）在一次前往墨西哥南部坎佩切州（Campeche）的民族植物学之旅中解释了这种情况："对人心果树林的开发使人们可以进入到偏远的内陆地区。公路和小径被开辟出来，用卡车和骡车运送货物"。[45] 伦德尔还在热带植物研究基金会工作。这是一家美国机构，在 1927—1931 年期间对加勒比地区和中美洲的糖胶树胶生产开展了植物学研究。

在 19 世纪 70 年代到 20 世纪 40 年代之间，尤卡坦半岛的树胶成为世界口香糖生产原料的主要来源。[46] 加勒比地区森林中树胶采伐随着那时美国口香糖消费热潮兴起而逐步扩大的。机械和化工方面的发展有力地支撑了口香糖产业。1871 年，布鲁克林发明家托马斯·亚当斯（Thomas Adams）获得了一项口香糖制造机器的美国专利，该机器使用天然糖胶树胶作为基本成分。在亚当斯获得专利之前，口香糖主要是由含糖的石蜡制成。这种石蜡在 19 世纪 40 年代被发明出来，在美国已经是一个相对成功的商业典范。然而，亚当斯意识到天然的玛雅糖胶树胶要优越得多，从而推动了产品来源从化学到天然的矛盾转型。在接下来的几十年里，亚当斯的口香糖生产机器不断改进，在最终产品中可具有不同的口味。从 19 世纪后期开始，口香糖制造在商业上取得了成功，这一点在美国的大型企业箭牌公司和亚当斯公司的身上得到了清晰地印证。

糖胶树胶（玛雅人称为"sicte"，纳瓦特人称为"tziktli"）是美国口香糖产业兴起的基础。它是一种类似于橡胶的天然乳胶，主要是从常绿人心果树（有"Manilkara zapota"或"zapotilla"等名字）上获得的[①]，这种树在尤卡坦半岛的森林中非常丰富。[47] 在口香糖热潮期间，玛雅人在尤卡坦

---

① 糖胶树胶也能从巴拉塔树等其他几种美洲树木中获得，因此本书将所有产糖胶树胶的树木统称为"糖胶树"。

半岛人心果树林中提取树胶的技术和方法没有改变。在雨季（6月至来年2月），人们用开山刀在人心果树上敲出切口，让液体乳胶渗出。这种劳动密集型的生产过程依靠传统的实践知识和专业技能。敲击工所需的工具通常由向外国口香糖制造公司供应树胶的中间承包商负责提供。[48] 糖胶树胶的提取受到树龄和树木分布的限制，并且树通常无规律、不规则地分布在广阔的地域中，同时，还受限于生态条件。每棵树只能每隔三四年在树皮上通过在树皮上斜切一刀的方式来采割。渗出的乳胶在森林营地里煮沸，降低水分，使其变稠。然后，天然黏性乳胶倒入木制模具中，形成胶凝块。

尽管糖胶树胶也有从中美洲的其他地区提取的，比如尼加拉瓜的米斯基托海岸，但美国口香糖产业仍然主要依赖于尤卡坦半岛的当地人，那里几乎垄断了糖胶树胶的全球供应。与黄条龙舌兰的情况相反，原住民和其他外来务工人员尽管通常是与承包商、土地所有者、合作社或特许公司联系在一起，但是，他们最终仍是独立的季节性工人。[49] 在19世纪后期和20世纪早期获得该地区森林特许权的公司包括墨西哥勘探公司（Mexican Exploration Company）和东海岸尤卡坦拓殖公司（East Coast of Yucatán Colonization Company）。

美国口香糖公司购买稠度、湿度和质量各不相同的树胶块，价格也随之变化。糖胶树胶经过清洗、干燥、离心脱水和高温加热，最终标准化的口香糖在美国批量生产出来。压片机和包装机完成对最终产品的切割和包装。成品口香糖片通常包含不超过10%的纯天然糖胶树胶，其余组成部分包括合成胶、香料和各种甜味剂，如糖或糖浆。[50] 美国口香糖制造商越来越多地依靠现代实验室的科学和工业研究来生产统一的和无菌的产品。例如，新泽西州纽瓦克橡胶贸易实验室的首席研究员、化学家弗雷德里克·丹纳斯（Frederic Dannerth）在1917年4月美国化学学会的一次会议上指出，由于美国口香糖产业的重要性日益提高，"有必要建立采购粗树胶块的标准方法"。[51] 树胶里的污垢、叶子和树皮在清洗完后，制造商必须评估四个要素：水分、颜色、质量和体积，以满足标准要求。与在黄条龙舌兰种植园现场初加工类似，糖胶树胶采集者（chicleros）完成现场初级精炼，由此获得介于渗出乳胶和口香糖之间的中间产品（糖胶树胶）。[52]直到 20 世纪 20 年代，墨西哥才开始生产商业化的口香糖。[53]

美国的口香糖消费在经历了大萧条时期的下降后，在 20 世纪 40 年代初达到了顶峰。1940 年，美国消费的糖胶树胶有 80% 来自尤卡坦半岛，其中坎佩切州的产量占总产量的 50% 以上。[54]第二次世界大战后，糖胶树胶产量供应不足，这种情况阻碍了其进一步的商业扩展。人心果树的空间分布和生态条件不仅决定了生产过程，也限制了产业规模。这些树无法在种植园中生长，也不能移种到其他地区。来自尤卡坦半岛的供应量越来越少，越来越难获得。[55]此外，糖胶树胶的提取是季节性的；树上的乳胶管道在采割后会干燥很长时间，而且供应水平严重依赖于当地劳动力来完成割树和准备原料块的任务。环境和劳动力条件的限制，伴随着人心果树的枯竭，推动了战后合成替代品的发展。最终，当地糖胶树胶经济的命运被国际力量所主宰。同样的，商品生产模式的背后是化学创新，但技术变革与树胶边境发展之间的纠缠既不是线性的，也不是不可避免的。到 20 世纪 40 年代末，从天然胶基转变到合成胶基逐渐成了现实，这导致了天然树胶需求急剧下降。工业化学开启和关闭了坎佩切州、金塔纳罗奥州（Quintana Roo）、伯利兹（Belize）和佩滕（Petén）的森林中糖胶树胶提取的循环，直接影响了原住民的社会经济和劳动结构，并引发了玛雅边界的政治化和数十年的地方冲突。

本章讨论的第三种商品是墨水树（*Haematoxylum campechianum*）。这种树被玛雅人称为"ek"，具有与巴西木相似的特性，生长在河流和海湾附近。在西班牙统治之前，玛雅人就使用这种坚固的木材建造房屋，其木心中的提取物作为染料和药物。从 16 世纪晚期开始，墨水树连同加勒比海和中美洲生产的其他天然色素（如靛蓝、茜草和胭脂虫）大量出口到欧洲。与铜等媒染剂一起使用，墨水树可以产生黑色、紫色、黄色和蓝色染料，对纺织品的着色和印刷很有价值。在历史上，尤卡坦半岛上最重要的墨水树商业开发地区是墨西哥和伯利兹南部边界的翁多河（Hondo River）河岸、伯利兹的纽河（New River，当时是在英属洪都拉斯殖民地）以及墨西哥南部坎佩切州的特尔米诺斯潟湖区（Laguna de Términos）的森林。[56]墨水树砍伐是英属洪都拉斯殖民化背后的一个核心因素，造成西班牙和英国帝国之间为了控制其正常供应而发生了激烈的政治冲突。在19世纪，墨水树被移植到世界其他地方，包括亚洲和美国，尤其是大加勒比地区的其他地方，如牙买加、古巴和海地，采用种植园的方式种植。[57]尽管到了19世纪后期，英国在伯利兹的殖民地对墨水树的开采和贸易有所减少，但在19世纪下半叶，在其他地方，包括牙买加和墨西哥的坎佩切州，墨水树的开采和贸易却有所增加。[58]例如，在1892年，西印度群岛化工厂有限公司（The West Indies Chemical Works Ltd.）在牙买加的西班牙镇（Spanish Town）成立，这家制造公司半个多世纪以来一直向国际市场供应墨水树提取物和晶体。[59]

19世纪英国、法国、德国和美国的工业化进程，特别是纺织工业的机械化发展，增加了玛雅地区热带雨林中墨水树的大西洋贸易量。与黄条龙舌兰和糖胶树的情况一样，欧洲和美国的技术变革说明了往森林深处探求墨水树的原因，对尤卡坦半岛位于偏远森林地区人民的剥削和环境开发方面产生了长期的影响。在种姓战争期间，玛雅难民被迫进入了热带森林，从事墨水树和糖胶树的提取加工工作，也在新开垦土地上的甘蔗种植园里工作。[60]墨水树中提取的深红色提取物在欧洲和美国的工业中有各种其他用途，如用在造纸、印刷、化学和制药领域。它的主要用途是作为棉花、羊毛、纸张和晶体染色的着色剂，也是大规模方式生产墨水的基本原料。由天然或人工方式氧化的墨水树提取物产生的苏木精因此有重要的用途。到了19世纪20世纪之交，纯化后的苏木因（苏木精被氧化后的衍生物）开始用作实验室显微镜的常规组织染色剂。虽然墨水树的提取物（苏木精）在1865年第一次成功地用作生物染色配方，但直到20世纪20年代，研究人员才开始意识到它的全部价值。[61]

与黄条龙舌兰和糖胶树的状况一样，深入到原住民土地的新运输和通信基础设施被证明是导致森林殖民化，也是导致墨水树开采扩大的关键因素，尽管也受玛雅反对者的阻挠。砍伐墨水树由手工工具完成，主要是斧头和锯子，然后就地去除树皮，原木清洗后切成小块。为了降低成本，从19世纪中期开始，普遍采用机械手段分离墨水树提取物，而不是出口原木，从而降低运输费用。砍伐墨水树比采割糖胶树胶成本更高，这可能解释了该地区在20世纪头几十年转向提取糖胶树胶的原因。就像糖胶树的情况，墨西哥联邦政府授予了墨西哥的公司和外国公司开发墨水树森林的特许权。

墨西哥的库约 & 阿内萨斯公司（Cuyo & Anexas）就是一个很好的例子。该公司在德国资本投资的支持下于1876年在尤卡坦半岛东北部成立。这家公司建立了一个大型企业生活区，开发包括墨水树和糖胶树在内的林业资源，拥有一条窄轨铁路、一个电话网络、很多大型货仓和一个公司码头。[62]然而，随着人工染料变得比开采和运输墨水树提取物到欧洲更便宜可靠，德国投资者于1895年撤出了工厂。[63]与树胶的情况一样，生产过剩最有可能也是一个影响因素，因为墨水树比其他热带树木更难找到。几年前，在英国资本的支持下，一家名为"墨西哥勘探公司"的机构于1892年成立了，专门开发尤卡坦半岛的森林产品。另一个例子是东海岸尤卡坦拓殖公司，该公司生产大量的糖胶树和墨水树产品。

然而在墨水树开采的同时，合成染料化学在纺织工业中开辟了新的技术范式。1856年，化学家兼商人威廉·亨利·珀金（William Henry Perkin）在英国发明了第一种合成染料。从那时起，在整个19世纪后期，人工染料都是在常规工业研究的背景下发明的，主要是在德国的化学部门。从19世纪80年代开始，德国染料公司雇用了大量训练有素的化学家和工程师。化工公司通过专利和商业秘密的方式来保护他们的发明。[64]1869年合成了茜素，在19世纪80年代合成了靛蓝。德国化学家海因里希·卡罗（Heinrich

Caro）在化学品制造商罗伯茨 & 戴尔公司（Roberts, Dale & Co）任职，第一种商用快速合成黑色染料便是 1862 年在曼彻斯特由他发明的。[65] 在这项发明之后，从煤焦油碳氢化合物中获得的其他合成黑色染料被商业化，例如约翰·莱特富特（John Lightfoot）的黑色工艺，被应用于棉织物。

苯胺染料的发明并没有立即取代国际市场上的天然染料。在墨水树的例子中，情况是一样的。正如纽约期刊《美国染料报道》（*American Dyestuff Reporter*）在 1918 年的一篇文章中所指出的那样："尽管近几十年来大批化学家进行了不懈的尝试，但还没有合成出墨水树的完美替代品。"[66] 天然着色剂过渡到合成染料经历了一个漫长的过程，用了半个多世纪的时间。在不断增长但不稳定的国际着色剂市场的背景下，墨水树与人工染料同时存在着。在最初几年里，生产这种新型合成染料的成本一直很高。人造染料不能像天然的墨水树提取物那样呈现出不同的颜色和深浅。天然染料与合成染料有时一起使用。[67] 纺织业的染色工序仍然很复杂，需要工业化学专家和在天然着色剂方面有实际经验的着色师的配合。

彼时的媒染剂仍然需要精确使用以获得特定的色调。同样，正如靛蓝出现的情况一样，墨水树提取物依然保持了在国际市场上的竞争能力，因为在 19 世纪末和 20 世纪初它被大量出口到欧洲，特别是法国和英国。[68] 合成染料制造和测试方面的创新也直接应用在了天然着色剂和媒染剂上，降低了成本，提高了天然染料的稠度。[69] 合成染料工业在 19 世纪后期出现，在同一时期，墨水树开始了它的第二次生命，一直持续到第一次世界大战。例如，在 19 世纪 90 年代的十年间，因为墨水树产品出口到美国、英国、德国和法国，位于坎佩切州的埃尔卡门港（El Carmen）曾经历了一段贸易的黄金时期。直到 20 世纪的头十年，尤卡坦半岛墨水树开采业才走向衰落。[70] 在 20 世纪 20 年代，墨水树出口在纺织工业中不再具有商业和工业上的重要性。因为，在那个时候，苯胺染料已经更加便宜，可以大量获得，并且易于使用。

从技术轨迹到被商品化的自然和文化

技术史中的轨迹可以解释资本主义发展在地理上的重大变化。本章强调了全球技术变革与地方技术和实践的相互作用如何形成了热带资源的大规模提取的生产形式。这种对商品开发的技术观点为全球工业与资源边境之间的历史提供了许多见解。事实上，对商品链的比较分析可以帮助我们重新思考全球技术变革、乡土知识和地方实践与 19 世纪中叶至第二次世界大战期间出口商品生产的增长交织在一起的方式。技术轨迹影响商品生产，而这又是多个政治制度因素导致的结果，例如用专利来占有知识，对技术文化标准化的发展，以及当地对这些自然资源开采的反应情况。在多行业和多国组成公司的研究呈现出专业化程度越来越高的背景下，限制这些资源开采的因素也影响了全球创新。

基于墨水树、黄条龙舌兰和糖胶树的例子，我们可以合理地提出以下论断：从长期视角来看，机械和化学领域的创新是尤卡坦半岛农村转型的主要推动力。这种转型不仅是引进新加工设备形成的结果，也是建设商品链上新基础设施和物流能力实现的。然而，不仅仅是千里之外的技术变革轨迹推动了尤卡坦森林和农业土地的开发循环。抛开技术决定论来看，尤卡坦半岛当地商品开采的机械和操作同时推动了全球技术创新和对合成替代品的追求。这一点在"黄条龙舌兰 - 小麦"综合体的案例中表现得尤为明显，在其中，美国谷物收割技术与尤卡坦机械化农场之间相互依赖，彼此同步。

矛盾的是，技术变革与生态条件息息相关。过度开发和获取林业产品的日益困难，促使人们去寻找供应的替代源。合成替代品的发展最终导致全球工业对来自尤卡坦半岛的材料失去了兴趣。尽管从长远来看，对天然商品的依赖被生产食品、纤维、染料、染色剂和塑料的全球化学创新计划的发展所打破，但是，天然替代品和合成替代品很多年以来在国际市场上共存着，同时相互竞争。被放弃的这些资源边境给尤卡坦半岛的开采经济造成了危机，因为其经济活动高度依赖外国市场和外国工业。

然而，"技术框架"的影响并不是一成不变的，也并非不可避免地决定了自然、政治或人类边界的命运。技术变革可以解释开采边境出现的重大不连续情况，但每种情况下都呈现出不同的方式，有独特的路径、不同的时间顺序和意想不到的后果。新的化学方法和精炼与加工技术对尤卡坦半岛自然资源开采影响的方式有许多种。技术和商品之间的相互作用既不是线性的，也不是一蹴而就的，而是受到地理和环境条件的限制。黄条龙舌兰、糖胶树和墨水树在内在物理和生物特性上具有很大的差异。采掘和种植方法、精炼技术和制造过程因商品而异。劳动制度也各不相同，包括黄条龙舌兰种植园制度和热带森林原住民季节性的工作方式。

本章小结

在所谓的"第二次工业革命"期间，尤卡坦半岛的商品边境与西欧和美国的工业和大众市场紧紧地交织在一起。用伊恩·英克斯特有说服力的话来说，这是一种"不和谐的连接"。[71] 这些商品的开采、制造和消费的边界是分开的，也就是说，自然、工业和市场之间存在着不同的社会经济交汇点。尤卡坦土地和森林的商品化也重组了本土的农业社会经济体系和农村居民的社会关系。如果看一下这些商品生产中的国际劳动分工，这一点就尤为明显。玛雅人是生产这些商品的必要工人，虽然他们不是奴隶，但他们遭受了剥削。然而，原住民群体并不是被动的参与者。面向大众市场生产大量产品的压力引发了商品边界的政治化和原住民对引进新技术的抵制，例如，对铁路、电报和蒸汽机的抵制。[72] 在与新生产方式的斗争过程中，玛雅人最终是在为自己文化的灭绝而抗争。

第 7 章

寻求中庸之道的技术阶层

20 世纪中期，伴随先进技术的引入，巴西的技术阶层开始展露其影响力，力求用专业知识与雄心壮志，实现干旱乡村地区的现代化，这种理想能否顺利与当地接轨，其中又发生了什么样有趣的故事？本章将深度剖析。

鉴于最近对拉美地区中产阶级历史学研究的兴趣的兴起，本章探讨了 20 世纪拉美地区出现的"技术阶层"的兴起：这是一群受过专门训练的中产阶级专业人士，他们相信自己的科学专业知识提供了一条合理的社会改进之路，通过基础设施变革来造福穷人，同时让精英阶层也满意。土木工程师、农学家以及其他相关应用科学职业的成员认为，技术现代化可以解决土地不平等和其他有争议问题的政治辩论，无须暴力对抗。正如墨西哥历史学家迈克尔·欧文（Michael Ervin）所说，他们奉行一种温和的"中等政治"，希望通过提供技术解决方案来调解精英阶层和大众阶层之间的利益冲突。本章主要从巴西技术官员为减轻该国半干旱的东北地区所造成的旱灾之苦所进行的斗争中选取实例，重点关注 20 世纪 30 年代至 50 年代农学家的工作。然而，在巴西的腹地专注于解决干旱问题（尤其是道路、水库和灌溉渠道）以减轻贫困和权力不平等的技术官员，实则在整个拉美地区都存在一定共性，现简要讨论如下。

尽管技术官员的职位普通，但在 20 世纪中期，拉美地区的"技术阶层"在实现国家现代化的过程中占据了重要的位置，因为他们尝试以变革技术为基础去实现社会变革的宏大愿景。作为不断扩大的中产阶级中的一员，拉美地区的这些专业技术官员坚信，他们稳健的科学知识会为根深蒂固的社会难题提供急需的解决方案。许多新技术阶层的成员避开明确的政治意识形态，倾向于非政治化的科学理性主义的。他们将贪图享乐的地主精英和受教育水平薄弱的天真大众视为前进的障碍，把自己视作具有独特能力引领一条中间道路，既能满足穷人最迫切的需求，又不会激怒当权者。但是，这些做法往往比预期的更加危险；偏向任何一方都可能会引起左翼革命或保守派的反应。巴西干旱方面的技术官员提供了一个这种困境的教育性例子，正如其中一些人，尤其是发展经济学家塞尔索·富尔塔多（Celso Furtado），被指控在 20 世纪 50 年代末期与激进的"农民联盟"结盟，到了 20 世纪 60 年代中期右翼军事政权崛起之后则被驱逐流放了。

20 世纪拉美地区的技术官员和扩张的中产阶级

"技术官员"一词被世界各地的历史学家用来描述 19 至 20 世纪，具有科学思维且接受过技术训练的人员。这个词的具体含义随时间和地点的不同而变化，但通常的定义包括将技术系统和专业知识视为国家进步和政策制定的核心。在欧洲，技术官员往往指的是中产阶级政治温和派，他们追求理性、高效的行政管理，以此作为实现现代化和社会和平的途径。他们希望通过基于科学的、有引导的现代化进程，避免无节制的资本主义掠夺和社会主义革命的流血动荡。正如麦克·萨维奇（Mike Savage）分析的那样，英国的技术官员认为自己勤勉且进步，没有统治阶级的后代那么自我放纵（他们努力寻求方法替代统治阶级的影响），而且也比缺乏教育的劳动阶层更有胆识（这种雄心壮志不仅是对自己也是对国家的）。[1]他们的专业经验和以前的训练使他们摆脱了完全由出身决定的社会阶层结构的束缚。法国的历史学家安托万·皮康（Antoine Picon）将"现代技术官员理念的根源"追溯到（19 世纪初）圣西门主义，该教义提倡一个完全组织化的社会，在这个社会中，科技能力超越传统社会区分。[2]法国社会理论家奥古斯特·孔德（August Comte）的实证主义在 19 世纪后期对拉美地区影响深远，特别是像里约热内卢联邦大学理工学院等机构，是该学说的哲学后裔。这个学说的座右铭"秩序与进步"（ordem e progresso）现在仍印在巴西国旗上。

在拉美地区的背景下，特别是在 20 世纪后期的新自由主义政府领导下，"技术官员"一词经常被用来指代社会工程师的非政治自我概念，如皮诺切特（Pinochet）的"芝加哥男孩"①，一群将自己的专业知识视为推动社会变革的政治"中立"机制的经济学家。历史学家巧妙地批评了这种立场存在的深刻政治动机及用途。许多学者指出，出于自身的职业和社会地位，拉美地区的技术官员很大程度依赖于政治赞助。[3]然而，在 20 世纪 60 年代以前，拉美地区的技术官员们主要是在工程、公共卫生和自然科学等领域学习，而不是经济学方面，他们表现出了许多与英国和法国同行相似的特征，正如上面描述的那样：中产阶级、政治温和与进步知识分子的形象，希望调解精英的自私自利与穷人的无知（或冥顽不化）之间的矛盾，以促进国家进步。[4]帕梅拉·默里（Pamela Murray）在对哥伦比亚矿业工程师的研究中，将技术官员定义成"为了经济现代化，将理性、效率等技术标

① "芝加哥男孩"一词早在 20 世纪 80 年代就被用来描述那些研究或认同当时在芝加哥大学任教的自由主义经济理论的拉美经济学家，尽管他们中的一些人在哈佛大学或麻省理工学院获得学位。他们主张对严密控制的经济实行广泛的放松管制、私有化和其他自由市场政策。在奥古斯托·皮诺切特将军统治期间，"芝加哥男孩"作为智利早期改革的领导者而声名显赫。

准应用在政府和工业领域的人"。[5]他的研究认为，哥伦比亚19世纪末和20世纪初的采矿工程师相信他们在为走向工业化和前瞻性道路的祖国制定公共政策的工作中扮演着全新的、重要的角色，就像大致同一时期的巴西抗旱工作人员一样。[6]

本章所说的一些"20世纪中期拉美地区技术官员"在早期采取的是政治中立的姿态，但随着接触到越来越多根深蒂固的贫困和不平等的问题，他们开始明确表达出了清晰政治愿景，以便自己专业知识有用武之地。这就是许多工程师管理20世纪10年代开始的抗旱工程建设的真实写照。[7]所说的另一些"20世纪中期拉美地区技术官员"则是具备自我意识政治化的，他们希望将国家官员机构引导到特定的目标上。[8]例如，历史学家米卡埃尔·沃尔夫指出，经历了十年流血革命后，墨西哥新成立的国家灌溉委员会（National Irrigation Commission）在20世纪20年代中期推动的水利技术发展，旨在"不让政府彻底改变现有土地所有权模式的情况下，为农民群众带来社会解放"，并"创造一个繁荣的、美式的农业中产阶级，他们将成为社会政治中立的来源，并提高墨西哥农民的农业技能水平"。[9]沃尔夫在书里分析道，墨西哥革命政府实现土地改革目标的过程中，特别是总统拉萨罗·卡德纳斯（Lázaro Cardenas，1934—1940年在任）执政的期间，工程师和农学家起到了核心作用。

至于20世纪70年代初的、萨尔瓦多·阿连德（Salvador Allende）执政期的智利控制论工程师，伊登·梅迪纳作了相应研究，并提出了"技术专家"（technologist）这个术语，以强调彼时期的社会技术系统中有意嵌入了政治价值观。[10]这一术语创新基于这样的假设：被（历史学家或本人作品的观点）描述为"技术官员"的人通常是明显的非政治立场。虽说如此，最近的学术研究表明，20世纪的拉美地区还是存在着一些例外。但在智利，根据帕特里西奥·席尔瓦（Patricio Silva）的说法，阿连德执政期之前的技术官员主张知识精英领导和进步的中产阶级价值观，而没有具体的政治意识形态。席尔瓦将智利 20 世纪早期至中期的技术官员描述成旨在"缓冲"本国社会和政治上的极端（用简单的术语延伸便是"拥有大量土地的精英阶层"和"革命的马克思主义者"）之间存在的潜在对立性的角色。[11] 与欧文和沃尔夫研究的后革命时期墨西哥农学家类似，这一时期的技术官员试图阐明一种"中间政治"，它比地主精英和工业精英的还要进步，但其中央经济统制论的国家主义和实现现代化的热情往往无法让农民理解，或者难以接受。在欧文的描述中，墨西哥 20 世纪早期至中期的农学家通常都有中产阶级背景，受过相当多的科学训练。他们认为自己处于一个理想的位置，能够走一条中间路线，推动他们的国家走向繁荣的工业化未来，同时也能避免重蹈最近十年内乱的革命覆辙。[12]

20 世纪中叶，拉美地区的技术官员都是中产阶级的典型代表，随着移民、城市化、国家官员机构扩张，以及新技术学校和大学的设立，这些技术官员的规模在整个区域扩大起来。一位历史学家（有点夸张地）描述城市化与新兴中产阶级之间的关系："随着拉美城市爆炸式增长，人们失去了曾是城镇生活特有的面对面熟悉感，而社会地位与其说是获得的，不如说是赋予的。当人们不再确切知道谁是谁时，家庭背景就已经变得无足轻重。"[13] 社会历史学家归纳了 20 世纪的超越国家界限的中产阶级的许多相同品质，而有的社会历史学家则将这些品质赋予了技术官员。中产阶级认为自己是民主的、崇尚精英管理的、现代化的和受过教育的，他们希望在精英和穷人之间体现出调和的作用。中产阶级中的专业人士尤其发挥了"不可或缺的作用，让精英阶层履行职责，教导劳动阶级在工作场所遵守纪律，在家中保持良好的卫生。"[14] 至于 20 世纪中叶的哥伦比亚，A. 里卡多·洛佩斯（A. Ricardo López）认为，中产阶级专业人士被视为基础性的民主人物，能够通过对精英与劳动阶级进行教育和培养让他们之间和谐共处，在等级关系制度下和平相处，来实现国家治理。[15] 在巴西，尤其是在 20 世纪 30 年代热图利奥·瓦尔加斯（Getúlio Vargas）早期执政时期，中产阶级官员被要求"尽量减少对传统政治的依赖，转而与行政邦①保持一致"。许多专家认为，瓦尔加斯的"威权新国家时期"（Estado Novo，1937—1945 年）在追求国家进步的进程中，"专家和专业知识"战胜了利己主义。[16]

在历史学家布莱恩·欧文斯比（Brian Owensby）的描述中，20 世纪拉美地区的中产阶级专业人士是"现代进步性的社会象征"，在文化进步中被认为是可复制的、普遍的、有目的性的过程的化身。[17]中产阶级专业人士，那些与日俱增的拥有大学学位的中产阶级专业人士，既不像精英那样沉溺于粗暴地行使权利，也不像工人阶级政党政治那样强硬激进，他们相信自己能够引领国家走向和平繁荣的未来。对于工程师、农学家和其他技术专业人士，包括受雇于国家官僚机构的人员，这种引领作用取决于对技术专业知识的明确部署。

巴西抗旱技术官员和中产阶级专业人士的政治关系

在 20 世纪中叶的巴西，许多在工程和农学等领域受过教育的技术官员专家受雇于新成立的和不断发展壮大的联邦机构，特别是修建道路和污水系统等基础设施建设的部门。其中一个机构是该国东北地区的国家抗旱工程部（葡萄牙语名为"Departamento Nacional de Obras Contra as Sêcas"，简称"DNOCS"），自 1945 年以来得名。巴西东北部的半干旱腹地经常遭受旱灾，巴西联邦政府于 1909 年成立了一个机构，以缓解旱情来减轻地区贫困。这项工作旨在补充巴西南部城市通过现代科学取得的发展，特别是里约热内卢（Rio de Janeiro）的公共卫生改革，并效仿美国垦务局（US Bureau of Reclamation）为区域发展所做出的努力。[18]

①"行政邦"是政治学、宪法学和公共行政学中的一个话题，用于指代政府机构制定、判决和执行自己的法律的权力。

1945 年以前，抗旱机构的管理人员都驻扎在里约热内卢。即使国家抗旱工程部总部搬迁至塞阿拉州（Ceará）的东北城市福塔莱萨（Fortaleza），它的负责人仍留在相对国际化的海岸城市。但是，负责监督应对干旱灾害的公路、水库和灌溉渠道建设的技术人员经常深入内陆，并在干旱期间留在那里（从几个月到几年不等）。他们的任务是去监督贫困家庭男性所做的低技术和基本上无需熟练无技能的建筑工作，这些工作的回报便是这些工人及其家人会得到大米、豆子和红糖等生活必需品。干旱最严重的时候，该机构最大的腹地建筑工地可能会招募数千名男性工人，几千名他们的家属就在附近安营扎寨。这些地方的条件非常艰险，传染病和缺水不断威胁着这些居住者的生存。

监督国家抗旱工程部工地和实验农场的土木工程师和农学家很少是腹地的原生居民。他们大多数人来自沿海城市和较为富裕的南部各州，如里约热内卢和米纳斯吉拉斯州（Minas Gerais）。19 世纪末至 20 世纪初这些地方建立了少数几所工程和农业学校，他们在其中一所学校里接受过教育，是巴西日益崛起的中产阶级的典范。他们相信现代科学技术具有解决社会弊病的潜力，依靠自己在应用科学方面接受的教育确保能在公共部门就业，保证其家庭的经济来源和社会地位。抗旱机构建筑工地让这些中产阶级专业人士认识了他们的同胞，但这些同胞的志向和世界观并不笼统地效仿沿海城市的现代化推进者。国家抗旱工程部工地现场管理者撰写的报告和手册揭示出，巴西的抗旱技术官员是如何试图在地主精英（他们把这些人视为自私享乐的）和（常常是无地产的）农民文盲群体之间寻找自身位子的。在国家抗旱工程部员工看来，农村家庭需要重要的道德教育和公民教育，这样才能成为具有生产力的公民。

上述观点在关于 20 世纪 40 年代和 50 年代驻扎腹地的抗旱机构的农学家的报告和出版物中表现得十分明显。最初的 20 年时间里，该机构以开展土木工程项目为主，如道路网络和填土坝建设。随着农学在巴西作为一种专业日益受到认可，在 1932 年该机构成立了一个农业服务部门。该部门的第一任主管是何塞·奥古斯托·特立尼达德（José Augusto Trinidade）以及在 20 世纪 50 年代的继任者何塞·古马里斯·杜克（José Guimarães Duque）认为，他们的员工在腹地能够起到重要的教化作用。两人都将小农户视为最有可能适应灌溉要求的人群，因为在干旱期间，他们遭受的困难比那些大庄园主要多得多。特立尼达德在他的农业工作站建立了学校，希望"教育地主农民还是贫困农民家的孩子，无论男女，让他们能够生活在改造后的腹地"。[19] 教学方式实用并"按照文盲的心态开展"，[20] 旨在"培养一种新态度，知道如何去利用联邦政府在整个东北地区付出的巨大努力"。[21] 在杜克所做的工作中，他提倡正式和非正式的教育，将普通的腹地乡村居民重塑成积极的"腹地公民"。在他的一个实验农场里，工人的孩子把时间划分为课堂教学与农田里的"实践教育"，之后他们在农场工作，贴补家庭收入。[22] 截至 1953 年，在杜克的指导下，抗旱机构的农业服务部门经营了 7 所学校，向四百多名孩子提供了服务。学生除了学习阅读、写作和数学以外，还学习家庭经济学、现代卫生和公民美德。杜克还利用广播节目向地处偏远的腹地乡村居民宣传新的农业技术和土壤保护方法。

与 20 世纪中期热图利奥·瓦尔加斯领导的巴西政府保守改革主义保持一致，杜克认为，这个地区需要由科学培训的人引领同化过程，学会如何避免灾难。他认为，腹地乡村居民遭受周期性苦难是因为他们品德不健全。他在 1951 年发表的文章里说道：

> 时机已经成熟，人们要积极投入到与他们息息相关的环境中来，通过技术人员的工作，要去帮助解决关乎所有人生存的问题，而不只是作为政府举措的旁观者。和一群对环境命运漠不关心，没有参与主动性，以自我为中心的人一道，是永远不可能克服不规律的气候条件以及农业生产障碍的。[23]

这种强调道德品格和教育的观点忽略了结构性不平等的因素，尤其是集中的土地所有权，是这些因素造成了许多乡村容易频繁遭遇旱灾。

在 20 世纪 50 年代初，杜克出版了多个版本的《多边形旱地的土壤和水》（"*Soil and Water in the Drought Polygon*"，或称"*Solo e Água no Polígono das Secas*"）一书。该书据称是关于干旱农业技术（技术来源于美国西部平原的农民），但逐渐关注到教育在实现腹地现代化进程中的角色。在这本书中，这位农学家指责乡村地区的农民通过焚烧来清理土地，说他们是参与了"一种集体、有组织的破坏自然财富的运动，将影响到……他们所在地区的宜居性和土地的生产力"。[24]他认为，国家抗旱工程部的农业服务部门应该"让普通人做足准备，使其更好地利用工程建设工作来完善技术人员的工作，使其兼容的技术人员像'楔子'，扎进腹地这块'木头'一样迅速引进东北地区社会组织的灌溉技术"。[25]更好地培养农民之间的合作习惯对于灌溉的成功与技术努力同样重要，杜克强调：

> 工程学、植物学、农学和医学知识并不足以保证抗旱工程获得成功。为了解决干旱问题，还需要高度的奉献精神、对人民需求的深刻理解、一种近乎救世主的基督教精神，以及对利己主义的摒弃。……抗旱工作的社会方面与技术方面同样重要。[26]

杜克认为，要实现灌溉成功，腹地乡村居民需要培养纪律严明的职业道德，并学会邻里合作。他认为，灌溉农业需要"基督教美德"，同时还有赖于以下活动的实现：

> 由多个家庭共同开发社会抗旱基金资助的公共水库，由一名农学家代表政府控制租赁土地的肥力，由私人协会指导协调收割庄稼的销售，以及由同一个行政组织集体购买材料和必需品。只

有通过这些方法才能避免人对人的剥削，保证生产活动能一代又一代地持续下去。[27]

杜克将农学视为一场文明革命，他认为只有给这些农民提供合适的科学工具，并进行适当的品德教育，乡村的农民才能适应现代化生产。

1953 年一场毁灭性的旱灾过后，杜克出版了《多边形旱地中的土壤和水》一书的最终版本，书中他拿出了最强有力的证据来说明需要在技术和社会方面改造巴西的腹地。他坚持认为，适合当地的教育方式对于发挥"群众灵魂中强大但潜在的智慧"非常重要。[28]杜克对农业服务站工作的授权展现出雄心勃勃的观点，他认为，从庄园主手中征用土地，国家将那些土地上的灌溉地租给农民，将能实现土地保护和粮食的充足生产。庄园主通常将他们最好的土地用于种植经济作物，仅把剩下不太肥沃的土地用于粮食种植，造成了土壤流失。把贫困家庭安置在公共资金建设的水库周围，杜克的"农工服务站"（Serviço Agro-Industrial）能确保为不断增长的乡村人口（1950 年为 1250 万，每年增长 2.4%）提供足够的食物。他希望，这样能够减少干旱期间人口外迁，因为这种人口迁移让年轻、有生产能力的人口进入了不易吸纳他们劳动力的城市，损害了"国家、社会和家庭"。[29]按照这种方式，杜克把土地征用这一政治层面不稳定的提案，描述成具有技术和经济动机，也包含了社会目标。他认为，灌溉小农户组成的大型合作社要将庄园的经济优势和小农户的社会优势结合起来。随着腹地人口增长，新的小农户定居点可以建立在干旱区里稍湿润一些的西部边缘，通过道路把他们的产品与东北部的市场连接起来。农学家们在这些小农户定居点"提供医疗和宗教援助、公民教育和卫生以及技术农业指导等服务"，帮助农民学会像植物一样在一个和谐的生态系统中相互联系。[30]

在 20 世纪 40 和 50 年代向杜克汇报工作的农学家们印证了杜克的信念，即腹地乡村居民适应了新的耕作方法，能为更广泛的社会转型奠定基础。1941 年，农学家特拉雅诺·皮雷斯·达·诺布雷加（Trajano Pires da Nobrega）分析了伯南布哥州（Pernambuco）圣弗朗西斯科河（São Francisco River）延伸区域的经济和人口后，称那里的灌溉小农户定居点将"开启新巴西人（即这些转型了的家庭）的形成"。[31] 在诺布雷加为抗旱机构撰写的报告中，描述了一个中等水平的当地经济形态，其中大多数农作物和牲畜的培育都是用于供应国内消费。但许多制成品，甚至基本食物都必须从沿海城市购买，而保罗阿丰索瀑布（Paulo Afonso Falls）的一段不可通航的河流阻碍了进出周围区域的货物运输。每周都有一辆邮政车穿过该地区的部分区域；其余的地方则靠一个不可靠的、骡子运输的邮政点负责，覆盖了 200 千米的线路。许多农民希望对他们长期占用和耕种的土地主张所有权，但没有书面相关文件。降雨的不稳定阻碍了农业投资的进入，但河岸周边的地区是个例外，即使是在旱季，使用"瓦赞蒂（vazante）耕作术"，即在蒸发裸露的河床上开垦农作物，也是一种可靠的方式。河流沿岸的大多数农民确实有自己的土地，但经过几代人的分割继承，农地已经被"分散"成狭小的地块，有的地方仅有三米乘四十米面积的大小。

　　尽管当地经济和文化发展面临这些挑战，但诺布雷加对居民仍持有乐观的态度，认为他们都是非常独立、勤劳的农民和牧场主。他将这些人描述为"caboclo（巴西原住民和欧洲人混血）类型"，他们继承了"原住民祖先的独立性和缺乏纪律性"，但对他们来说，拥有和改善土地的强烈愿望让他们实现了"真正的进化，为未来在遴选灌溉者的道路上奠定了绝佳的人才基础"。[32] 与杜克一样，诺布雷加认为，灌溉农业成功的最大阻碍是当地农民的个人主义和猜疑心；因此，农学家需要在社区内灌输更多合作的精神。他希望，早期灌溉农民创造出的财富能够打破其他农民对新事物的不信任，促使他们加入这个项目。诺布雷加还建议"引入一两个国外家庭，最好来自以农业而闻名的地方，如德国或波兰"，作为灌溉农业可盈利性的示范。这是 20 世纪中期腹地开发者的普遍建议，反映了当时对于欧洲文化和种族优越性的普遍假设。[33]

诺布雷加提议在抗旱机构农业站开展初步试验。土地可以租给农业站的农场工人，由农学家给他们提供种植技术、机械使用－维修服务、农作物运输和家庭经济学的指导。家庭经济学指导则是为了防止他们挥霍钱财，危害该实践作为向其他农民示范的价值观。不守纪律的农民将被解雇，而成功的人则可以在3年后搬到河谷地区的土地上，对土地行使所有权，这些土地是由联邦政府为此目的而购置的。诺布雷加估计，新定居点的每个家庭获得5公顷的灌溉土地和2~3公顷饲养牲畜的旱地，那么沿河3000公顷的区域将能容纳五六百个家庭。该方案除了能够创造区域经济效益，还能在干旱时节把腹地乡村居民留下来，临时容纳多达5000人（以及数千头牛），减少他们被迫涌向像圣保罗为首的工业城市的境遇，要么然他们只能聚集居住在那些城市的非正式居住区（贫民窟）。

最终，诺布雷加设想在模范灌溉定居点的周围建立一个城市，配备水电和污水处理服务等现代设施，有一所设备完善的学校、一家电影院、集市，以及卫生诊所，还有干净的公园和广场。简而言之，是"一个集信贷、生产和消费于一体的中心"。[34]私人投资者看到了正在出现的商业机会，便会投资修建更多的灌溉渠，就能加快该地区的经济发展。诺布雷加总结道，"这将是圣弗朗西斯科（河）山谷的腹地转变成为乐土的过程"。他坚信"这不是一个乌托邦计划"。然而，从抗旱机构的季度公报来看，在20世纪40年代，除了在农业委员会自己的服务站，实际基本没有建成这样的定居点。原因在于，抗旱机构内部的土木工程师和农学家之间存在着工作重点的冲突，还有地区精英阶层反对让具有依赖性的劳动阶级建立自治型的小农户社区。

尽管面临这些挑战，在20纪50年代，一些农学家为新乡村灌溉者出版了培训手册，强调抗旱机构小农户定居点的技术目标和社会目标。一本未注明日期的手写小册子用简单的线条画勾勒出"灌溉者朋友！欢迎加入圣贡萨洛（São Gonçalo）项目（在帕拉伊巴州），向定居者列出了他们的合同权利和责任清单。[35]他们将从国家抗旱工程部获得技术援助、全年的供水、基本医疗和牙科护理、年幼子女的教育、金融信贷和服务站点农业合作社的会员资格；作为交换，他们要将自己的土地用于农牧业，并与周围的家庭保持好良好的关系。灌溉者要接受农学家的指导：种什么作物，以及如何通过合作社培育和销售这些作物。他们要努力工作，维护他们的灌溉渠、排水沟和房屋，并参加由管理层主办的会议、课程和社交活动。这本手册总结道，"如果遵循这些指示，您将成为一名优秀的垦殖者"。一份更加正式的出版物（思路相同）指出，灌溉者的主要目标是避免出现土壤侵蚀和盐渍化，并通过遵循农学家的建议最大限度地增加家庭收入。[36]

1954 年，国家抗旱工程部出版了卡洛斯·巴斯托斯·蒂格雷（Carlos Bastos Tigre）编写的《灌溉农民指南》（*Catecismo do Agricultor Irrigante*），作为灌溉定居点居民的广泛建议手册。蒂格雷鼓励家庭用水泥、瓦片和木头建造房屋，使用"现代而优雅"的煤油灯或电灯，安装通向蓄水池或化粪池的自来水管道和污水管道，建造牲畜单独的屋舍，挂上漂亮的窗帘，在他们的房屋周围种上带有香味的植物和果树。蒂格雷提醒说，"如果一个农民在有灌溉渠的土地上放牛，这表明他无知，没有责任感，没有合作精神，是一个自私自利，没有爱国精神的人"。[37]他鼓励灌溉者从抗旱机构的农业站寻求建议和服务。通过相互合作，他们将促进"社区进步和国家繁荣"，表达出对政府向他们提供宝贵基础设施和援助的感激。[38]

蒂格雷的回答内容扩展到营养方面，建议定居者吃水果和蔬菜，以及来源清楚的新鲜鸡蛋、肉和鱼，并警告"不良饮食会破坏你的体力、性格和主动性"。[39]他还提供了关于个人卫生、孕期和婴儿卫生护理的指导，因为他认为，"腹地有非常多儿童的死亡是由于糟糕的食品卫生和他们的父母缺乏对营养的基本了解。"[40]相对于当时伯南布哥州的若苏埃·德·卡斯特罗（Josué de Castro）医生和其他人对营养不良背后的经济结构分析来说，这是一个明显去政治化的观点。[41] 蒂格雷鼓励青少年学道德纪律，尤其是男孩，以免"滥用身体"导致愚蠢、精神失常或者感染性病。他向他们的父母保证，"在孩子成年后，他们会感谢你们和上帝为他们提供这样的保护"。[42] 从这些资料中可以清楚地看出，腹地的技术官员现代化者知道教育所涵盖的内容远远超过耕种技术。

20 世纪中叶巴西腹地农学家的中间政治立场

国家抗旱工程部的农学家们希望改变腹地现状的愿景中，按照地方发展情况，需要重新构建政治权力的物质基础，尤其是要促进土地重新分配，与此同时，要把最边缘化的农民改造成有纪律性和生产能力的工人。为了实现这一目标，他们尽力与精英们的腐败和自私自利行为作斗争，努力应对他们想帮助的贫困人群的顽固态度。因此，他们致力于"中间政治"，正如欧文对 1930 年墨西哥农学家的描述。在后革命时期，墨西哥的技术人员推动土地改革，这将他们置于与精英阶层对立的处境。然而，他们很难说服农民提供人口普查的数据，因为腹地农民担心税收带来的影响，也害怕被强行灌输为了加强农业生产而不得不接受的国民主义观点。[43] 腹地的发展还涉及了多层次谈判，包括联邦抗旱机构雇用的技术官员与他们希望善意援助的"目标对象"之间的谈判。

通常情况下，腹地的农民希望在干旱期间有水灌溉作物，但在灌溉设施不是生存的必须问题时，就很少有人使用或维护。有这样一个例子，塞阿拉州福基利亚（Forquilha）水库周围的农业站负责人向（他的上级）杜克抱怨，有农民在灌溉地上放牧，这样会破坏灌溉渠和排水系统。当机构工作人员提醒放牧者注意这个问题时，这些顽固的人道歉了，但他们却并没有任何改变。简而言之，就是合作者（对灌溉者的称呼）并"没有合作"！杜克引用这样的案例，向巴西公共工程部提出请求，推动立法征收所有联邦灌溉水渠穿过的土地，以及两侧各划出一百米的区域作为闲散牛群的缓冲带。这将为农业服务提供更强有力的法律保护，惩罚破坏基础设施的人，特别是其中大部分修建在私人土地上的设施。[44]

在 20 世纪 40 年代，农学家和灌溉者之间的冲突在福基利亚地区不断升级。有一次，西尔维斯特·戈麦斯·科埃略（Silvestre Gomes Coêlho）让他的牛群在邻近的灌溉土地上溜达，于是他的田地供水就被关闭了，他还因破坏灌溉渠而被罚款。作为回应，戈麦斯·科埃略朝着到他田里断水的机构工作人员挥舞步枪，威胁说如果不恢复他的灌溉渠道，他就会炸毁水表。在杜克的评价中，这种"低文化程度的行为"（也意味着低社会阶层）在这个人身上是典型，这种人很少能被说服去遵循"良好的行为举止规范"。这种行为在驻扎在福基利亚的农学家眼里，是"良心都不会痛的人"，尤其农学家在参与修建和维护起来的灌溉网络的时候，国家可是为这些腹地乡村居民投入了巨大努力和资金。[45] 和其他拉美国家的同行一样，巴西中产阶级技术官员们经常发现，他们虽有心帮助这些受教育程度很低的同胞们，但这些人的行为粗鲁，世界观难以理解。从 20 世纪 40 年代中期开始，灌溉渠修复工作成为旱地移民可靠的就业来源，因为散养的牲畜造成了巨大破坏。

杜克在与戈麦斯·科埃略产生矛盾的 8 年后又陷入了一场关于灌溉者在福基利亚水库抽水量的争论中。该流域每年能够收获 3000 千克的鱼，为该地区近 4 万人提供食物来源[46]。由于 1953 年发生的旱灾，接连引发灌溉农民的大量用水，水库的容量降至 5%。到了 1957 年，由于蓄水量减少和灌溉渠缺少维修造成的漏水，只有五分之一（100 公顷）的灌溉土地可以种植作物。[47] 从上述例子可以看出许多问题，抗旱机构的工作人员经常为此陷入争论，需要决定哪些人能在土地和水资源管理中受益，还有哪些当地居民将承担这种重新建设的成本。

在 20 世纪 40 年代，塞阿拉州的乔罗水库（Choró Reservoir）及其灌溉渠的监管工作从抗旱机构的工程部门转移到了农业服务部门，水库和这些灌溉渠可以为大约 950 公顷（约 2300 亩）农田供水。当时，农学家对该项目的调查发现，在土地使用安排方面存在着各种不合理的地方。许多从机构租用了土地的灌溉者公然违反了法律规定。该规定限定每个家庭只能拥有 10 公顷旱地，用于住房、牲畜和用水量少的农作物，以及 4 公顷在灌溉流域内种植粮食的土地。灌溉定居地人员的选择应优先考虑最贫困的合格申请人。然而，乔罗水库周围的一些定居者已经累计达到土地租赁法定限额数量的 12 倍，是通过以各种家庭成员的名义获得的。这些家庭通常把土地分租给佃农或雇工，包括本应该是联邦水库建设主要受益人的旱地移民。这个腐败体系成功地复制了腹地的改革者志在取缔的剥削性社会组织。1948 年，国家抗旱工程部的负责人向（他的上级）公共工程部长解释说，他正在撤销一些不合理地积累了大量土地的家庭合同，以"拯救"282个贫困家庭（1270 人），让他们摆脱正在经历的"非人道"谋生方式。这种做法才能履行该机构的使命，为"无数真正有需要的贫困农民"提供服务和增加粮食产量，在腹地创造了一个"更加充满活力的未来"。[48]

不出所料，许多租用了乔罗水库灌溉土地的租户进行了强烈抗议，反对撤销他们的租赁合同。何塞·德尔菲诺·德·阿伦卡尔（José Delfino de Alencar）有效掌控了水库流域内 122 公顷的旱地和 58 个瓦赞蒂的地块（以他孩子的名义累计获得），他成功地在法院起诉了国家抗旱工程部。农学家杜克及其机构中的工程部同事强烈反对这一裁决（并已多次进行上诉）。他们称这一结果对于一些贫困家庭来说是"生死攸关的事情"，如果能从阿伦卡尔家族中拿走这些土地，那么这些贫困家庭就能够在这些有争议的土地上进行耕种。国家抗旱工程部内部支持杜克的人将此类冲突描述为一场关于腹地为了公民健康的斗争，将社会进步与"乞讨、苦难、犯罪和共产主义"相对立起来。[49]

到了 1958 年，在库比契克（Kubitschek）总统积极推动基础设施扩张的计划下，有 65000 多人居住在巴西联邦抗旱机构管理的库区灌溉区域，1000 名学生在农业站上学或是参加了农业俱乐部的活动。[50]农学家继续倡导合理使用腹地的半干旱土地，适应生态以实现粮食产量、经济效益和幸福感的最大化。在杜克看来，这块区域的进步不是受到自然资源或财政资源的限制，而是"腹地乡村居民的不愿合作和精英的利己主义"，再加上缺乏优先考虑穷人经济需求的政治意愿。[51]他声称，由于这些原因，腹地的很多公共工程仍然未被充分利用。然而，杜克仍然相信，通过战略性地开展种子选择、灌溉、旱作、肥料施用、杀虫剂喷洒、间作以及人类食物和牲畜饲料的轮作工作，腹地乡村居民能够充分养活该地区不断增长的人口，增加他们的人均收入。尽管如此，他担心这一进程中存在的文化障碍，尤其是年轻的乡村男子不愿意让任性冲动的个性服从于密集耕作的纪律，以及他们的文化倾向导致的挥霍——这些人更愿把获得的利润浪费在炫耀的小饰品或酒精上，而不是投资在财产、教育和农业工具上。1959 年，杜克在里约热内卢的工程师俱乐部发表讲话时指出，国家抗旱工程部农学家的大部分工作都需要获得农民的信任，说服这些人要为了区域和国家的进步与他们原先的社区决裂。[52]

本章小结

巴西 20 世纪中期的抗旱技术官员可以说是拉美地区这一时期技术官员和专家追求的温和改革主义的典范。这批新一代的专业人士接受过各种应用科学的训练，他们把专业技术知识视作社会变革的重要引擎，将促进国家进步，而不会引发国内动乱。在他们看来，所提出的交通、水利基础设施、耕作方法和家庭经济的改革建议所具备的价值显而易见，仅仅需要接受现代科学就可以了。农学家和工程师提出的土地使用模式和水资源分配模式改革都是基于科学的，因此（在他们看来），都不该受到政治批评。

当然，拉美国家20世纪的农学家、土木工程师及其同行们面临的问题往往是有争议的政治争论的核心。土地所有权问题和农业经济的组织问题与地区和国家的权利动态密切相关，特别是促进小农户经济发展必然会遭遇传统土地所有权利益集团所带来的重大阻力。巴西腹地的情况的确如此。来自沿海地区的年轻人急于将自己在农业和工程学校学到的知识在腹地转化成实践，但是他们很快就会面临社会争议最核心的紧张局面，涉及农田、食品和水资源的重新分配和控制权。其中的一些人在工作中成为那些遭受贫困和干旱的移民的坚定捍卫者。但许多抗旱技术官员也发现，他们自以为会从他们的专业知识中受益的腹地乡村居民对生产力提高的方案不屑一顾，甚至是抱有敌意，令其沮丧。这些人（在20世纪中叶的巴西腹地，所有这样的人都是男性）基于他们自己的阶级位置、政治观点和教育经验很少会意识到他们给地区及其居民带来的社会和政治价值。

拉美地区新兴技术阶层的成员是20世纪历史舞台上的重要参与者，应该得到比迄今为止更多的学术关注。这些专业人士之所以值得受到关注，是因为他们试图在传统精英阶层和穷人之间的冲突利益中找到一条折中的道路，并相信应用科学是实现这种妥协和促进国家进步的工具。他们还是不断壮大的中产阶级的重要组成部分，是一个极具社会影响力的阶层。历史学家对他们的研究中断了几十年，最近又重新开始研究这个阶层。这种对专业中产阶级的重新关注为技术史学家提供了一个宝贵的机会，使他们可以研究拉美地区整个20世纪中在政府官员机构和私营部门具有影响地位的技术专业人员群体，并将这些历史舞台上的专业人员的工作和影响力纳入现有的政治和社会历史学研究中。

第 8 章

计算机"侵入"阿根廷军队

如今，军事与"高科技""信息化"相联，但在 20 世纪 60 年代，却是悄悄"侵入"阿根廷军队的。信息化时代的军事转型，在转型之初的思想碰撞往往十分细微、易被历史叙述所忽略，可正是有了"侵入"，才能掀起进步的巨大波澜。

古语有云："战争是万物之父。"[①] 众所周知，武装部队需处于技术创新的前沿。认为计算机技术源于军事领域、最终遍及全世界的"数字化"也起源于军事领域的思想不占少数。战争和军队，包括数字革命，是技术创新的先驱，完全符合认为"进步是男性现象"的观点。在西方文化中，（技术）创新被归在男性领域，也是男性的责任。根据克劳迪娅·霍内格（Claudia Honegger）的观点，有很多学者将进步归因于男性气质，把停滞不前归因于女性气质。这种观点对 19 世纪左右形成的资产阶级观念产生了重大影响，即认为男性气质是理性和主动的，而女性气质则被视为情绪化

---

① 古希腊哲学家赫拉克利特著作残篇中的一句话，全句为"战争是万物之父，也是万物之王。战争使一些人成为神，使一些人成为人，使一些人被束缚，使一些人获自由"。

和被动的。[1]从19世纪开始，具备男子气概意味着要在技术问题方面有能力，而女性气质则与技术没有任何关系。[2]

这些认为所有创新背后的驱动力是军队的学术观点是确确实实受到质疑的。巴西历史学家埃里克·埃斯特维斯·杜阿尔特（Érico Esteves Duarte）甚至提出，武装部队长期以来直到现在都"对技术创新持有一种敌对态度"。在他看来，技术逻辑是以效率和效果为驱动力，而战争的逻辑并非如此，因为战争逻辑很大程度上依赖于熟知的既定模式。然而，有趣的是，他认为上述情形在计算机技术领域并不适用。他认为军方确实在计算机技术领域发挥了决定性作用。[3]有关计算机技术的主导叙事认定其在20世纪60年代和70年代被赋予了男性化特征，[4]认定其源于军事层面，并在几年内征服了全球，这种叙事依然占主导。

然而本章则提出了关于军事计算机技术史方面的不同观点，对军队在数字化过程中作为天生领导者的叙事提出了质疑，此种质疑至少在拉美地区是存在的。本章指出，主流的叙事忽略了许多在数字硬件和软件实施过程中遭遇问题和进程迟缓的方面。本章作者提出，彼时的军事领域并没有处在数字化项目的前沿，而是极不情愿地接受了新数字技术。事实上，计算机在军方那里被视为一种外来物和入侵者。在军队中盛行的"军事男子气概"观念，正如本章作者所认为的，是导致上述情况发生的尤为主要的因素。

本章的主要论点来源是阿根廷的军事期刊，其中的一些文章揭示了20世纪60年代初数字计算机技术被引入拉美地区的军队而引发的争议。文章中提出了以下引导性问题：在20世纪60年代初，军事领域中关于计算机技术的争论是如何演变的？有哪些争论的点？存在哪些独特的观点？计算机到底是如何进入军事领域的？

拉美地区计算机技术与军队之间关系的问题尚未引起历史学家广泛关注。然而，对拉美地区军队的研究却十分广泛，因为这些军队多年来在政治中扮演着重要的角色。但（计算机）技术的历史与总体的军事和政治历史研究之间很大程度上仍是割裂开的。有趣的是，这种情况不仅在拉美地区存在，世界其他地区的研究中也是如此。有人在阿帕网①上找到一些材料，有关美军在互联网发展中所扮演角色的讨论仍然在继续着。[5] 然而，令人惊讶的是，在阿帕网之前或之后的军事数字数据处理方面的历史研究似乎少之又少。

大部分关于计算机的社会与文化发展的研究主要是涉及性别角色转变的研究，这些论述集中在商业或管理领域的研究，很少有对军事领域方面的研究。因此，本章作者旨在推动计算机历史与军事历史的交叉研究。本章认为，应该从社会史、文化史的角度，尤其是性别史的视角来分析这种交集状况。

拉美地区和阿根廷的第一批数字计算机

在拉美地区，数字计算机最初主要是从美国或欧洲进口的，安装在大学、工业公司和公共管理机构中，[6] 并没有首先用在军事机构里面。据报道，拉美地区的第一台数字计算机是 "IBM 650"，于 1958 年 6 月 8 日安装在墨西哥国立自治大学。巴西的第一台数字计算机于 1960 年 4 月抵达里约热内卢的天主教大学（Pontifícia Universidade Católica，PUC）。巴西总统儒塞利诺·库比契克（Juscelino Kubitschek），自称是巴西现代化的推动者（他以 "五年建设五十年" 口号而闻名），出席了巴勒斯公司（Burroughs Corporation）"B-205" 机器的安装仪式。罗马红衣主教乔瓦尼·巴蒂斯塔·蒙蒂尼（Giovanni Battista Montini，后来的教皇保罗六世）为天主教大学新成立的数据处理中心举行了祝圣仪式。由巴西战争部、国家研究委员会、国家核能委员会、国家钢铁公司和天主教大学共同组成的联合体为购

---

① 高级研究计划局网络，简称 "ARPANET"。

买这台设备支付了 40 万美元的费用。[7]

　　1960 年 5 月 25 日，阿根廷在纪念独立革命 150 周年的展览上展出了一台国际商业机器公司（International Business Machine，以下简称"IBM 公司"）的计算机。此外，另一台 IBM 公司的计算机和两台通用自动计算机（Universal Automatic Computer，简称"UNIVAC"）安装在阿根廷负责公共交通的公司里。1958 年，阿根廷的布宜诺斯艾利斯大学（Universidad de Buenos Aires，UBA）精确与自然科学学院数学系在阿根廷国家科学与技术研究理事会（Consejo Nacional de Investigaciones Científicas y Técnicas，CONICET）的资助下购买了一台英国计算机"Ferranti Mercury II"用于科学研究。然而，直到 1960 年这台计算机才完成交付，在 1961 年费兰蒂水星公司（Ferranti Mercury）人员到达后安装完成。[8]尼古拉斯·巴比尼（Nicolás Babini）估计，截至 1965 年，阿根廷进口了大约 40 台数字计算机。[9]1962 年，布宜诺斯艾利斯大学成立了数据处理研究所（Instituto de Cálculo）。此外，在 1960 年，阿根廷计算学会（Sociedad Argentina de Cálculo，SAC）成立，旨在协调所有与新兴的电子计算相关的活动，并推动商业公司和大学中的电子计算机的发展。[10]

　　从上段简述可见，拉美地区的民间机构，如大学和大型公司，早期都渴望购买数字计算机，而军队在刚开始并没有表现出这样的热情。当然，如今可以确定的是，电子计算机从很早起就是军事武器（如制导导弹或雷达）的一部分。但是，以上所述类型的数字计算机还不是军事武器或工具的一部分，只是作为自己而存在，主要用在了商业和科学研究方面。因此，军队的人是如何收到计算机并对它进行评估的？这将是我们下一步要解决的问题。

20 世纪 60 年代初，阿根廷军方对计算机技术抵制的声音

　　在冷战期间，阿根廷处在世界政治的"边缘"，属于"第三世界"国

家。然而，阿根廷不愿意接受自己作为欠发达国家的角色。该国的精英阶层实施了工业化和现代化的项目。[11] 自 1930 年发生了针对伊波利托·伊利戈延（Hipólito Irigoyen）总统的政变以来，军方就在阿根廷政治中发挥了举足轻重的作用，自称为"抗衡武装力量"。[12] 胡安·多明戈·庇隆（Juan Domingo Perón）于 1946 年就任其首届总统任期，军方一开始是支持他的，但在 1955 年的所谓的"解放革命"（Revolución Libertadora）期间对其发动政变：军方轰炸了五月广场（Plaza del Mayo）的中央，并对平民实施了暴力攻击和前所未闻的公开处决。在 20 世纪 50 年代和 60 年代的动荡时期，文职总统们一直都依赖着将军们的支持（与军人轮流担任国家元首）。[13] 军队作为"反庇隆主义团体"，与 1958 年成为总统的阿图罗·弗朗迪西（Arturo Frondizi）保持敌对。但在另一场军事政变后，弗朗迪西在 1962 年向何塞·马利亚·圭多（José María Guido）移交了权力。

在第一批数字计算机引进阿根廷的时候，军队面临着严重的国内政治问题。他们相信自己正在履行对国家的"政治职责"，把镇压共产主义和所有极"左"运动作为自己的使命。武装部队司令托兰佐·蒙特罗（Toranzo Montero）将军认为军队有责任维护共和制度的秩序，因此要肩负起职责，与极端主义和"集权的"庇隆主义作斗争。他因为预见到文官当局的失败，就肩负起了恢复"国家团结"和"公共秩序"的任务。[14] 总之，在 20 世纪 60 年代初，阿根廷军方是强大的、反共产主义的，有能力使用暴力，并经受了政变的考验。

在这样的历史背景下，我们如何分析阿根廷军队对新数字技术的态度？军事期刊通常很少系统地发表拉美地区历史的文章，计算机发展史的文章就更少了。然而，根据 J. 塞缪尔·费奇（J. Samuel Fitch）的观点，这些军事期刊信息来源是具有吸引力的："没有其他资料能提供如此大的潜力，从历史角度分析军事思想的变化。"[15] 大多数文章是军事作者为同僚军官撰写的。虽然军队外部可能发行一点这些军事期刊，但很少有非军方的人会去阅读这些文章。[16]军事期刊一些文章表达的观点是否真正代表了"军事思维"是一个合乎常理的问题。然而,根据费奇的观点,这些军事期刊确实揭示了一些军事准则,特别是关于对国家安全威胁的描述和分析,以及提出的威胁应对策略。[17]此外,军事期刊还是军事神话和军队自我形象的优质信息来源。[18]因此,军事期刊对于理解军队面对计算机技术时的自身定位方面特别重要。

本章的分析基础包括1961—1965年期间发表在月刊《军队服务杂志》(*Revista de los Servicios del Ejercito*)和《军事圈杂志》(*Revista del Círculo Militar*)中的数十篇文章。两种期刊里的文章还是由(原)军事人员写作和编辑的,他们自认为受众更广泛,老百姓中也有订阅者。两种期刊的页数分别是《军队服务杂志》约为90页,《军事圈杂志》130页,文章的长度分别是8至12页和4至12页。

在20世纪60年代,《军队服务杂志》主要关注创新军事技术、核战争、军事防御和供应危机的话题。1961—1965年期间,关于计算机技术的文章只有十几篇。《军事圈杂志》则分为六个主题类别,分别是军事、历史、哲学与其他科学、世界视角与美洲、杂记,以及博物馆,其中,"哲学与其他科学"和"世界视角与美洲"栏目中经常出现关于计算机技术的文章,尽管军事创新方面的内容仍然是最有兴趣的话题。总体来说,战争、武器和军事实力是20世纪60年代军事期刊的主流话题。

尽管(或可能正因为)计算机技术在当时的军队中并不是首要关注的领域,但是军事"技术化"在内部引发的争论已经显而易见,揭示了不同观点和视角的存在。1962年12月,《军队服务杂志》上发表了一篇名为《士兵与技术战争》(*El soldado y la guerra tecnologica*)的文章,表达了对"现代技术"的怀疑态度。这篇文章由有德国血统的法国军事理论家费迪南德·奥托·米克什(Ferdinand Otto Miksche)撰写,从法语原版翻译成了西班牙语。[19]这篇文章对于过分信仰技术的普遍态度提出了批评。根据米克什的观点，那些思维局限于技术的人高估了 "物质价值"。他们对 "具有巨大破坏力的炸弹" 的回应是更具破坏力的炸弹，对于 "远程导弹" 的回应是射程超过一百千米的导弹。米克什认为，这些人忘记了人是衡量万物的尺度，他们忽视了绝大多数冲突是独立于技术工具而产生的，因此，也就不能仅仅用这些工具来解决。[20]

> 机器和其他技术手段现在已经深入到所有工作中，但在军事领域对技术过度依赖很容易导致致命的错误。战争艺术从本质上来看是变幻莫测的。仅仅依靠技术工具赢得战斗的可能性比让一台有电子大脑、会选择颜色的机器绘制一幅名画要远远低得多。对技术工具和技术方法过分信任的人很容易被幻想误导，认为设备决定了战争结果，战争能够简化为数量和速度的计算。[21]

根据米克什的观点，技术路径已经取代了 "创造性智能" 和艺术。士兵不再是战士，而成为 "特定工具的使用专家"。军队正在转变为 "类似于工业公司的组织"，在工程师的指导下运转。军队是被管理着，而不是被傲慢的军事官僚机构指挥着。[22]

尽管米克什对信仰技术的观点进行了严厉的批评，但他并不主张完全摒弃所有技术装备。"我们不建议废弃雷达、制导导弹或飞机。关键点不在于此，而是想强调一种日益明显的对技术的倾向的出现，导致塑造出的士兵远不是真正的斗士。"[23]

1963 年，阿根廷的化学家兼军人里卡多·马斯特罗帕洛（Ricardo Mastropaolo）在《军事圈杂志》上发表了一篇关于 "现代战争中的效率和责任" 的文章，尽管他（也）在文中避免使用 "计算机" 一词，但从文章中可以明显看出他对 "数字处理" 的批评。该篇文章的一个部分提及 "战争作为一个商业项目"，倾向于追求效率。马斯特罗帕洛所批判这种趋势，他认为，"现代军队"已"变得越来越技术化了"。尽管这并不意味着"人类军事艺术的本质终结"，或者是"能工巧匠的消亡"，此二者均无法被"电子大脑"所取代，但今天的"作战现场"却有着"可怕的孤独感"，与"对古代领袖经历的辉煌战役的怀旧"没有太大联系。他进一步说，"以前的"战争因制服而多彩，因行军音乐而"有激情"，因刀剑与盔甲的碰撞而变得"不朽"。[24]

在这里，我们看到两种截然不同的场景：一种是，现代指挥官在"可怕的孤独"中作出下一步决策（可能在一栋楼里坐在电脑前）；另一种是，"以前的"武装军队在行军曲声中，用"真正的"武器（刀剑）激烈地交战。目前我们还不清楚他所指的是古罗马、中世纪还是独立战争时期。然而，马斯特罗帕洛表达了他的信念，即战争艺术在未来将始终保留人类的专属领域，"天才"无法被"电子大脑"所取代。

马斯特罗帕洛在对计算机持负面评价的同时，也提到了"新技术"的出现是一个不可或是不该被阻止的过程。"怀旧"一词表明他坚信"旧战争艺术"已经成为历史，而"新战争艺术"则是现在和未来的现实。

很明显，反对军队"技术化"的人士主张不应该让计算机（文章中的"电子大脑"）在军事中占主导地位。"电子大脑"无论如何不能取代"天才的"指挥官，不能过度相信"电子大脑"，否则，军队会变得像"工业公司"，而不再会有"真正的斗士"，有的只是经过训练会使用特定工具的"低等专家"。尽管雷达和制导导弹等其他军事武器已经使用了一段时间，并成为军队的一部分，但面对新技术，即"电子大脑"，米克什和马斯特罗帕洛仍然持有明显的怀疑态度。

确实，已经有论证指出计算机数据处理工作（尤其是计算机编程）最初是由女性从事的。根据内森·恩斯曼格（Nathan Ensmenger）的观点，直到20世纪60年代后期，这一工作才迅速被赋予了男性特质。[25]然而，从20世纪50年代末开始，（至少更精密、薪资较高的）计算机数据处理工作越来越被看成一种（男性气质的）管理手段。[26]

值得注意的是，在不同领域中，对计算机技术所联系的男性气质类型解读存在着差异。男性更具管理化的新型气质形式在商界和管理领域中备受欢迎（数据处理的重要性不断增加，为有抱负的男性提供了在公司层级中晋升的机会），[27]但在军事领域中却并非如此——在这里，成功管理者和伴随大企业发展成长[28]而来的 "组织人的男性气质" 并没有吸引力，相反，被称为 "军事男子气概"（"真正的战士" 的特征）的男性气质在反对计算机技术的人眼中仍是理想的男性气质。

军队内部对计算机技术的推广声音

电子数据处理作为 "技术进步" 中无可阻挡的部分，广泛受到 "数字数据处理" 的推广者的欢迎。在笔者审查的军事期刊上，第一篇明确针对计算机的文章是何塞·哈维尔·德·拉·奎斯塔·阿维拉（José Javier de la Cuesta Ávila）少校发表的。他简要描述了 20 世纪的技术进步，采用自己的观点对显著改变了世界的技术进行了排名。"20 世纪在进步与实现发展的过程中，明确并直接地指出了未来发展的三大支柱"。在他的排名中，"核能" 位列第一，"生物学"（尤其是医学）位列第二，"电子数据处理" 位列第三。[29]

在德·拉·奎斯塔·阿维拉少校对 20 世纪历史的简短描述中，确实没有直接提到人类。相反，他将那个时代描述成 "行动中的世纪"：为了发展而奋斗，推动进步。因此，他认为 20 世纪是建立在 "核能" "生物学" 和最新领域的 "电子数据处理" 三大支柱上。这三大领域被比作是坚固、静态且不可动摇的 "支柱"。换句话说，在德·拉·奎斯塔·阿维拉少校看来，这些领域的可靠性和可持续性才是最重要的特征，而不是变化、冲突和争议。[30]

德·拉·奎斯塔·阿维拉少校的文章描述了技术进步的积极图景，强调了科技和科学的益处，因为它们推动了 20 世纪的发展和进步。该文章以斜体字的一句话总结，再次强调了进步观与新机器之间的联系："电子数据处理机器是进步中的先驱力量，在现在而言，是未来的关键。"[31]何塞·哈维尔·德·拉·奎斯塔·阿维拉少校在军队中积极推广电子数据处理，如今在阿根廷，他被认为是计算机化方面的推动者。[32]

在其他明确针对计算机技术的文章中，经常用到"第二次工业革命"的传统主题，[33]认为计算机技术的发展是其他过去创新的"逻辑"和"自动"产物。一篇题为《关于数字电子计算机使用的一般性评论》（*General remarks on the use of digital electronic computers*）的文章中，少校兼工程师卡洛斯·塞萨尔·洛佩兹（Carlos Cesar Lopez）写道："自动化以一系列技术变革为特征，是第一次工业革命的自然延伸或者延续，尽管其对人的价值欣赏上，自动化是一种倒置，而非延伸。"[34]在接下来的几页内容中，他将计算机的发展概括为一个源自"文明起源"的过程，由天才工程师们推动，例如布莱兹·帕斯卡（Blaise Pascal）（算术机或滚轮式加法器，1964 年）和莱布尼茨（Leibnitz）（齿轮，1671 年，原文如此！）。[35]奥斯卡·A. 波吉（Oscar A. Poggi）在他于 1966 年发表的文章中，把"当代纪元"的诞生追溯到"技术革命"，与之前的事件如工业革命（1760 年）和法国革命（1789 年）联系起来。[36]他引用了意大利工业家奥莱里欧·佩切伊（Aurelio Peccei）的观点，该观点认为人类相当大的一部分都是致力于实现技术和科学领域的"永久创新"，这个进程目前正处于"持续加速"的阶段。由于所有的发现都是基于先前知识的积累，而所有的创新都是其他领域进步的刺激因素，因此他推断，进步本身已经转变为一个"自动过程"。[37]

有趣的是，这些作者的元叙事①中将计算机技术视为人类历史的一部

---

① "元叙事"是一种关于历史意义、经验或知识的叙事，通过预期完成（尚未实现的）主要思想，为社会提供合法性。又有"宏大叙事""后设叙事"等名字。

分，但没有专门地讨论其军事领域中的角色。这说明，他们尽管撰写的文章是面向士兵和指挥官的，但没有将计算机技术与其为军队带来的好处联系起来。例如，德·拉·奎斯塔·阿维拉少校本可以提到原子弹而不是讨论核能，这确实不是一眼就能看出来的。然而，在面对当代技术发展时，这些作者（作为 "军队" 集体的代表）并没有将自己视为拉美地区特定专业领域的成员或是特定（国家）共同体的成员。相反，计算机在他们看来重要性非常高，受到计算机技术影响的相关群体是 "20 世纪全人类"。

计算机技术如何 "自动" 出现并 "降临" 到人类身上的叙述并不是军事期刊中探讨的唯一概念。实际上，在五至十六页内容的文章中，论述计算机 "元物理学"① 的只有几行或几个段落的篇幅。计算机运作方式、计算机辅助下的工作和人类与计算机结合的内容是军事期刊文章的主要议题。

计算机与人类成功结合的构想声音

在支持计算机技术的各种文章中，文章的作者们探讨分析了如何开展具体的计算机工作，预测在不久的将来，这种工作方式会成为日常工作的形式。在之前引用的文章中，德·拉·奎斯塔·阿维拉少校在描绘了 20 世纪历史和计算机的元叙事后，转向了更实际的问题。他文章的大部分描述了计算机实际是什么以及能够完成什么工作。根据德·拉·奎斯塔·阿维拉少校的观点，计算机是一种 "科学工具，可靠的存储设备和建立信心的要素，具有极大的灵活性，能节省时间和完成难以想象的工作"。[38]他解释说，对于不熟悉计算机的人来说，现代数据处理机器可以执行各种任务，如数据读取、整合、打印、打孔、复制、比较、储存、选择、加法、减法、编程、乘法和除法等。这些任务的执行有赖于以下成分的就绪："下达指令

---

① 此处的 "元物理学"（meta physics）一词指代物理学中更深奥、更基本的问题，与 "形而上学"（metaphysics，指代研究存在和事物本质的学问）有对应之处。

的人类"、翻译并用计算机的语言（打孔语言）保存指令的程序卡、使用电子脉冲来执行工作的机器以及具备"记忆"功能的磁芯。[39]

在这种描述中，人类和非人类因素被看作一个整体中的组成部分：人类是其计算的第一个成分，而接下来的三个是非人类成分，它们都是计算过程中必不可少的组成部分。在这里，并没有强调是"20世纪"或"技术"发挥作用，而是一个具体的技术产物，要与人类共同协作的那种。文中接下来的部分以 IBM 公司的机器为例，详细描述了所有因素：编程卡被描述为一个具有"可变"列数的实体，IBM 公司的编程卡有 80 列。为了描述系统化机器的"生动、无误和即时"记忆存储，德·拉·奎斯塔·阿维拉少校在另一篇文章中提到了 IBM 公司的硬件，即"IBM 705 EDPM"系统化机器。他解释说，这台机器每秒钟可以完成 8400 次（五位数）的加减法运算，1250 次的乘法运算（五位数乘五位数），550 次除法运算（六位被除数和四位除数的），以及"29400 次逻辑判定"。[40]

德·拉·奎斯塔·阿维拉少校解释说，根据制造商的说法，这台机器是解决公司管理中"所有问题"的"最强大工具"。该机器涵盖了数据配准的整个范围，具有"最高的灵活性"和"最快的速度"。同时，这台机器能够储存"所有信息"，在需要解决问题时方便使用。唯一的前提是输入"正确的指令"。通过明确的引用，我们再次清楚地看到，德·拉·奎斯塔·阿维拉少校从 IBM 公司（这款强大系统化机器的制造商）获得了信息，再把这些信息传递给了读者。德·拉·奎斯塔·阿维拉少校担任了布宜诺斯艾利斯军事医院的院长，从 1958 年开始，他参加 IBM 公司的培训。[41] 在培训中，他积累了数字计算的知识。有时候，他会明确提到自己与 IBM 公司的密切联系和亲密关系。在他的一篇文章的末尾，有这样一句话："我要感谢'IBM 世界贸易公司'（IBM World Trade Corporation）的合作和指导"。[42] 从中可以看出，"IBM"这家美国大公司已经与阿根廷军方的人员有着密切联系，军方也已经在相应岗位有了相应人员。

很显然，德·拉·奎斯塔·阿维拉少校通常会谈论计算机在民用领域的应用，赞扬其对提高工业公司效率发挥的作用，这样的叙述也不令人意外。或许是一种便利，而不一定是巧合，在同一期期刊中的第一页（封面背面）上有一则醒目的 IBM 公司广告，内容完全一样，写的是"为企业而生"（图 8-1）。

IBM 公司主要推广计算机在民用和企业领域的应用，在 1963 年 7 月《军队服务杂志》军事期刊发行的刊物中有一则广告清楚地表明了这一点。广告中的"1401"用大字标题突出，并配介绍："IBM 公司采用'1401 系统'为现代化企业提供一种全新的、功能强大的数据系统化工具。容量 – 速度 – 准确性"（图 8-2）。广告发起者的地址在广告下方，即 IBM 公司在布宜诺斯艾利斯的分公司。

IBM 公司的广告部没有专门针对军方设计。显然，没有必要去宣扬计算机作为一种工具与军队的兼容性和有用性。只需要强调"1401 系统"对

图 8-1　阿根廷军事杂志上"IBM 世界贸易公司"的计算机宣传图。图中文字大意为：IBM 公司积极参与阿根廷的教育、出口、制造等工作，为国家创造新的工作来源，拓展专业技能，深化技能专业性。

图 8-2 "IBM 世界贸易公司"在阿根廷《军队服务杂志》上的产品推广页，1963 年 7 月。文字大意见正文相关段落。

公司的实用性就足够了。由此可以得出结论，IBM 公司和军队都把计算机视为一种主要服务于商业领域的工具。因此，不是 IBM 公司需要去适应另一个组织（军队），而应该是相反的情况。IBM 公司的自信可以通过一些数字来简要说明：1960 年，IBM 公司在全球约有 10 万名员工，[43]其中在阿根廷约有 1000 名员工。[44]IBM 公司的销售额为 18.1 亿美元，利润为 2.05 亿美元。相比之下，阿根廷的军队大约有一万名士兵，1960 年的军队预算为 3.21 亿美元，在 1962 年增加到了 3.68 亿美元。[45]

军事期刊文章的作者们将计算机视为提高效率的工具，是一种能应用在军事领域的工具。对于在军队内部的计算机技术推广者来说，计算机的商业和现代形象不是缺点，而应该是卖点。

在 1962 年 4 月，德·拉·奎斯塔·阿维拉少校发表了一篇关于"军事程序员"的文章。[46]值得注意的是，他在文章的开头详细描述了计算机化的过程。"数据处理器或数据处理系统'缓慢变化维'（Slowly Changing Dimensions，SCD），虽然是缓慢的，但可以肯定的是，会侵入到人类活动的所有领域。"在他看来，科学通过计算机的处理速度受益了，科学家也因此得以挽回了自己"数年光阴"，工业界获得了"生产问题的解决方案"，商人通过获取当前和未来发展的统计数据解决了账款问题，"各类档案管理"也受益于能直接获得数据。简而言之：计算机为人类带来了"以前从未想到过的"工具。[47]

在这里需要关注两点。一方面，德·拉·奎斯塔·阿维拉少校认为，计算机正在"侵入"人类的各个领域。这意味着人类的领域里不再是只有人类，计算机已经进驻，接管了一些重要任务，成为各个集体的组成部分。另一方面，所提及的这些集体都是民用性质，包括科学、工业、贸易、档案管理，它们都已经从计算机技术中获益。德·拉·奎斯塔·阿维拉少校含蓄地呼吁在军队要使用计算机技术。他认为军队是迟到者，应该尽早适应这项技术。

1962 年，军事医院主任何塞·哈维尔·德·拉·奎斯塔·阿维拉少校离开军事医院院长岗位，担任人力资源部预备役人员主任。与人力资源技术部门负责人、军事工程师兼陆军中将阿尼瓦尔·H. 阿吉亚尔（Aníbal H. Aguiar）一道，他们共同开发了"RIPOM 登记系统"（负有军事义务的人员的综合登记系统，Registro Integral de Personal con Obligación Militar），用于军事人员的登记和管理工作。[48]

阿吉亚尔是德·拉·奎斯塔·阿维拉少校的亲密盟友，他更深入地分析了人与机器之间的联系。在1963年10月发表的一篇文章，副标题为"电子数据处理技术对人类、组织和程序规范影响"，其中他阐述了"电子数据处理系统"的特征，在这个系统中，"人类、机器和程序实现了真正的融合"。该系统中的人与机器的关系并非固定，而是动态变化的。尽管人类指挥系统，系统的活动通常为人类的目的服务，但在一个阶段中，如果人类希望获得所想要的东西，人类必须让自己的意愿服从于机器的要求。因此，"自相矛盾的是"，有时候某些状况会要求机器不为人类服务，而是人类为机器服务。[49] 最终，整个系统必须"像一个完美同步的整体"运行，而从这一刻起，机器掌控了主动权。这也意味着在"人和机器构成的复合体"系统里，所有个体必须理解整体概念，对此"深信不疑"。每个个体的行动都与其他个体一样重要。不需要有个人理解，组织中的所有人、中心或设施需要服从明确确定的规范和流程，保证程序正确。[50]

阿吉亚尔认为，计算机使用方面的主要论据（也是经常被提及的）是它的"无误性"："计算机执行接收到的指令，如果系统出现错误，99.9%的情况下不是机器造成的问题，而是程序员失误导致的。"[51] 根据阿吉亚尔的观点，人类并不完美，而计算机则是完美且无误的。"我们要始终考虑到人类不是完美的……甚至最完美和最专注的人也容易出错。"相比之下，机器是"完美无误且不会犯错误的"。[52] 另一方面，阿吉亚尔认为计算机是一个无法思考的因素，与人类相反。"（计算机）不能执行未经指令的任务，没有分析、逻辑和推理能力，不是通常所说的电子大脑，它不会思考，也无法进行思考。"[53]

计算机没有独立思考和下达指令的能力这一点，常用来解决人们对计算机取代人类的恐惧。卡洛斯·塞萨尔·洛佩兹写道，"毫无疑问，计算机和自动化不会取代人类"。相反，计算机通常应用在"远离"军事行动的地方。此外，计算机让人们摆脱了数据处理的负担，节省了时间。然而，它们遵循的是由"人类思维直接或间接"制定的清晰指令，"总是这样，至少目前如此"。[54] 根据这些文章的观点，最终权力仍然掌握在人类手中，这对军事部门来说是一个核心问题。

尽管如此，在当代观察家眼中，电子数据处理将对人类工作产生影响。洛佩兹解释道，由于计算机取代了常规工作和行政工作，为了避免带来严重的社会影响，面对计算机技术的时候，有必要重新分配任务，让员工

"重新适应"。此外,如果希望利用好计算机的优势,人类必须改变对"当前的时间概念",需要以千分之一秒和百万分之一秒来衡量时间,去认识当前可管理数据和信息的数量。

计算机是阿根廷军队的盟友吗?

虽然这些分析文章发表在军事期刊上,但都没有对计算机的具体军事用途展开论述。相反,它们频繁强调计算机在企业或科学领域的民用方面,总是将这些用途放在军事用途之前进行分析。然而,在本章作者最早查阅的一篇文章(1961 年)中,德·拉·奎斯塔·阿维拉少校提到了计算机伴随下的军事行动。根据他的观点,电子机器在军事领域内完成了"广泛系列的工作"。他强调,"现代军队"不能把数据收集、资源计算和计划活动留给"军官们的记忆和准备"来完成,必须依赖计算机。[55]

在同一篇文章的末尾,这位作者提供了一个使用计算机解决一个"军事问题"的具体例子。作者提到了一个"打孔机",它可以生成一份所有公民的文件,包括所有个人数据。当一个人离开军队时,这份档案还会补充他的具体训练、资格证明以及在不同单位可以工作的信息。[56]接下来,"插页机"根据注册号码、资格证明和单位类型等信息,对人员档案进行组织和归档处理。然后,"分类机"可以根据组织或单位等信息组织个人数据,以便查找具有共同具体特征的人员。最后,"数据系统化机"作为"整个系统的永久记忆",能够在需要时组建一支打击部队。这类计算机已经具备在短时间内完成以上工作和类似任务的能力,有"可靠的安全性"和"连续无误的记忆"。

德·拉·奎斯塔·阿维拉少校描绘了计算机技术应用的一个领域,即人力资源管理。他的主要观点是个人数据和信息可以通过数字数据处理完成收集、处理和系统化。例如,在战争爆发时,计算机可以在非常短的时间内，根据特征要求，在现役官兵中组建团队。计算机具备了特定能力和特性（大容量和不会出错的记忆能力、速度、准确性）就是一种创建集体（"打击部队"）的重要工具。

1961 年 11 月，德·拉·奎斯塔·阿维拉少校发表了另一篇关于"电子机器数据处理系统的军事应用"的文章。[57] 在文章中，他采取了一种不同的策略——在文章的第一句话中指出，数据处理系统是"指挥官的另一种工作工具"，而不是指挥官的替代品。这显然是在回应军队内部担心机器会取代他们的看法。德·拉·奎斯塔·阿维拉少校回应说，"系统"无法做出决策，并补充道："制定指挥决策仍是领导者的专属工作，是由人来完成的。"[58] 他提到，军方对电子数据处理技术的期望应该是"具有可访问性、控制性、分发性、安全性和保密性，具备自动销毁能力和实时处理能力"。有趣的是，在德·拉·奎斯塔·阿维拉少校看来，由于参与文件管理的人数减少了，以及数据储存和数据加密变得简单了，就能保证安全性和保密性。此外，几分之一一秒内自动销毁数据的功能可以实现（恶意接管前）"最后一秒"完成数据使用和保存。

总的来说，德·拉·奎斯塔·阿维拉少校认为，电子数据处理具有多种用途，对军事领域的方面均有用。他指出："电子数据处理在军事领域的应用几乎是无限的，只受到想象力和需求的限制。"[59] 然而，很多情况下，他并没有给出许多计算机技术如何在军事领域中展开应用的答案。即使在他发表的一篇名为《军事数据处理中心》（1963 年）的长文中，[60] 也只有第十四和最后一个段落专门讨论了具体的军事用途，其他部分则专门介绍一个普通的民用数据处理中心。[61] 德·拉·奎斯塔·阿维拉少校在军事期刊上发表的一些文章中，明确表示了自己"技术和形式结构化"的立场。[62] 在这些文章中，没有一篇涉及具体的军事用途，所分析的过程只涉及人力资源管理中的个人档案管理。

在德·拉·奎斯塔·阿维拉少校的文章中，他始终将计算机技术与管理和官僚机构联系在一起。他指出，官僚事务（通知、日程安排、收据等）占据了工作中"所有任务的一半"。所有这类工作，"控制、管理、供应、基础设施、成本计算、自动库存通知及单位这样一类"，"军事人员指派和指令分发、非军事活动安排，还有人员、任务、统计数据信息分配，以及生成报告和评估报告这样一类"，都可以交给电子数据处理方式完成。他总结说，这种数据处理方式可以减少行政人员数量，他们会有更多时间从事其他更重要的工作。[63]

　　阿吉亚尔发表的一篇题为《电子数据处理——国防部门不可或缺的盟友》（图 8-3）的文章指出，计算机技术在军事领域的具体作用缺乏准确的定义说明。[64] 值得注意的是，尽管这篇文章中有许多支持计算机技术的观点（尤其是计算机的速度、无误性和完美性），但没有提到具体的军事用途。虽然文章标题有含义，但文章内容中并没有涉及服务"国防"目的的计算机技术应用。然而，文章中确实提到了计算机对军队内部带来的变化。

图 8-3　阿尼瓦尔·H. 阿吉亚尔 1953 年在《军事圈杂志》发表的文章，文字大意见正文相关段落。

根据阿吉亚尔的观点，人类、机器和程序的"融合"需要"全体人员"在"系统所有部分"框架里对系统有全面的了解。换句话说，不仅是领导，而是每一位成员，下到"最后一名员工"或"下级"，都必须熟悉整个组织系统，即使他们与系统之间没有直接联系。只有这样，"系统化的奥秘"才能真正发挥出作用。[65] 阿吉亚尔在文章中不只设想了在军事机构中进行新的知识分配，更是含蓄地表达出对平行横向组织形式的偏好，毕竟所有系统要素都应该发挥重要作用。

根据阿吉亚尔的观点，军队和军事领域需要进行全面改革。他意识到，在军事领域中存在对计算机的许多质疑并缺乏理解，因为电子数据处理是与"军事任务性质完全不同"的"纪律类型"。总而言之，他对未来充满信心，并希望自己的文章能够引发读者思考。在他看来，这是一个"强烈愿望"的起点，是现在在前进道路上迈出的一步，但这条被走出来的步道将来一定会变成一条"高速公路"。[66]

本章小结

本章旨在质疑认为军队是数字化进程推动力的普遍观念。阿根廷军队内部在 20 世纪 60 年代初对计算机技术的谈论和争议表明，军队的计算机化过程并非一帆风顺。阿根廷武装部队并不认为自己处于数字化进程的前沿。相反，军队人员讨论了全新数字机器的价值和优势，存在的危险和不足。最初，这些新数字机器是在民用领域（如科学和商业）中使用，被看作是"非军事"工具。阿根廷在引进第一批数字计算机后出现了关于军事领域与其他领域（如商业、贸易、科学和公共机构）的一场争论，并最终形成了新的定位。支持者和反对者一致认为，计算机是一场无法阻挡的"革命"中的一部分。双方都相信电子数据处理将永远无所不在地"渗透"到人类的各个领域。

　　计算机的出现引发了人们对 "军人气质" 和男子气概的讨论和交流。换言之，计算机技术的出现引发了性别 "发挥着作用" 的领域的转变。在面对军队技术化时，计算机技术的反对者表达出了 "怀旧" 的情绪，怀念过去美好的时光，那时的士兵是 "真正的斗士"，而不是训练使用特定工具的 "次等" 专家。在谈及做决策的指挥官，不同领域的性别观点和分歧变得非常明显，他们会在 "可怕的孤独"（在办公桌前，坐在电脑前，在建筑物内）中做出决策，而不是像过去那样直接在战场上，军乐伴随着战士们做着 "多彩的" 事情。对于军队内部保守派的利益相关者来说，办公桌和 "内部" 工作显然与 "无男子气概" 这一刻板印象更加紧密相关。从 20 世纪 50 年代后期开始，随着商业和行政领域出现精密并且高收入的数据处理型工作，军队内部出现了更显管理型的男性形象，但这种形象在军事领域中并不流行。总之，彼时的计算机不符合军队作为有特别的尚武色彩的机构的自身形象。

　　军队中的计算机推动者们在说明电子数据处理的出现时使用了 "技术革命" 的隐喻。他们将计算机 "侵入" 人类各个领域视为既定事实和重大事件，就像自然灾害一样无可避免。与对计算机的质疑者们观点相反，他们称赞计算机是 "现代化" 进程的一部分。在他们看来，技术创新是 "自动" 发生的，也在自动进行，人类对此只能做出反应。

　　军队内部关于 "被计算机化的人" 的一种主要论点认为，其他所有领域（如 "商业" "贸易" "工业" 和 "科学"）已经适应了计算机技术，并取得了巨大成功。作为这个方面的后来者，军队必须参与技术化进程。他们坚称，"现代社会" 和 "现代军队" 没有选择，只能融入这一进程。此外，他们认为，机器相比于人类具有 "完美" "无瑕" 的属性。机器能节省时间，提高效率，加强管理能力，这些都是军队所需具备的特征。

　　何塞·哈维尔·德·拉·奎斯塔·阿维拉和阿尼瓦尔·H. 阿吉亚尔等电子数据处理的重要倡导者从 1962 年开始，一同在阿根廷军队人力资源部门任职。他们肯定不是久经沙场的战士，而是在幕后的军事管理员。德·拉·奎斯塔·阿维拉少校从 1958 年开始参加 IBM 公司的培训，掌握了相关机器的实用技能。在他的文章中，他强调了自己使用计算机的日常工作，并对计算机操作十分熟悉。德·拉·奎斯塔·阿维拉少校和阿吉亚尔的理念中强调了人类领域与计算机领域之间不应该存在着严格的界限，也不应该将人类劳动和非人类劳动进行划分。相反，他们主张建立单个有机体，由人与机器共同组成。只有人和机器协同工作，"系统"的进程和成功才能得以实现。阿吉亚尔明确探讨了"人类、机器和程序的真正融合"。

显而易见，性别刻板印象在计算机融入军事领域的过程中并不需要极大改变。军队内部的计算机倡导者并没有赞扬（甚至提及）在商业和管理领域中成功形成的"组织人的男子气概"。在他们自己的机构内，他们避免反驳"军事男子气概"。值得注意的一点是，他们甚至没有把计算机称赞为是一种特别具有"男性气质""男子气概"或是军用的工具，仅仅将计算机视为管理和行政工作中有用的工具，强调其效率和节省时间的能力。德·拉·奎斯塔·阿维拉和阿吉亚尔没有忽视军队转型成为"类似工业公司"机构（反对者非常担心的过程）的情况，或将其视为转型中的不足。相反，他们对此表示赞赏和推崇。IBM 公司的广告也反映了这一点。在本章审查的军事期刊中，IBM 公司刊登了标题为"为公司们服务的公司"（A company for companies）的广告，将"1401 系统"宣传为"管理者手中的万能工具"。对于新的计算机技术，IBM 公司（以及整个商业领域）并没有倾向于让自己适应军事领域，而是军事领域需要去适应商业领域。从本章案例可见，彼时阿根廷军队内部的计算机技术倡导者和 IBM 公司公共关系部门的人员似乎充满信心，相信军队的转型最终将会出现，也许就在不久的将来。至于 20 世纪 60 年代及以后的（拉美地区）军队计算机化究竟是如何发生的，"军事男子气概"是如何（或没有）受到挑战的，除了本章的研究以外，仍需更多基于实证的差异化研究。

第 9 章

夹缝中的跨国天文学

"夹缝中的跨国天文学"看似相悖，却是冷战时期智利的真实写照。智利的天文学正如岩石缝中茁壮扎根的花草，在大国天文学竞赛的背景下长出，然后长成了自己。

如今，智利是享有盛誉的世界天文中心，尽管这一盛誉是最近才获得的。然而，本章认为，智利天文学的发展是 20 世纪 60 年代跨国合作的成果，特别是与冷战密切相关。1962 年，美国、欧洲和苏联的科学家选择智利作为建设大型天文观测台的战略地点。智利的政治环境稳定、参与谈判的机构相对较小以及智利政府比较可靠，这些条件都为智利的天文事业提供了发展机会。

智利的科学家与国际科学家处在政治联系的交汇点，而科学的力量则使这些意识形态之间的交流合法化。对于智利的执政者来说，他们积极参与先进技术项目，能够展示他们积极致力于本国的进步及其现代化。尽管智利国家当局缺乏天文学领域的专业知识，但他们看到了这些项目中的机会，并与国际科学家建立了合作联盟，推动天文学、天体物理学和天文工程学的发展。通过建立更广泛的框架，这些当地政府制定出有关天文学的公共政策，并与欧洲、美国和苏联的科学家们进行了合作。

通过研究智利天文学的发展，本章质疑了在拉美地区国际政治极化时期的大国叙述视角，质疑彼时权力与大规模科学技术项目（如天文观测台项目）之间的相互关系。同时，本章通过研究科学与政治的交汇点，提出了探索其他专业知识的传播与流通的新方式，进而推出一种对拉美地区技术史进程的新理解。

智利沙漠：科学技术与太空竞赛

游览阿塔卡马沙漠可以给人带来多方面的强烈体验，从地理上看，这片智利北部的沙漠被认为是地球上最干旱的地方。在这种几乎绝对缺水以及湿度缺失的情况下，游客在沙漠中行走时会感受到一种深深的"空旷感"。许多地方几乎没有居民，由于缺水，当地社区的居民们都不得不与恶劣的自然环境进行斗争。为此，科学的想象力和创新力被用于尝试解决水资源短缺的问题，并以不同的方式为创造更宜居的环境做出贡献。其中一个令人惊叹的技术是"雾捕网"（atrapanieblas），它可以收集晨雾中的水滴。[1]科学家们在阿塔卡马沙漠还开发了其他技术，如太阳能电池板，从而建立了世界上最大的光伏电站之一，试图应对太阳能过剩的问题。[2]当身处沙漠时，人们能够深刻理解科学家们为获取水源和能源所做的努力，以及这些基本需求是如何促进和推动创新且充满想象力的技术发展。

然而，在沙漠中，我们还发现了其他企业和技术，为应对土壤特性发起了挑战。采矿业在这个地区有着悠久的历史，当然，提取硝酸盐、铜和其他矿物的方法也被视为是新技术。除了采矿业、水资源和能源方面的措施，沙漠中还涌现出另一种先进技术，这种技术巧妙地利用了沙漠的"空旷性"。乍一看，这种技术似乎与生存和经济增长无关。巨大的天线和天文穹顶突然出现，打破了沙子、岩石和山脉的单调，沙漠变得与众不同。红色、棕色和黄色的土壤与深蓝色的天空形成了鲜明的对比，同时也与基础设施（白色和银色的高科技望远镜）形成了鲜明的对比。

荒芜寂寥与尖端技术的结合创造了一个奇特的景象，宛如科幻小说中的场景。这些天线、反射镜和穹顶构成了世界上最先进的天文观测站，旨在揭示宇宙的奥秘。从 1963 年到 1969 年，跨国机构在阿塔卡马沙漠的南部地区修建了这些独特的设施，它们如今已在阿塔卡马沙漠中发出静谧的振动，并且数量还在快速增长。到 2020 年，全球约 70% 的天文观测数据都来自智利，收集自沙漠上超过 1000 千米的范围内。[3]

智利的这种令人眼花缭乱的科学发展可以通过特定的气候和地理条件来解释，而这也浓缩在"世界上最清澈的天空""天文学家的天堂"这样的美名中。如今，智利上述的这些特点对于成功的天文学研究至关重要，但我们也不能忽视历史轨迹。在 20 世纪 60 年代，国际的控股公司们来到智利，计划建造巨大的天文观测站。在全球冷战期间，美国人、欧洲人和苏联人来到智利，并几乎同时在科金博大区（Coquimbo Region）的半干旱地区安营扎寨。从冷战的角度来看，如今天文观测台呈现的未来主义景观引发了一些思考，即政治条件对第三世界国家科学发展的作用，以及智利如何同时与意识形态对立的国际政权取得联系并进行谈判。

通过研究 20 世纪 60 年代的天文学案例，我们可以对全球冷战有新的认识。新的认识有赖于"冷战最重要的部分并非仅仅是军事和战略，也不仅仅局限于以欧洲为中心的世界格局，而是与第三世界的政治和社会发展息息相关"这样的视角。[4] 此外，我们还可以指出，这个历史时期的政治、意识形态甚至文化都已有不同程度的研究。[5] 然而，我们仍然不清楚"冷战的状况在何种程度上改变了（产生了的和未产生的）科学知识的内容或性质"。[6] 尽管学者们已经在所谓的"发达国家"中对这个问题进行了探讨，[7] 但我们对拉美等地区仍然需要更深入的理解。冷战推动了科学的发展，并决定了与第三世界的新关系。"超级大国们"在第三世界进行竞争，并以此衡量自身实力。对于拉美国家来说，冷战逻辑意味着它们必须在明显是二元结构的世界中进行斡旋。具有讽刺意味的是，被国际强权斗争压得喘不过气时，这些国家还是找到了一些小夹缝，利用有限的"权力配额"促进它们所欠缺的科学发展。

针对智利作为一个"南方国家"在天文领域的发展，本章旨在揭示智利与冷战大国之间在科学和政治方面的复杂关系网。同时，本章还探讨了我们如何理解在政治极度分化的时期，技术和科学对拉美地区的意义，以及这些社会机构如何应对这些挑战。性别史、文化史、国家建设研究以及外交史等领域的一系列历史研究，都试图质疑和改变自上而下的历史分析进程。然而，科学仍然被视为发达国家的一部分，很少有国际机构会关注第三世界的国家的科学话语权，[8] 尤其是在冷战这样一个极度分化的时期。因此，本章旨在为拉美地区历史中的科学技术转变提供新的视角，尽一份绵薄之力。

在 20 世纪 60 年代的南椎体地区：科技为何如此重要

在 20 世纪 60 年代，拉美地区社会经历了多种变革。不同的社会角色越来越意识到自己在社会中起的政治作用，各国政府在经济和社会政治变革中承担起更大责任。在智利的 20 世纪 30 年代和 40 年代，新的社会角色逐渐登上政治舞台，并扩大了全体公民的身份的范围。[9] 随着大众文化的传播以及广播和电影等新技术的普及，社会的想象力呈现出现代化和全球化的趋势。新兴的中产阶级知识分子队伍不断壮大，他们正在改变智利人民对自己国家的思考和想象。从 1939 年开始的智利国家发展机构（Corporación de Fomento de la Producción de Chile，CORFO）模型正在塑造一个工业化进程，尽管其实际结果与政治家们的期望存在差距。其他因素也推动了对智利的工业化转变的详尽叙述，例如现代化理论，该理论认为智利存在着一种"发展"的共同和基本模式，其中包括技术、军事和官僚机构的进步，以及政治和社会结构的发展。[10]智利经历了三十多年的宪政稳定，这成为自 19 世纪以来该国的重要身份参照点。

在 1958 年的智利总统选举中，右翼总统候选人豪尔赫·亚历山德里（Jorge Alessandri）以微弱优势赢得选举，紧随其后的是社会主义领导人萨尔瓦多·阿连德。基督教民主党也获得了大量选民支持，并成为政治中心。这次选举淋漓尽致地展现了智利的政治组织方式，被称为"三个三分之一"（three thirds）。这种组织方式几乎没有形成联盟的可能性，反而导致了深度的极化。与此同时，冷战对国际环境产生了影响，表现为两方阵营划线战队和局势的两极分化。古巴革命以及美国对进步联盟的反应对拉美地区产生了重要影响，促进社会机构履行其政治承诺。[11]

然而，1958 年的总统选举只是一个转折点，因为不久之后社会主义阵营的候选人阿连德成功获得了"三分之一"的选票。1959 年，古巴革命的胜利，对美国来说似乎形成了一个危险的局面。正如尼克松多年后所说，美国无法容忍在拉美地区形成一个"红色三明治"，古巴在北方，而智利在南方。[12]因此，美国不能容忍自己的地缘影响区受损，因而认为自己在整个美洲大陆的存在都是必要的。

在智利，"三个三分之一"中的政治阵营都必须证明他们有适当的计划，最终实现将这片土地转变为现代化国家的预期目标。在这一方面，智利乃至拉美地区一直以来都怀抱着现代化的愿望，其中科学技术的发展与进步的理念密不可分。工业技术和科学实践的出现使得人们能够合法地评估和衡量进步观。[13]而进步观在拉美地区各国普遍存在，并受到广泛认可和遵循。正如拉美特别协调委员会（Special Latin American Coordination Commission）所规定的，"通过科学技术的发展和推广，每个国家都有责任和义务根据自身能力为人类的进步做出贡献"。[14]

另一方面，冷战推动了技术的迅速发展，这一发展的探索阶段通常由军事需求推动和资助，因而有时令人费解。[15] 除了科学进步本身，技术也成为衡量世界超级大国霸权的重要维度。因此，科学和技术不仅在军事层面上具有相关性，而且对超级大国的政治和文化影响力也有密切关联，与它们的全球项目及其对未来和霸权的定义交织在一起。[16] 这表明权力斗争也涉及不同现代化模式之间的冲突。冲突蔓延至全球，从资本主义模式到苏联模式，无一幸免。[17]

在冷战的背景下，科学被用来在不同的项目中平衡各种势力。其中，太空竞赛引发了一种特殊的新奇感和不确定感。太空竞赛展示了全球对抗如何转移到多边的和超越大气层的舞台上，[18] 将科学、政治、军事力量和意识形态相互交织在一起。我们可以找到太空竞赛的不同例子，比如 1957年的"斯普特尼克"卫星，[19] NASA 的创建，[20] 20 世纪 60 和 70 年代的阿波罗登月任务，甚至可以在科幻文学作品和电影中看到对太空竞赛的描绘。[21]

太空竞赛所涉及的科学和技术倡议与天文学的发展产生了共鸣，而推动天文学发展所做的努力又进一步推动并旨在突破人类难以理解的边界。尽管两者都在地球大气层之外进行，太空竞赛专注于探索"附近"的宇宙，而天文学则致力于揭示更远星系的问题。然而，科学家和工程师们在开发尖端技术方面取得了重大突破，这些技术既适用于天文学研究，又适用于太空竞赛，例如处理光速的方法以及适合天体工程的材料选用等。

天文学知识可能成为太空竞赛中的一个重要转折点，也是一个尚待征服的"新"知识领域。从这个角度来看，通过分析全球冷战期间的天文学，我们可以将其技术和科学的重要性与拉美地区文化、身份和政治联系起来。深入研究全球冷战期间的天文学可以与人类对统治太空的长久渴望相联系，并且帮助我们理解人类眼中无法触及的"上面"所发生的事情。对天空的凝视带来的无力感可能即将发生变化，它将成为权力的另一种重要维度。

外国科学家：在世界边缘的探索

自 20 世纪开始，"南方"的天空为天文研究提供了巨大的潜力，这一点是毫无疑问的。[22]从南半球可以观测和研究麦哲伦星云等天体现象，对天文学知识探索具有巨大的潜力。[23]与此同时，随着观测技术的进步，天文学家开始寻找湿度和光污染较少的地区，这让科学家们开始探索人口稀少的半干旱区，如澳大利亚、南非和南美洲。[24]这些实地测试表明，还有其他可供选择的地点，并不是强制要求或必须选择阿塔卡马沙漠，其他地方也在考虑之中。

就智利而言，早在 19 世纪中叶和 20 世纪初，它就与美国天文台建立了联系。[25]这些联系大多是在智利领土上进行临时考察：其中第一次考察研究了太阳视差，而另一次考察则测量了较亮恒星的径向速度。实际上，智利天文学的发展一直非常有限，但在 20 世纪 60 年代发生了彻底的改变。[26]20 世纪 50 年代末，在美国组织"大学天文研究协会"（Association of Universities for Research in Astronomy，AURA）工作的科学家们开始探索南半球地区，寻找建设天文观测台的最佳地点。

在澳大利亚和南非，天文观测台的选址勘探工作十分激烈。根据之前在南半球的勘探经验，说英语的社区备受重视，因为这有助于行政工作的顺利进行。尽管语言等文化因素很重要，但在选择居住地时也存在政治因素。由于当地政治环境不稳定，并且天文观测设备需要巨大的高科技投资，科学家们不能承担失去这些精密设备的风险。此外，澳大利亚与南非同英国政府之间的关系也增加了协议签订的难度。因此，美国人还得应对另一个大国，而不仅仅是与第三世界国家的事务。[27]这在一定程度上解释了为何需要寻找其他观测地点，比如南美洲。

　　大学天文研究协会与智利国家天文观测台（Observatorio Astronómico Nacional de Chile，简称"OAN"）的科学家在卡兰山（Cerro Calan）建立了联系，当时由费德里科·拉特兰特（Federico Rutllant）担任台长。在 1953 年的一次正式演讲中，拉特兰特强调了智利国家天文观测台取得的一些成就，并表示："我们多么希望在未来，类似的事件能再次让我们在国际科学界听到智利的名字。"[28]这表明，在大学天文研究协会到来之前，智利国家天文观测台的台长就已经考虑到了与国际的合作关系，并预见到这些合作将对智利的小型的科学社群产生积极影响。不久之后，拉特兰特前往美国进行谈判，与美国科学家们，特别是杰拉德·柯伊伯（Gerard Kuiper），主要是敲定智利境内天文发展的勘探工作。[29]

　　大学天文研究协会与智利政府达成了协议，并得到了国家科学基金会（National Science Foundation，简称"NSF"）①的部分资助，制定了在智利建设大型天文台的计划。德国天文学家于尔根·斯托克（Jürgen Stock）先后为芝加哥大学和大学天文研究协会进行勘探工作，考察了智利的半干旱地区，分别是 1959 年 4 月至 12 月，以及 1960 年至 1962 年。[30]在第二次远征中，斯托克对埃尔莫拉多山（Cerro El Morado）、托洛洛山（Cerro Tololo）、埃尔罗夫莱山（Cerro El Robel）等地的情况做了报告。于是在 1962 年，大学天文研究协会决定在科金博大区建造托洛洛山美洲天文台（Cerro Tololo Interamerican Observatory，简称"CTIO"）。[31]斯托克几十年后回忆道："正因为这次旅行，现在世界上最大的天文仪器收藏就在智利"。[32]

　　与上述活动同步进行的便是欧洲南方天文台（European Southern Observatory，简称"ESO"），其诞生可以追溯到 1954 年，几个西欧国家

──────────

① "国家科学基金会"是美国联邦政府的一个独立机构，支持非医学科学和工程领域的基础研究和教育。

凑在一起签署的名为"一月地图"（Carte de Janvier）的协议。[33] 该组织于 1962 年 10 月 5 日正式成立。[34] 自成立以来，欧洲南方天文台在卡鲁（Karoo）地区的勘探也开始了。[35] 欧洲南方天文台得知大学天文研究协会在南美洲的勘探活动，但在 1959 年的委员会报告中指出："这个项目对欧洲南方天文台的发展影响不大"。[36] 然而，不久之后，欧洲南方天文台在 1961 年派出了一支考察队前往智利进行现场测试。一年后，荷兰著名天文学家 J.H. 奥尔特（J. H. Oort）表示："看到美国人最近在智利占据上风，我们不得不认真考虑去彻底改变我们天文台的位置"。[37]

欧洲南方天文台是一个自治组织，与美国科学家，甚至和斯托克本人有着密切的联系。在 1959 年，欧洲南方天文台从福特基金会获得了 100 万美元的资助，这表明了它与美国的关系。[38] 除了资金支持，当欧洲南方天文台决定在智利勘察地点时，他们与大学天文研究协会制定了一个共同的计划，尽管这个计划并未最终完成。在 1963 年 6 月，欧洲南方天文台和大学天文研究协会的权威人士与天文学家在埃尔莫拉多山的山顶举行了一次重要的会议。从这次会议开始，无论是美国人还是欧洲人都明确地知道他们将留在智利进行天文观测。然而，尽管他们对智利都保持着友好态度，但后来，互利合作却转变为政治和科学关系上的紧张状态。[39] 一方面，欧洲南方天文台和大学天文研究协会所付出的努力未能实现预期的合作，这与外交问题以及与涉及五个欧洲国家科学家的组织的复杂性有关。[40] 另一方面，我们不能忽视这些"外交问题"与即将发生变化的智利政府之间的关系。智利政府从右翼自由派到由爱德华多·弗雷·蒙塔尔瓦（Eduardo Frei Montalva）领导的基督教民主党。1964 年，几乎与总统选举同时，欧洲南方天文台决定购买拉西拉（La Silla）的土地，并在智利驻扎下来。[41]

从 1959 年的首次勘探开始，再到 1963 年和 1964 年分别建造了欧洲南方天文台和大学天文研究协会的两个天文台，智利的天文发展成了一个极具全球影响力的事业，这一特征不断凸显出来。除了欧洲南方天文台和大学天文研究协会的举措，我们还必须考虑到另外一个美国机构——卡内基南方天文台（Carnegie Southern Observatory，简称"CARSO"）也来到了智利，他们也在靠近科金博大区的地方建立了拉斯坎帕纳斯天文台（Las Campanas Observatory）。随后不久，欧洲南方天文台便计划在帕瑞纳（Paranal）（位于科金博大区以北约 800 千米的阿塔卡马沙漠中部）建造一个更大更先进的天文台。

智利的天文学的全球维度变得愈加复杂多样。1962 年，苏联的普尔科沃天文台（Púlkovo Observatory）的天文学家与位于卡兰山的智利国家天文观测台科学家展开了合作，当时智利国家天文观测台的主任是克劳迪奥·安吉塔（Claudio Anguita）。苏联科学家由米特罗凡·兹维列夫（Mitrofan Zverev）领导，他们的任务是测量几颗恒星的位置。正如大学天文研究协会主任弗兰克·埃德蒙森（Frank Edmonson）所说，这些天文学家是"基础位置天文学方面的世界领袖"。[42] 在 1960 年的拉普拉塔天文台（La Plata Observatory）的一次会议上，苏联宣布在智利设立普尔科沃天文台南方观测站，天文学家们在卡兰山展开工作。[43] 苏联在智利的项目从最初的阶段逐渐扩大，到 1967—1968 年期间，在埃尔罗夫莱山建造天文台并使用马克苏托夫望远镜的天体照相仪。[44] 实际上，埃尔罗夫莱山是在 1959 年由于尔根·斯托克为大学天文研究协会进行分析时首批考虑的地点之一。

在智利的苏联、美国和欧洲科学家之间存在复杂的关系。一方面，这些天文学家彼此认识，并在智利建立了某种专业关系，尽管他们来自不同国家，他们都在智利进行科学任务。然而，另一方面，他们都知道自己所处的具体国家和全球背景，以及政治条件的影响。正如埃德蒙森回忆的那样，"大学天文研究协会理事会的几位成员对苏联在卡兰山的存在表示担忧"。[45] 埃尔罗夫莱山天文台与托洛洛山美洲天文台同时开工。实际上，美国人对在智利的苏联天文学家持关注态度，因为这涉及与太空竞赛相关的敏感问题："迄今为止，苏联在智利的任务似乎仅限于天文测量，并且显然与苏联的太空计划有关。"[46]

智利人和外国人：在科学领域的互动

到了 20 世纪 60 年代中期，人们可以看到欧洲、美国和苏联的天文学家在智利开展工作。当时，古巴革命在 1959 年引发了权力平衡的变化，美国对拉美地区的进步联盟做出了回应，因此，冷战在拉美地区变得相当"热"。国内外的政治话题在智利变得极其敏感：过去，智利一直宣传自己是一个特殊、可信赖、现代化的国家，[47]并且与美国保持良好的关系，[48]自 20 世纪 60 年代以来，随着智利政治的分极化加深，这种关系逐渐停滞。在这样的背景下，智利有来自多个国家的科学家，他们为智利提供了与国际现代科学接轨的机会，这也一直是智利追求的目标。从这个角度来看，如果智利仅仅与美国签订协议，那将会存在巨大的风险，因为，苏联被推测是 20 世纪第一个与智利合作的国家，或者至少智利媒体是这样报道的。[49]最有可能的情况是，苏联团体在智利的存在刺激了美国人。加之智利的地理条件非常适合天文研究，美国人到来并留下。因此，智利政府所迈出的第一步便是与不同的国际组织签署协议。

在这一问题上，智利大学（University of Chile），尽管彼时没有天文学专业，但作为一个关键机构，对智利国家天文观测台这一法定机构负有重要责任。然而，智利大学与国际学者之间的学术合作关系并不完全令人满意。虽然拉特兰特试图将国际科学引入智利，但到了 1963 年，这些项目成为现实后，"人们对他从大学天文研究协会和其他机构获得海外资金的方式提出了质疑"。[50]因此，拉特兰特不再与智利国家天文观测台有任何的关联。尽管发生了这样的变故，但协议仍然有效，新任台长克劳迪奥·安吉塔继续推进这些项目的进展。除了与大学本身的协议外，智利政府也参与了与大学天文研究协会和其他研究项目的谈判。

在冷战背景下，智利政府与美国和欧洲签订了不同的协议，与苏联也签订了协议，这些协议存在着显著差异。对于"西方大国"，智利政府努力确保这些外国人的妥善安置。就比如大学天文研究协会，智利大学在谈判中扮演了明面上的角色，而暗地里，双方成立了一家合资公司来获得土地所有权。[51]然而，智利政府与欧洲人的谈判情况则有所不同。要确保欧洲人的投资就意味着要为欧洲人的将要带来的资产提供安全的环境，并保护科学家本人。1963年11月8日，欧洲南方天文台和智利政府签署了一份正式合同。根据该协议第一项，欧洲南方天文台的成员以及在欧洲南方天文台设施工作的科学家、教师或工程师都将享有全面的外交地位："智利政府应授予欧洲南方天文台与联合国拉美地区和加勒比经济委员会享有相同的特权、豁免权和便利"。[52]

尽管外交地位的模式是由联合国制定的，但其具体内容是由联合国为拉美地区创建的机构制定的。因此，欧洲南方天文台与智利政府达成的协议确立了地位，从而赋予了天文台享有治外法权般的领地地位。当欧洲天文学家和美国天文学家想在同一地点进行合作时，大学天文研究协会与欧洲南方天文台在选择与政府签订合同的方式上存在差异。大学天文研究协会与智利政府达成协议，并因此参与了政治层面的事务，而欧洲人则以相反的方式推进工作。[53]美国人则将这些不同的合作模式描述为低效的方式："在拥有三个价值数百万美元的独立研究中心和支持系统的情况下，这些资金和天文学家智力潜力似乎是个大大的浪费"。[54]

然而，国际的天文中心在智利建立的情况更是复杂，通过智利外交部，欧洲南方天文台和北美方面（大学天文研究协会和卡内基南方天文台）都与智利大学和智利政府达成了协议。这些协议为欧美双方提供了诸多福利，显示出智利政府希望这些天文学家留在智利，并对智利进行投资。智利明确表明了这种意愿。鉴于欧洲南方天文台的首次勘探，智利外交部致函欧洲南方天文台的主任奥托·海克曼（Otto Heckmann），称"智利政府对天文台总部选址事宜具有浓厚的兴趣，并表示欧洲南方天文台可以同智利当局进行广泛的合作"。[55]

在该声明发表后不久，智利外交部部长亲自给海克曼写信，表达了智利对参选天文台总部的浓厚兴趣，而且，他还提出了一个设想，即如果智利被选中，"智利政府将以相应国际公约为准绳要求自己，当然也希望国家被纳入联合国体系"。[56] 随着智利政府首次参与科学项目，其外交部部长表示，智利愿意向欧洲南方天文台成员提供与国际机构享受的相同的福利。具体来说，这意味着他们将拥有正式的外交地位、并享受免税与关税豁免的待遇。[57]

上述问题的谈判始于亚历山德里的右翼政府时期，并最终在基督教民主党政府爱德华多·弗雷·蒙塔尔瓦的批准下达成共识。这两位总统都与美国政府有着密切的联系，主要是在进步联盟框架下展开合作。[58] 这种新型的智利 – 美国关系意味着与智利的政治中心（即基督教民主党）之间建立了更加紧密有效的关系。

智利政府与来自普尔科沃的苏联科学家展开合作的过程有着明显差异：当他们抵达智利时，并没有获得与上述国家相同的待遇。他们与智利国家天文观测台和智利大学签署了一些协议，但并没有获得相应的外交地位。然而，去禁止这些科学家在智利安营扎寨的行为可能带来更大的风险，因为敏感的政治环境可能会导致左翼势力要求与欧洲和美国人享有同等待遇。此外，苏联人抵达智利，可能会刺激美国人在智利定居；对这些美国人来说，放弃南方天空的潜在机会给对手，这是不可接受的。然而，智利政府的反共立场使得他们无法像对待欧洲南方天文台和大学天文研究协会一样对待苏联科学家。尽管在智利外交部档案中没有记录苏联天文学家在 20 世纪 60 年代初来到智利的证据，但智利媒体确实报道了他们在智利的存在。几年后，当他们的天文台修建好准备用于观测时，新闻报道称："在埃尔罗夫莱山［伦戈（Rungue）］附近，距离圣地亚哥 70 千米，有 5 名苏联技术人员正在安装一台马克苏托夫望远镜，这可是一台全球仅有的设备。"[59]新闻报道还明确表示，这是智利大学与苏联科学院（Soviet Academy of Sciences）之间的合作协议。

媒体还报道了拉西拉天文台和托洛洛山美洲天文台的开幕式，强调这些科学基础设施具有巨大的潜力。关于美国的设备，智利媒体转载了一篇美国的新闻报道，详细介绍了"托洛洛计划"是如何获得了福特基金会和美国国家科学院的资助，并希望联邦政府也能参与其中。[60]政治家们也参与了科学领域。例如，欧洲人要求智利的官员参加拉西拉天文台揭幕仪式，并亲自邀请智利总统出席，"智利共和国总统爱德华多·弗雷·蒙塔尔瓦将亲自主持拉西拉天文台（海拔为 2500 米）的正式揭幕仪式"。[61]

天文学与政治，在智利的国内和国外均关系复杂，这也可以从另一个角度来解读。智利迎来科学改革转折的机遇期，这为其培养天文学家并让他们参与国际天文项目提供了绝佳机会。1965 年，智利大学设立了天文学学位和天文系，这不是偶然的选择。[62]智利政府于 1967 年成立了国家科学与技术研究委员会（Comisión Nacional de Investigación Científica y Tecnológica，简称"CONICYT"），尽管是以相同的公共政策视角促进智利的科学研究，但这是在更广泛的范围内进行。[63]

总的来说，美国人与智利科学界的关系比欧洲人与智利的更密切。大学天文研究协会的官员明确指出："智利人将有机会使用这个望远镜，尽管智利的天文学家并不多，但设备将被借出，以促进合作"。[64]因此，这对智利人来说这是一个学习如何运用天文学技术的良机。卡内基研究所（Carnegie Institution）的研究人员于 1967 年来到智利，并在拉斯坎帕纳斯（Las Campanas）定居下来，他们也为智利人提供奖学金，旨在"为智利的科学进步做出贡献，改善科学教育，并促进年轻天文学家的专业发展"。[65]

智利和美国的合作还包括与新兴的智利天文学界的合作，而与欧洲人

之间并没有达成类似的协议。正如智利国家天文观测台主任安吉塔所解释
的那样：

> 讽刺的是，智利研究人员只能使用托洛洛山天文台 25% 的研究资
> 源，并且很少有机会进入拉西拉天文台；"根据大学天文研究协会的合
> 同，智利研究人员被允许参与其中四分之一的实验。然而，对于那些
> 欧洲机构来说，它们从没有考虑过智利研究人员能在这里工作"。[66]

然而，欧洲南方天文台对这种差异做出了详细回应，并表示智利受到
的影响还涉及其他问题。哈罗德·海斯洛普（Harold Hyslop）在欧洲南方
天文台工作，他讨论了这些问题对智利产生的影响，并表示："天文台在某
种程度上扮演着'公共关系联络员'的角色"。每个项目的成功都与智利的
名字紧密相连。因此，智利在科学和学术媒体中一直备受关注。[67]同时，
他还提到旅行者、游客以及行政人员和工人的作用。这标志着智利天文发
展的一个转折点，尽管时至今日仍存在多方面缺陷。[68]

撇去缺陷不谈，其实我们还是能明显看到，智利在短短几年从一个几
乎没有天文学专业知识的国家迅速发展成为天文学领域的核心参与者。智
利迅速将天文学发展纳入其国家话语中，正如媒体所述："由于智利具备
良好的环境和稳定的大气条件，[69]它正在成为全球最重要的天文台中心之
一"。然而，这不仅仅与智利湛蓝的天空有关，还因为智利能够为外国合作
伙伴提供良好的条件和政治基础。就像智利稳定的体系在大气和天空中得
以反映一样。智利抓住了这个机会，并充分利用了它：与欧洲、美国和苏
联同时签署协议，仿佛在这个十字路口上有一个小的缺口，让智利在世界
天文学中占有一席之地。地理、政治、意识形态和科学等多种因素的融合，
使得智利和天文学研究迎来了一个关键时刻。

本章小结

智利的天文学发展始于冷战时期。然而，论智利天文学发展是否真正属于智利，依旧存在质疑声：目前天文设备的管理仍由外国机构控制，导致智利研究人员在随后几十年建造出的最先进的望远镜的观测时间仅占这台设备总使用时间的 10%。[70]

尽管智利在这场发展中的参与是有限的，但如今天文学在智利成为一个重要的知识领域，原因有多方面：天文学不断推动新技术创新，提升智利在天体工程领域的影响力；同时，天文学也促进了该领域的科学和学术成果；此外，天文学已成为塑造智利当前身份叙事的一部分，形成了智利作为全球天文中心的形象。

这个故事始于全球冷战时期，从天文学的视角来看，它确实像一场"冷"冲突：每个人都看似严格按照条例在合作，甚至分享了非领土的空间。然而，在这种"冷"关系的背后，实际上正在进行一场"热"战。不仅苏联和西方科学家之间的关系紧张，美国人与欧洲人关系也很紧张。在这种紧张局势的核心，一个几乎没有存在感的智利科学界和一个在高度极化环境下的政府，他们努力与每个国家进行谈判，寻找让智利参与天文学发展的机会。

这些因素的综合作用，以及第三世界国家如何与强国们签订合同的实例，可以表明科学发展受到多种因素的影响，而不仅仅是受到科学条件或谈判的影响。公民认识论指出，在形成知识治理时，通常还存在一些不明面说或不成文的规则。[71]在这个问题上，我们必须考虑政府的作用，毕竟政府不仅是国家决策的管理者，还是在科学和技术问题上的调解者。尽管科学本应具备真理或真实性的标准，但社会所相信的知识也常常与权威、权力斗争和思维方式交织在一起。[72]

冷战这一时期的历史向我们展示了科学发展中的复杂关系，我们不仅要考虑国内层面，还要考虑国际层面。在发达国家正试图在天文学领域取得进步的多重紧张关系的背景下，一个小国家在冷战政治中找到了自己的合理定位，抓住了机会，同时地也是成功地与所有冲突中的大国就一个特定问题进行谈判：谁能主导了关于天空的知识，谁就更可能在太空竞争中获得胜利，这是当时超级大国衡量实力的领域。

由于全球意识形态冲突的影响，智利在天文科学领域中扮演着重要的角色。这个故事发端于沙漠之中，在阿塔卡马沙漠的广袤空旷地带，一场"微型冷战"悄然展开，这场无声的权力斗争为智利参与先进科学提供了机会。正如望远镜代表着天文学技术的未来，它们凝视着遥远的过去，甚至数千光年之前的景象，而我们通过分析天文望远镜的这段历史，揭示着拉美地区科学技术史中不为人知的部分。

第 10 章

古巴生物技术革命

古巴，一个在现在看来经济不算发达的国家，却在全民免费医疗上踞世界领先地位，与其"生物技术革命"脱不开干系。而促成这一革命，有其天时、地利与人和，才能在美国的强力封锁下突围。

2018 年 9 月底，第一个美国 – 古巴生物技术合资企业成立，旨在试验古巴创新的肺癌免疫治疗药物"CimaVax-EGF"，并计划将它提供给美国的患者。"创新免疫疗法联盟"（Innovative Immunotherapy Alliance SA）由位于美国纽约布法罗（Buffalo）的罗斯威尔公园综合癌症中心（Roswell Park Comprehensive Cancer Centre）和哈瓦那的分子免疫学中心（Centre for Molecular Immunology，简称"CIM"）共同创建。这两家机构是美国和古巴两国在 2014 年 12 月中旬尝试接触的背景下开展合作的。无论从政治还是科学角度看，两国合资企业作为实体的存在都具有重大突破意义，有几个原因可以解释这一点：

第一，它证明了古巴生物技术的卓越发展，而这是往往在医疗科学和

商业历史文献中被忽视的一点。[1] 同样的，"科学之柱"（Scientific Pole）
是位于哈瓦那西部的综合研究中心，拥有五十多家综合性研究、教育、卫
生和商业生物技术机构，然而却并未列入全球 20 个生物技术区域中。[2]
拉腊·马克斯（Lara Marks）在她 2015 年的杰作中记录了单克隆抗体
（MAB）的发展历史，但没有提及古巴在这一领域取得的进展。事实上，彼
时的古巴早已经成为单克隆抗体免疫治疗领域中的领先者。[3]

第二，尽管美国长达 60 年的封锁阻碍了古巴在对外贸易、外部融资、
技术转让和科学交流等方面的发展，包括医学领域，但是，为这个合资企
业贡献了创新科技的是古巴人民。他们攻克了一项艰难的问题——利用免
疫疗法来对抗癌症。

第三，尽管全球生物制药行业通常与投机资本（大多为私人资本）相
关，但古巴的生物制药行业完全由国家拥有并提供资金支持。例如，"科学
之柱"的出现是国家规划的结果，而不是市场力量吸引私人资本到特定的
地点。安德烈斯·卡德纳斯（Andrés Cárdenas）指出，"国家不仅关注快速
回报，也注重长远的社会经济目标"。[4]

最后，古巴式"例外主义"不仅仅体现在政府对生物技术产业的支持
和公共资金上（几项分析指出，在美国和其他国家也存在着这一特点）。
这种例外主义更在于政治经济背景。尽管古巴只是一个小岛国家，"经济
处于发展中国家水平，但在卫生领域取得的成就却可以与发达国家相媲
美"。[5] 这得益于古巴拥有一个中央计划和国家控制的经济体系，以及从
20 世纪 60 年代初开始优先在科技领域发展医疗保健、教育和科学研究
的战略。从 1961 年的"扫盲运动"和 1962 年的"大学改革"开始，古
巴通过实施普及（免费）教育的举措，培养了"大批关键"科学家，其中
许多科学家最初被派往国外学习。古巴革命还承诺提供免费的公共卫生
服务，并一直坚持"医疗国际主义"政策。然而，美国对古巴实施了全面
封锁，并主导了全球制药行业。因此，古巴迫切需要在国内发展医药品

和医疗用品的生产能力，特别是在失去社会主义贸易伙伴之后（大约在 1990 年）。

除了政治经济框架以外，古巴医药科学的历史背景也很重要，特别是其在寄生虫学和免疫治疗领域的研究，生物物理学研究人员和核物理研究人员的合作促进了生物技术领域的发展。[6]古巴的生物技术革命虽然被科学家们视为"证明了古巴这个发展中国家在外部经济压力下能够发展新产业"，但该行业的特定历史和政治背景使得古巴的这些案例很难复制。[7]

生物技术是应用生物知识和技术（涉及分子、细胞和遗传过程）以开发产品和服务。[8]对基因组和细胞的生物学研究，除非涉及工业生产，否则不构成生物技术。在这层意义上，生物技术是一个生产过程，但是，原材料转化为最终产品的过程发生在活细胞内。[9]1976 年，世界上第一家生物技术公司在美国成立。仅仅 5 年后，在 1981 年，古巴成立了"生物学前沿"（Biological Front）进军这一行业。这标志着古巴经济史上首次涉足新兴产业领域。尽管大多数发展中国家难以接触到新技术，例如 DNA 重组、人类基因疗法和生物安全等，但古巴的生物技术行业不断扩大，并在公共卫生部门和国家经济发展计划中扮演越来越重要的战略角色。[10]尽管美国的封锁阻碍了古巴获得技术、设备、材料，甚至阻碍了知识交流，但古巴仍然取得了这样的成就。

古巴在生物技术领域取得了许多创新成果，包括世界上第一种 B 型脑膜炎疫苗，还有糖尿病足溃疡治疗法、应对乙肝和登革热的数种疫苗，以及世界上第一种含有合成抗原的人类疫苗（即"Hib 疫苗"，针对 B 型流感嗜血杆菌）。[11]如今，古巴在肿瘤学药物领域处于世界领先地位。2012 年，古巴的分子免疫学中心获得了第一种治疗性肺癌疫苗的专利。本章对古巴生物技术革命这桩"奇事"进行案例研究。我们首先概述发达资本主义国家，特别是美国的生物技术行业，以更好地理解古巴案例的独特之处。

故事背景：全球生物技术行业的崛起

加利福尼亚州最早的和最大的生物技术公司们：1976 年，风险投资家罗伯特·A. 斯旺森（Robert A. Swanson）与生物化学家赫伯特·博耶（Herbert Boyer）共同创立了基因泰克公司（Genetech），总部位于旧金山；1980 年，安进公司（AMGen）在洛杉矶成立。波士顿和旧金山很早就成为领先的生物技术中心，并且至今仍占主导地位。这些城市的选择并非偶然。在全美排名前 20 的医学研究机构中，这两个城市各有三家。[12] 生物技术公司选择在与医学科学研究机构（如大学、医院和研究中心）密切相邻的地方设立总部，这些机构拥有最优秀的科学家和研究设施，并处在"一个全球化的市场，吸引来自世界各地最优秀的人才前来学习和从事研究"。[13] 同时，这些机构每年获得政府数十亿美元的经济资助。研究还表明，获得当地风险投资的能力也是决定生物技术公司位置的一个重要因素。[14]

在 20 世纪初，美国制药行业集中在纽约和费城之间形成了一个聚集群，这些地区在 20 世纪末集中开展了大量的生物技术活动。[15] 随后，圣迭戈（San Diego）、西雅图（Seattle）和罗利 - 达拉姆（Raleigh-Durham）也成了重要的生物技术中心。到 2002 年，这三个城市"每年平均获得了美国国立卫生研究院（National Institute of Health，NIH）5 亿美元的资助（以 2001 年的美元汇率计算），这些资助持续了十多年，并且在过去 6 年中获得了 7.5 亿美元的新风险投资。此外，每个地区还拥有一个或几个在全国排名前 20 的医学研究大学"。[16] 到 20 世纪初，美国共有 51 个大都市区，其中 9 个地区成为美国生物技术行业的聚集区。

在 20 世纪 90 年代，欧洲的生物技术迅速发展，并随后在日本、新加坡和中国等地开始兴起。到 2009 年，欧洲生物技术公司的数量超过了美国。[17] 然而，这些地区的生物技术行业具有不同的特点。与此相比，美国上市公司的数量是欧洲的两倍，并且美国的这些公司更容易获得风险投资。在2008年（生物技术行业已经发展了30年），美国有1754家生物技术公司，其中有371家为上市公司，行业就业人数略低于20万人。[18]然而，行业的"发展"往往并非一帆风顺。大多数小型生物技术公司处于亏损状态。美国自20世纪70年代以来成立的生物技术公司就有一半在2000年之时就已经倒闭或被其他公司并购。[19]直到2009年，国际生物技术行业才开始从产品销售中获利。

然而，尽管生物技术行业面临着挑战，仍然有数十亿美元的资金涌入了生物技术行业。拉佐尼克（Lazonick）和图卢姆（Tulum）将这种现象称为"皮萨诺之谜"，这个词源自哈佛大学教授加里·皮萨诺（Gary Pisano）2006年的著作，他质疑为什么风险投资和大型制药公司的资金会流向一个利润较难获得的行业。[20]答案即：金融机制在起作用，例如首次公开募股（IPO）、特殊目的实体（SPE）和特殊目的公司（SPC）和专利许可证，它们允许从低生产率的高科技行业中获利。初创企业通常依赖风险投资来支付初始成本。科特莱特（Cortright）和梅耶（Mayer）解释说，一旦这些初创企业开发出有前景的产品，风险投资者和其他早期的投资者就可以通过公司首次公开募股，以收回他们的投资（或部分投资）。[21]然而，生物技术产品可能需要长达20年的时间才能商业化，而且许多产品可能永远都无法达到那个阶段。到2002年，在30年的时间里，只有大约100种与生物技术相关的药物进入市场，而前10种药物几乎占据了全部销售额。[22]拉佐尼克和图卢姆在2011年指出，几乎所有进行首次公开募股的生物制药公司都没有太多产品，他们指出："相比等待10~20年来验证一款商业药物是否能够投入生产，投机性股票市场的存在向风险投资和大型制药公司提供了通过首次公开募股的退出投资方式"。[23]如果没有这些机制，可能永远也不会有这些资本的出现。

纳斯达克证券交易所于1971年建立，为高风险的高科技企业提供融资，自 20 世纪 80 年代初以来，金融资本的崛起塑造了新兴的生物技术行业。克里斯蒂安·泽勒（Christian Zeller）总结道："证券交易所已成为将公司置于股东要求（管理规范和盈利标准）之下的工具……生物技术行业的发展清楚地说明了这一点"。[24] 然而，这种关注金融资本的角度掩盖了美国政府政策在生物技术行业的几乎每个阶段中所发挥的关键作用。

医药事业的生存之道：公共资金为私人利润服务？

科特莱特和梅耶提到了政府在生物技术行业中的资金支持形式：政府对医学研究人员培训的大力资助；美国的专利政策由国会制定，并由美国专利及商标局（US Patent and Trademark Office，USPTO）执行；食品和药品管理局（Food and Drug Administration，FDA）必须批准大部分生物技术产品，并对制造和向消费者进行广告宣传的条件进行监管；此外，决定将哪些药物或疗法纳入国家医疗保健计划，如美国的"医疗保障制度"（Medicare）和"医疗援助制度"（Medicaid），也至关重要。[25] 根据拉佐尼克和图卢姆的结论，"生物制药行业正是由于'大政府'的支持，才得以成为一项'大商业'，并且在维持其商业成功方面高度依赖'大政府'的支持"。[26]

美国政府通过美国国立卫生研究院为基础科学提供资金支持。在1978—2004 年期间，美国国立卫生研究院对生命科学的资助总额达到了3650 亿美元（2004 年的美元标准）。[27] 美国机构为私人生物技术行业提供了立法支持。1980 年颁布的《贝多法案》（Bayh-Dole Act）授予了大学和医院从联邦资助研究中产生的新知识的明确产权。同样在 1980 年，美国最高法院在"戴蒙德诉查克拉巴蒂案"（Diamond vs. Chakrabarty）的一项重要判决确定，基因工程生命形式可以获得专利。1983 年的《孤儿药物法案》为开发罕见病药物的制药公司提供了慷慨的税收抵免。到 2008 年，6家领先公司的孤儿药物收入占到了总收入的 74% 和产品收入的 75%。[28]

拉佐尼克和图卢姆指出，金融机制和广泛的知识产权保护在生物技术领域已经成为后续创新的障碍。这限制了新进入者在竞争中生产更好、更廉价的药物，而即使在没有开发出商业产品的情况下，金融投机使证券投资者能够通过交易生物制药股票获得巨大收益。当然，古巴的医药科学家也强烈持有类似的观点。这些金融机制的缺失在一定程度上促成了古巴独特的生物技术产业发展。然而，古巴的生物制药也建立在历史悠久的传染病疫苗研究之上，这个故事可以追溯到 19 世纪。

古巴医药科学：历史轨迹

19 世纪时，古巴建立了 3 个私立的科学研究所，[29]但 19 世纪最著名的医药科学家是卡洛斯·芬莱（Carlos Finlay），他于 1833 年出生在殖民地时期的古巴，父亲是苏格兰人，母亲是法国人。1881 年，芬莱提出了一个开创性的理论，即黄热病的传播媒介（或载体）是蚊子。次年，芬莱确定了埃及伊蚊（*Aedas aegypti*）是罪魁祸首，并建议采取控制措施阻止疾病的传播。[30]芬莱的发现被誉为从 1796 年发现天花疫苗以来的医药科学领域中最伟大的进步。古巴正式独立后，芬莱在 1902—1909 年期间任古巴的首席健康官。[31]

在随后的几十年里，虽然出现了其他杰出的人物，但古巴在 1902 年"独立"到 1959 年革命之间的这段时间对医药科学来说是艰难的岁月。古巴只有三所大学，分别位于哈瓦那、东方省（圣地亚哥省）[Oriente（Santiago）]和比亚克拉拉省（Villa Clara，成立于 1952 年），它们在医学研究方面相对较少。1937 年，佩德罗·库里（Pedro Kouri）博士创立了私人的热带医学研究所，开展调查研究，在寄生虫学家和其他热带医学专家中赢得了良好的国际声誉。

在古巴，私人医疗诊所蓬勃发展，主要通过提供比美国本土更低的价格或提供在美国无法获得的服务来吸引美国客户。[32] 在外科手术方面，古巴一直拥有卓越的传统，特别是在整形手术领域。在 1948—1958 年期间，整形手术每年创造了 500 万美元的收入。然而，古巴的儿童大多死于寄生虫感染、严重营养不良和肠道感染而引发的腹泻和脱水。而哈瓦那大学医学部的儿科部门医生却没有解决这些问题的能力，他们更专注于研究多动症和白血病等疾病。

另一个古巴关注的医学重点是癌症的诊断和治疗。古巴抗癌联盟（League against Cancer）成立于 1925 年，该联盟得到了私人资助，并设立了声望很高的"卡里斯托·加西亚"（Calixto Garcia）医院，由古巴声望很高的医生来经营私人诊所。1929 年，古巴成立了癌症研究所，这是第一个治疗恶性肿瘤的机构，并随后又成立了两个肿瘤学中心，主要用于治疗癌症晚期患者。大多数医生并不收取报酬，这是一项慈善工作。然而，他们积极进行教学，并与发达国家的肿瘤中心交流科学信息和经验。

在 1950 年，国际复兴开发银行的特拉斯洛委员会（Truslow Commission）发布的报告指出，"在古巴找不到合适的应用研究实验室，无论是公共的还是私人的"。[33] 3 年后的 1953 年人口普查显示，接受过 3 年或以下的教育（包括没有接受过教育）的古巴人占 60%。[34] 古巴上过大学的人口仅占约 1%，其中理科生占 1.7%，而且其中大多数人毕业时缺乏实践经验。

天时：1959 年以来的革命性变革

1960 年 1 月中旬，即古巴革命胜利一年后，菲德尔·卡斯特罗（Fidel Castro）在古巴科学院（Academy of Sciences of Cuba）发表讲话，宣布"古巴的未来将是科学家的未来"。尽管古巴科学研究的落后和教育水平普遍较低，这个宣言可能被看作是一场白日梦。卡斯特罗表示，革命为智慧播下了机会的种子。革命需要有思想的人将他们的智慧用于"善良"，并站在

"正义"的一边,为了国家的利益服务。

随后,古巴发起了 1961 年的"扫盲运动",使十岁以上的古巴人的文盲率在一年内从 24% 降至 4%。随后,1962 年 1 月通过的"大学改革法"取消了传统的大学自治权,并通过免除学费和简化入学程序,为工人、农民和非白人古巴人的子女提供了进入大学学习的机会,并开设了与革命经济发展相关的专业课程。同年,古巴政府成立了古巴科学院国家委员会,修建了新的学校、学院和大学,并进行了新教师的培训。数千名古巴学生在社会主义阵营国家接受教育,而其他学生则获得了来自西方国家的奖学金。此外,全国范围内实施了免费的全民公共医疗保健服务。[35] 自 1962 年起,全古巴范围内推行的免疫接种计划使全体居民可以免费接种 8 种疫苗。古巴的传染病迅速减少并被消灭,包括小儿麻痹症(1962 年)、疟疾(1968 年)、白喉(1971 年)、麻疹(1993 年)、百日咳(1994 年)和风疹(1995 年)。[36]

人和:革命家、医生、实业家与播种者格瓦拉

1959 年,古巴在药品领域依赖于美国制药业,由两家垄断公司控制市场并获得巨额利润。然而,通过革命法令,古巴政府征用了药品行业,并将药品的生产和分销交由政府负责,这个行业归属于工业部部长埃内斯托·切·格瓦拉(Ernesto 'Che' Guevara)的管辖范围。格瓦拉本身是一名医生,在革命之前的生活中,他研究过过敏、哮喘、麻风病和营养学理论。作为部长,格瓦拉成立了 9 个研究所,其中包括在 1963 年成立的化学工业发展研究所,旨在促进人类和动物抗生素的工业应用。[37] 尽管该研究所的进展有限,但它确立了一个研究方法,这个方法后来成为古巴生物技术的独特特点。当时格瓦拉的科技部副部长蒂尔索·萨恩斯(Tirso Sáenz)表示:"这个想法非常好,建立一个具有完整创新周期的研究所。该研究所研发产品,并能建立起试验厂进行实验,如果实验效果良好,这些试验厂就

会转变为生产厂。"[38]

格瓦拉征用了一片废弃的农场，用于社会生产和植物学研究。[39]参与工作的人员包括来自革命学校的学生、来自中国的医学专家、一名古巴博士后研究员和三名农学工程师。他们收集了二十多种药用植物，并提供给在哈瓦那肿瘤医院实验室进行实验的科学家们使用。在医院的四楼，有40名科学家按照格瓦拉的指示进行植物、动物和原材料的实验。[40]

1965年，格瓦拉离开了古巴，这片农场被转交给新成立的国家科学研究中心（Centro Nacional de Investigaciones Científicas，CENIC），旨在进行生物学研究并建立新的科学基础设施。从1980年开始，生物研究所的主任们都是在国家科学研究中心的培养下成长起来的。[41]在20世纪60年代和70年代，几千名古巴人接受了科学家和工程师的培训。古巴实现了每1000名居民中有1.8名研究人员的水平，远高于拉美地区的平均水平（0.4），接近欧洲的平均水平（2.0）。[42]1975年，古巴共产党的第一次代表大会上批准了新的国家科学政策。同年，在众多的机构创建之时，国家科学技术委员会也得以成立。

到了20世纪80年代，古巴的国民健康状况确实接近高度发达国家的水平，几乎消除了大多数传染病和与贫困相关的疾病，使得像癌症、糖尿病和心脏病等疾病已成为优先防治的对象，与发达资本主义国家处于同一水平线上。然而，这些疾病的治疗成本很高。古巴面临的另一个挑战是美国总统里根通过的一项新法律，禁止外国向古巴出口货物和设备，只要这些货物和设备的制造流程中有任何部分或过程是由美国公司或个人参与的。这项法律亦使古巴无法购买或订阅来自美国的科学技术期刊。[43]

地利：古巴生物技术的奇特起源

古巴的生物技术领域发展，既独立于苏联体制，又独立于美国和欧洲的公司资本主义模式。[44]在公共卫生需求的推动下，该领域以"快速通道"为主要特征——从研究和创新到试验和应用。一个很好的例证便是在1981年利用"干扰素"成功阻止了登革热病毒的致命爆发。[45]

干扰素是一类蛋白质，由细胞在感染（病毒、细菌、寄生虫和肿瘤细胞）时产生和释放，作为一种"信号"，警告附近的细胞增强抗病毒防御。吉恩·林登曼（Jean Lindenmann）和阿里克·伊萨克斯（Aleck Isaacs）是英国国家研究所的研究员，在研究"病毒干扰"时首次发现了干扰素现象，即一个细胞被一个病毒感染后能够产生免疫反应，从而对抗另一个病毒。继这一突破后，20世纪60年代，美国研究员扬·格勒斯（Ion Gresser）在巴黎的研究中证实干扰素可以刺激淋巴细胞去攻击小鼠体内的肿瘤。

在20世纪70年代，美国肿瘤学家兰多夫·李·克拉克（Randolph Lee Clark）在担任得克萨斯州休斯敦一家癌症医院的院长期间，进行了干扰素的研究。克拉克赶上了美国卡特总统改善与古巴关系的时期的末班车，加入了一支访问古巴的代表团，参观古巴的医疗设施。在这次访问中，克拉克与菲德尔·卡斯特罗会面，并使他相信干扰素是一种独特的药物。克拉克提议在他的医院接收一名古巴研究人员。卡斯特罗说服他接纳了两名研究人员。不久后，一名古巴医生和一名血液学家在克拉克的实验室中度过了一段时间。克拉克向他们提供了关于干扰素的最新研究，并帮助他们与卡里·坎泰尔（Kari Cantell）取得联系，这位坎泰尔便是在1970年代从人体细胞中分离出了干扰素的人。坎泰尔致力于全球健康，因此在没有对干扰素程序申请专利的情况下分享了他的技术突破。1981年3月，6名古巴人在芬兰度过了12天的时间，学习如何大规模生产干扰素。他们都是在1959年革命下接受训练的第一代医学科学家。

1981年4月，这些古巴人从芬兰回国的第二天，他们搬进了"149号楼"，一座改建成干扰素实验室的豪宅，即后来的"生物研究中心"。菲德尔·卡斯特罗经常探望他们，并为他们提供所需的资源。仅仅在45天内，古巴人就生产出了他们的第一批干扰素。在将干扰素用于人体之前，他们对小鼠进行了安全性和无菌性测试，尔后有 3 名科学家亲自接受了干扰素接种。他们只出现了轻微的体温上升，没有出现更严重的反应。芬兰实验室证实了他们干扰素的质量。

正巧，这项研究成果派上了用场。几周后，古巴遭遇了一次由蚊子传播的登革热疫情。值得注意的是，这是拉美地区首次出现这种特别凶猛的登革热毒株，可能导致危及生命的登革出血热。这次疫情在古巴造成了 34 万人感染，每日新增确诊病例的高峰达到了 1.1 万例。[46] 其中 180 人死亡，包括 101 名儿童。古巴怀疑美国中央情报局（CIA，以下简称"中情局"）释放了这种病毒。卡斯特罗宣布："我们与人民的看法一致，并强烈怀疑危害我们国家的瘟疫，特别是出血性登革热，可能是由中情局引入古巴的。"[47] 美国国务院对此予以坚决否认，尽管最近一项古巴调查声称可提供证据证明该次疫情源自美国。[48]

在疫情达到高峰期间，古巴公共卫生部（Ministerio de Salud Pública，MINSAP）授权位于"149 号楼"的科学家使用干扰素来控制疫情。这个过程非常迅速。他们发现，在登革热晚期病例中，干扰素并不起作用，但在儿童短期感染登革热内，干扰素能够缩短登革出血热休克的时间，从而降低了死亡率。古巴科学家卡巴列罗·托雷斯（Caballero Torres）和洛佩兹·马蒂拉（Lopez Matilla）在他们的历史描述中声称："这是全球范围内最大规模的干扰素预防和治疗活动。古巴开始定期举行研讨会，迅速引起了国际关注。"[49] 在 1983 年，首次举办的国际会议备受赞誉。坎泰尔发表了主旨演讲，克拉克与波兰裔美国科学家艾伯特·布鲁斯·萨宾（Albert Bruce Sabin）一同出席了会议，后者发明了脊髓灰质炎口服疫苗，帮助全球几乎消除了这种疾病。

古巴政府坚信创新医学科学的贡献和战略重要性，因此设立了"生物学前沿"项目来推动该领域的发展。1982 年 1 月，生物研究中心从"149

号楼"迁至一座新建且设备更加先进的实验室，该实验室有 80 名研究人员。古巴科学家也出国留学，其中许多科学家选择前往西方国家。这些科学家的研究走上了更具创新性的道路，尝试进行干扰素的克隆实验。在坎泰尔于 1986 年返回古巴时，古巴人已经成功在酵母中克隆出第二代干扰素。[50]

1982 年，联合国工业发展组织（UNIDO）发起了一个旨在促进"第三世界"国家生物技术发展的国际资助项目的竞赛。联合国工业发展组织的国际基因工程与生物技术中心（International Centre for Genetic Engineering and Biotechnology）促进南北知识转移和科学合作。里根政府 1982 年对古巴加强封锁的措施促使古巴积极提出申请。1984 年，由印度和意大利联合申请的项目获得了这笔资金。尽管如此，古巴（特别是菲德尔·卡斯特罗）决定在没有资金资助的情况下继续推进该项目。古巴迅速开始建设自己的基因工程与生物技术中心（Centro de Ingeniería Genética y Biotecnología，CIGB），该中心将进行生物学、化学工程和物理学研究。两年后，即 1986 年，该中心投入使用。与此同时，古巴正面临另一场严重的健康危机——B 型脑膜炎的爆发，这进一步刺激了古巴生物科技领域的发展。

古巴的脑膜炎奇迹

1976 年，古巴爆发了 B 型和 C 型脑膜炎疫情。[51]自 1916 年以来，古巴只有极少数个别的脑膜炎病例。尽管当时国际上已经有了 A 型和 C 型脑膜炎的疫苗，但对 B 型脑膜炎尚未研制出有效的疫苗。古巴卫生管理机构从法国一家制药公司获得了一种用于 C 型脑膜炎的疫苗，为本国居民接种。然而，在接下来的几年里，B 型脑膜炎的病例开始增加。随着感染人数和死亡人数不断增加，古巴公共卫生部于 1983 年成立了一个专家团队，成员来自不同的医学科学中心，由生物化学家康赛普西翁·坎帕（Concepción

Campa）领导，来全力寻找针对 B 型脑膜炎的疫苗。到了 1984 年，B 型脑膜炎成为古巴的主要健康问题。经过连续 6 年的研究工作，到了 1988 年，坎帕的团队成功地研制出世界上第一个针对 B 型脑模型的疫苗。在开始临床试验之前，科学家们先在自己和自己的孩子身上进行了测试。在 1987—1989 年间，坎帕的团队进行了一项随机、双盲的对照试验，涉及 10 万多名 10~14 岁的学生，以评估疫苗的有效性。结果显示，这个 B 型脑膜炎疫苗的有效性达到了 83%。坎帕团队的另一名成员古斯塔沃·塞拉（Gustavo Sierra）博士笑着回忆道："这是我们能够说 B 型脑膜炎疫苗有效的时刻，这是在最糟糕的情况下，在面临传染病压力下，在最易受感染的人群中。"[52]

古巴公共卫生部决定立即开始在全国范围内接种一种有效率为 83% 的疫苗，以挽救更多生命，而不是等待生产更有效的疫苗（或者可能没有更有效的疫苗）。在 1989 年和 1990 年期间，古巴为 300 万名最易受感染的人群（儿童和年轻人）进行了疫苗接种。在接种过程中，不同省份的疫苗有效性在 83%~94% 之间不等。接种过程中没有发生严重的副作用，并成功阻止了另一场严重疾病的爆发。随后，又有 25 万名年轻人接种了"VA-MENGOC-BC"疫苗，这是一种结合了 B 型脑膜炎和 C 型脑膜炎的疫苗。这种疫苗的总体有效率为 95%，在 3 个月到 6 岁的高危年龄段人群中，疫苗的有效率达到了 97%。古巴的 B 型脑膜炎疫苗获得了联合国创新金奖，这是古巴脑膜炎的奇迹。[53]

"我告诉同事们，一个人可以工作 30 年，每天 14 个小时，只为了欣赏这张曲线图十分钟的时间，"分子免疫学中心的主任奥古斯丁·拉格（Agustín Lage）说道。他指的是古巴 B 型脑膜炎病例数量上升和骤降的曲线图。"生物技术就是为了这个图表而开始的。而随后，发展出口产业的可能性涌现，如今，古巴的生物技术产品出口到了 50 个国家。"[54]这种可能性是在几年后，即巴西爆发 B 型脑膜炎疫情后不久出现的。"巴西人购买了古巴的疫苗。这是一笔巨大的交易，这些资金用于投资扩大古巴的生物技术产业。"拉格说道。

到了 1986 年，古巴已经拥有了 39000 名科学工作者，相当于平均每 282 人就有一名科学工作者。其中有 23000 人从事研究工作。成千上万的科研人员在国外接受过培训，主要是在社会主义国家，也有在西欧国家。古巴革命政府在教育和公共卫生方面的投资为进一步推进医学科学提供了必要的"临界质量"。在 1981—1989 年期间，古巴"生物学前沿"投资 10 亿美元用于发展生物技术产业，其中包括在 1986—1991 年期间建立了西哈瓦那的"科学之柱"，也被称为"科学城"（Science City）。[55]

科学城

科学城是生物技术机构的聚集地，它们协调和整合彼此的工作。各中心的主任每月会面，讨论项目并交流信息，包括菲德尔·卡斯特罗在内的高级政府官员也会出席。为了方便这些在机构每天工作 14 小时的员工，当地还建设了成千上万的住房，以便他们步行上下班。科学城的核心机构是古巴基因工程与生物技术中心（CIGB），它获得了古巴科学机构中最大的投资。其他机构也相继成立：

1987 年，免疫测定中心（Centre for Immunoassay）：生产用于检测病理的生化测试和筛查专用计算机化和自动化设备。

1989 年，国家脑膜炎球菌疫苗中心：研究和生产"VA-MENGOC-BC"疫苗以及其他人类疫苗。该中心于 1991 年改名为"芬莱研究所"（Finlay Institute），以纪念卡洛斯·芬莱。

1990 年，古巴神经科学中心（Cuban Centre for Neuroscience）：用于诊断和治疗脑部疾病。

1992 年，生物制剂中心（Centre of Biopreparados）：用于生产

古巴的生物制剂。

1994 年，分子免疫学中心。

然而与这些国家投资几乎同时发生的，也是一个令人吃惊的事实便是，这些机构的成立都发生在古巴最严重的经济危机时期，一场始于 1990 年的秋季的"特殊时期"，正如古巴分子免疫学中心的案例在后文的展现。

相遇：肿瘤学与生物技术

在 20 世纪 80 年代，生物技术和肿瘤学在全球范围内开始融合。在古巴国家肿瘤学与放射生物学研究所（Instituto Nacional De Oncología Y Radiobiología，简称"INOR"，从格瓦拉曾指挥的肿瘤医院发展而来），彼时的拉格是一群年轻科学家中的一员，他们正在进行关于免疫学在抗击癌症中的作用的实验项目。在 20 世纪 80 年代初，古巴国家肿瘤学与放射生物学研究所开发并试用了第一批古巴的自己的单克隆抗体（对单个抗体细胞进行的克隆），以期实现多种医学用途。到 20 世纪 80 年代末，单克隆抗体被用于检测古巴经历移植手术的病人的恶性肿瘤以及防止器官排异。[56]菲德尔·卡斯特罗访问了该研究所后，建议扩大其规模，将其纳入"科学之柱"，并为其提供工业生产能力和出口授权。该项目于 1991 年开始建设，尽管在苏联解体时古巴当局只完成了新的分子免疫学中心大楼的预制柱。然而，菲德尔不允许该项目停止。拉格将这看作是一个"非常大胆的决定"，即使在国家财政无力支持的情况下，菲德尔坚持认为这个中心必须建成。这是他的决策，一种积极的防御措施。[57]该领域完全由古巴控制，这使得这个决定成为可能，同时也是必要的，以确保分子免疫学中心的持续发展。

豁免权：特殊时期的古巴生物技术

苏联解体和东欧剧变给古巴经济带来了巨大的冲击。古巴曾经有 85%的贸易都是在同其他社会主义国家签署的计划性协议下进行的，这些贸易不受美国封锁的影响。突然之间，古巴变得依赖于由美国主导的国际资本主义市场，而美国对古巴实施了严厉的封锁。全球三分之一的药品生产都在美国，这让古巴该从何处获得医疗设备和药品呢?

1993 年，古巴社会主义陷入困境，国内生产总值在短短两年内暴跌了35%。其他领域也遭受了严重的削减，一切陷入混乱，生产和运输陷入了停滞，人们开始过紧日子，几乎所有行业和领域都面临物资短缺。在这种背景下，高风险的新兴生物技术领域被选为三个战略经济部门之一进行投资，另外两个部门分别是旅游和粮食生产。

在 1990—1996 年期间，古巴又在"科学之柱"投资了 10 亿美元（占国民生产总值的 1.5% ）。"科学之柱"充当了医药科学企业的孵化器，在特殊时期受到总统办公室的保护。当这些机构开始出口药物时，资金被重新投资其中，形成了一个"封闭的经济循环"。因此，古巴正是在最困难的时期，生物技术得到了蓬勃发展。拉格解释说，这种动力源于国内的公共卫生福利以及美国对古巴的封锁。古巴买不起昂贵的药物，有时即使有足够的钱也无法购买——因为美国不对古巴销售。[58]与此同时，在拉美地区的其他地方，新自由主义的结构调整计划导致公共卫生服务在 20 世纪90 年代遭到私有化和削减，但古巴政府坚持以社会福利为导向的中央计划经济。[59]

于是乎，古巴国内药店布满灰尘的货架上开始逐渐添上古巴制造的"生物仿制药"（即传统药物和生物技术药物的仿制品），正是由于古巴的医药科学部门被引导上积极响应需求的道路。对生物技术产品的复制涉及高级科学，涉及合成基因并将其引入细胞中进行克隆。古巴生产的干扰素、促红细胞生产素以及乙肝疫苗都是"仿制品"。此外，药店货架上也出现了顺势疗法的替代品。由于对廉价仿制药的需求是全球性的，古巴的药品出口也得以增加。到 20 世纪 90 年代中期，古巴每年能够赚取 1 亿美元的药品出口收入。

当生物技术被赋予古巴特色

有一位跨国制药公司的总裁曾告诉拉格，他受制于股东们的利益。这位分子免疫学中心的主任问他的公司有多少股东，答案是 30 万人。拉格回应道："这么说吧，我们公司有 1100 万名股东。我们的股东就是 1100 万古巴人！"[60] 古巴的生物制药行业完全归国家所有，通过国家投资成立，并由国家预算提供资金支持，没有私人利益和投机性投资。该行业在国内并不追求利润，因为它与国家资助的公共卫生系统完全融为了一体。国民卫生需求则是放在首位的。那些古巴在美国封锁线下买不起的药物，以及没有权限获得的药物，只能在国内生产。如今，古巴有超过 800 种药品在销售，其中有 517 种是在国内生产的，国内生产的药品占所有药品的比例接近 70%。

在古巴的研究机构之间，合作胜过竞争，研究成果和创新想法经常被共享。科学家团队负责将项目从基础科学阶段推进到以产品为导向的研究、制造和营销阶段，他们贯穿整个项目的始终。这种合作方式在古巴是常见的，而在大多数国家，这些活动通常由不同的企业来负责。纽约布法罗的罗斯威尔公园综合癌症中心免疫学主任开尔文·李（Kelvin Lee）博士目前正在领导关于分子免疫学中心的"CimaVax-EGF"的临床试验，一种用于治疗肺癌晚期患者的疫苗。[61] 他强调了古巴生物技术领域的一些引人注目和独特之处："他们首先确定需求，然后找到开发所需的科学方法，在实验室中进行产品开发，测试其在古巴医疗体系中的效果，然后进行商业化并在海外销售。他们的医疗体系在这方面非常灵活。"他补充说，古巴面临的劣势是他们无法追求大量的创意点子，并将那些行不通的点子视为沉没成本一笔勾销。"他们没有足够的资源来做到这一点。"[62] 由于受限的资金来源，他们的资金非常有限。那么，这种独特的古巴体系取得了哪些成果呢？

当药物疗法被赋予古巴特色

2015 年，世界卫生组织宣布古巴成为全球首个成功阻断人类免疫缺陷病毒（HIV）母婴传播的国家。古巴通过自主生产的抗逆转录病毒药物成功阻止了病毒在患者之间的传播，就像使用疫苗一样，避免了艾滋病的蔓延。古巴的艾滋病死亡率持续下降。在古巴，新生儿普遍接种古巴基因工程与生物技术中心生产的乙肝疫苗，这使得古巴成为最早摆脱乙肝的国家之一。在古巴儿童接种的疫苗中，（13 种疾病中的 11 种疫苗之中）有 8 种是在科学城生产的。仅仅在 10 年内，全球使用了 1 亿剂次的古巴的乙肝疫苗。

截至 2017 年，古巴基因工程与生物技术中心拥有 1600 名员工，并在国际市场销售了 21 种产品。古巴基因工程与生物技术中心生产的一系列创新药物对公共卫生具有重大意义，其中包括用于治疗糖尿病足溃疡的"Heberprot-P"。糖尿病足溃疡影响全球约 4.22 亿人，而"Heberprot-P"能够将需要截肢的情况减少 71%。[63] 在过去的 10 年中，古巴已有 71000 名患者接受了"Heberprot-P"药物，另外来自其他 26 个国家的 130000 名患者也接受了该疗法。古巴基因工程与生物技术中心还致力于研发面向农业和食品生产领域的产品。

古巴成为美洲地区第二个实施全面先天性甲状腺功能减低症筛查项目的国家，仅次于加拿大，排在美国之前。古巴的免疫测定中心开发了自己

的超微量分析系统（Ultramicroanalytic System，SUMA）设备，用于先天性
异常的产前诊断。近 400 万婴儿接受了先天性甲状腺功能减低症的筛查，
该疾病会影响甲状腺素的产生，而甲状腺素是婴儿正常生长和发育所需的
激素。[64] 治疗方法简单且经济实惠。拉格说："自从引入这个系统以来，一
些本会在智力方面出现问题的孩子现在已经上了大学。"[65] 截至 2017 年，
免疫测定中心有 418 名员工，每年为 19 种不同疾病进行 5700 万次检测，
其中包括乙型和丙型肝炎、登革热、囊性纤维化、恰加斯病、麻风病和艾
滋病等。

　　古巴的神经科学中心正在开发认知和生物标记测试，以便早期筛查阿
尔茨海默病。他们还开发了一款儿童助听器，售价仅为 2 美元，远低于美
国和欧洲的助听器价格，并且可以使用 3D 打印机技术按照个体需求进行
定制。[66]

　　在过去的 26 年里，古巴的专家们获得了世界知识产权组织（WIPO）
颁发的十枚金牌。其中，第一枚金牌于 1989 年颁发给了 B 型脑膜炎疫
苗，另一枚金牌是与渥太华大学（University of Ottawa）合作研发的 B
型流感嗜血杆菌结合疫苗。[67] 古巴还获得了用于治疗糖尿病足溃疡的
"Heberprot-P"以及用于治疗银屑病的"艾托利珠单抗"（Itolizumab）的金
牌认证。[68] 截至 2017 年夏季，古巴在生物技术领域拥有 182 项发明，在
古巴国内获得了 543 项专利，在国外获得了 1816 项专利，并提交了 2336
项专利申请。[69] 古巴的产品销售遍及 49 个国家，并与"南方世界"中的
9 个国家建立了合作关系。古巴的制药工业具备大规模生产非专利的本国特
色药物的能力，并以低成本向发展中国家出口。

　　分子免疫学中心致力于研究哺乳动物细胞的生物技术、单克隆抗体和
癌症疫苗。在古巴，65 岁以下的人群中，癌症是仅次于心脏病的第二大死
因。截至 2017 年夏季，分子免疫学中心拥有 1100 名员工、4 套生产设施、
25 个正在研发的产品、6 个注册专利产品，并出口产品到 30 个国家。此外，

分子免疫学中心有 5 家海外合资企业，45 项发明被授予专利，并拥有 750 项国外专利。超过 90000 名古巴人接受了分子免疫学中心的治疗。其中最引人注目的创新发明是"CimaVax-EGF"，用于肺癌免疫治疗。

"癌症"一词，是指一组细胞异常生长并有可能侵入或扩散至身体其他部位的疾病。表皮细胞生长因子（epidermal growth factor，EGF）是一种细胞蛋白，通过与细胞表面上的表皮生长因子受体（epidermal growth factor receptor，EGFR）结合来促进细胞生长。早在 1984 年，拉格和古巴国家肿瘤学与放射生物学研究所的科学家们首次描述了表皮生长因子受体在乳腺癌中的作用：他们发现大约 60% 的人类乳腺肿瘤中表皮生长因子受体表达过度。研究人员发现，表皮细胞生长因子能够快速分布到肿瘤细胞并与特定的细胞膜受体结合。拉格报告指出："这些结果表明，高剂量的表皮细胞生长因子最终可以抑制某些肿瘤的细胞增殖。"[70] 当时，人们将表皮细胞生长因子视为癌症问题的一部分，它滋养肿瘤，但又是身体内天然存在的一部分，因此不会引发免疫系统的反应。古巴学者提出了将人类表皮细胞生长因子作为解决方案的想法：作为一种活性剂，它可以干预正常的表皮细胞生长因子与其受体的结合，从而抑制癌细胞的生成。[71]

正是由于免疫系统难以将癌症识别为身体的异物，因此利用免疫疗法对抗癌症一直以来都非常困难。分子免疫学中心计划利用表皮细胞生长因子来"训练"身体对该因子产生反应，从而产生特异性抗体以对抗癌症。彼时，其他任何癌症研究人员都未能成功实现这一目标。开发这种疗法需要一到两剂开发成本低廉的疫苗，而且必须能由初级卫生保健机构提供。但这符合古巴的医疗系统。然而，由于这种疫苗免去了在高科技机构昂贵且长期的治疗，因此与全球的生物制药公司的利益驱动存在冲突。"CimaVax"是基于古巴芬莱研究所（针对 B 型脑膜炎的疫苗）的疫苗学家和古巴基因工程与生物技术中心对结合脑膜炎奈瑟氏菌"P64 K"的重组蛋白质的研究开发而成。通过将"P64 K"作为载体蛋白质引入患者体内的表皮细胞生长因子，分子免疫学中心的研究人员成功突破了人体对自身表皮细胞生长因子的耐受性。[72]研究结果表明，该疫苗有助于人体自我恢复。开尔文·李博士指出，古巴人"设计了肺癌疫苗，但实际上在结肠癌、头颈癌、乳腺癌、胰腺癌等疾病中也非常有效。这种疫苗具有广泛的适用性。"[73]罗斯威尔公园综合癌症中心、分子免疫学中心的合资企业和创新免疫疗法联盟将研究其中一些额外的潜力。

这些生物技术的成就与古巴的人口统计学成就密切相关。古巴医药科学中心的许多员工都是工人和农民的后代，他们是古巴免费教育体系的受益者。如今，古巴科学技术人员中有 66% 是女性。[74]美国长期以来对古巴实施广泛而毫不留情的封锁，给其生物技术领域带来了过度和额外的负担，这无疑给古巴制造了贫困局面，并限制了古巴获取资源和市场，也妨碍了知识的转让。然而，封锁也激发了古巴科学家的韧性和创造力。[75]

当生物技术和医药产业集团被赋予古巴特色

2012 年，"古巴生物技术与医药产业集团"（BIOCUBAFARMA）成立了，它作为一个"控股集团"在制药和生物技术领域整合了 38 家公司、60 台制造设备和 22000 名员工，其中三分之一是科学家和工程师。到 2017 年，古巴生物技术与医药产业集团向近 50 个国家出口产品，并拥有 2000 多项国外专利。这种重组是更广泛的古巴经济重建中的不可或缺的部分，顺应了"更新经济和社会模式的指导方针"的要求。这些经济改革最初于 2011 年被引入古巴，确定了生物医药行业在国家发展计划中的重要作用。然而，在古巴的近 3000 家国有企业中，只有 1% 的企业能出口创新科学产品。在没有资本主义生物技术行业所特有的投机性私人投资和以利润为竞争导向的情况下，该行业如何扩展呢？

奥古斯丁·拉格在古巴构想了一个"高科技社会主义国有企业"模式，

该模式需要有别于的"预算部门"（包括完全由国家预算资助的卫生、教育和其他社会保障）以及国有企业部门（由政府控制，并被寄予为国家财政做出贡献的厚望）的管理框架。[76]古巴承诺保持对生物技术机构的国有控制，通过国家投资进行科学研究，并通过出口高附加值产品为经济增长做出更多贡献，实现对外贸易的国家垄断。这需要加强科学与生产、研究机构与大学之间的融合，促进生产闭环。

古巴特色生物技术产品出口

一些全球生物制药集团对古巴的生物技术产品表现出了兴趣，但美国的封锁以及巨额罚款的威胁在很大程度上起到了抑制作用。古巴与"全球南方"国家在出口和合资企业方面的合作更为成功。小国家的知识经济必须依靠出口来发展，因为国内需求有限。在2008—2013年期间，古巴的生物技术销售总额达到了25亿美元。[77]到2017年，销售额实现了每年50万美元的增长。古巴生物制药产品出口的低成本吸引了"全球南方"国家政府寻求合作的动力。"CimaVax"的生产成本为每剂1美元，比其他肺癌治疗方法便宜得多。

古巴的生物技术领域还与外国（国有）企业建立了合资企业。到2017年，古巴的生物技术行业在巴西、中国、委内瑞拉、阿尔及利亚、南非、越南、印度、泰国和伊朗都设有合资企业。以古巴的分子免疫学中心为例，该机构在中国设立了3家合资企业，分别生产单克隆抗体和治疗癌症疫苗、重组蛋白质和生物技术农业产品。拉格夸赞道，中国这个有着13亿人口的大国家，首次使用了古巴的技术制造了单克隆抗体。[78]古巴基因工程与生物技术中心也在中国设有2家合资企业。古巴和中国设有一个工作组，负责监督两国之间的合作。此外，古巴分子免疫学中心还设有2家营销合资企业，一家在西班牙（负责治疗癌症疫苗），另一家在新加坡（负责单克隆抗体）。此外，在俄罗斯设有一家混合企业。

随着第一批古巴专利即将到期，一场生产新的创新产品的竞赛已经拉开帷幕。在全球范围内，新药研发的平均年成本正不断上升。从 20 世纪 80 年代到 2006 年，研发新药的成本增长了 7.4%。[79]根据一份 2014 年的报告，获得市场批准的处方药物的研发成本达到了 26 亿美元，比 2003 年的估计值增加了 145%。[80]古巴的生物制药行业正在积极寻求大量的国外投资。[81]但这并不是说古巴打算放弃对生物制药行业的国有权，或以任何形式将其私有化。古巴政府其实不希望创新发明由外国人资助而导致的股份占有。古巴希望的，是在工业生产能力方面进行投资，并寻求合作伙伴的帮助，使古巴产品进入全球市场，以应对美国的封锁，以增加本国的出口收入。

作为对美国与古巴友好关系的瓦解过程，2017 年 11 月 8 日，特朗普政府公布了一份禁止美国公民和企业与古巴的经济实体和经济子实体进行交往的名单。这就为古巴与美国的新合作的进程踩下刹车，因为美国的封锁具有超越领土的性质，因而也影响了古巴与其他欧洲盟友的合作进程。然而，由于"祖父条款"（grandfather clause）①的引入，在奥巴马政府时期批准的合作（例如古巴分子免疫学中心与罗斯威尔公园综合癌症中心之间的合作）仍然是可以继续进行的。即使对于美国企业，如果他们有决心，也有方法和途径绕过这些规定。鉴于古巴在癌症、人类免疫缺陷病毒和艾滋病、肝炎以及传染病等一系列关键全球卫生问题上取得的医学突破，美国企业大多是越来越动力开始与古巴合作了。

本章小结

随着时间的推移，古巴的生物技术突破不断成为全球的热门话题。古

---

① "祖父条款"是指旧规则继续适用于某些现有情况，而新规则将适用于所有未来情况的条款。

巴生物技术的成功可以从 1959 年后对高标准普遍免费的公共卫生和教育的
承诺中得以理解，这为医药科学家提供了优质的研究环境。这一成功亦反
映出该国领导层，特别是菲德尔·卡斯特罗，将科技发展视为实现社会经
济发展的政治意愿。与此同时，这也是基于长期进行的传染病研究和疫苗
接种历史的基础之上的。美国的封锁政策迫使古巴在医疗产品需求方面自
给自足。计划经济下的国家控制亦至关重要。古巴的大学、研究中心、医
药科学企业和公共卫生系统之间的协调更加顺畅，恰恰是因为不存在所有
者利益的冲突。国家控制生产和分配，无论是对科学家还是研究人员，还
是对医疗产品和创新发明。

本章及相关研究彰显着"生物技术行业与国家的不可分割性……，不
仅在美国，也在其他地方"，[82]凸显出古巴生物技术革命作为一桩"奇事"，
靠的远不止是政府对生物技术领域的支持。美国政府通过公共研究经费、
立法和专利法施行来支持本国生物制药行业。此外，美国还通过有利的货
币和财政政策以及法规来促进风险投资领域，而生物技术公司主要依赖于
此。但在美国，生物技术面临的危险在于风险投资家的私人利益可能阻碍
了本应为全球公共卫生带来好处的医药科学创新。而在古巴，挑战在于资
金如何获取，以及如何在美国封锁线实施下平稳航行，这些封锁实则阻碍
了与国外生物制药伙伴的合作、对出口市场的拓展以及对全球专利和资源
的获取。

第 11 章

委内瑞拉石油工业的研发转折期

委内瑞拉，作为一个石油储量领先世界之地，在石油日益成为重要燃料的 20 世纪 60 年代推行石油的国有化，并企图推进本国的石油工业研发计划。自主研发总是难题，在委内瑞拉，其初见锋芒后的急转直下令人惋惜，这是一场技术上的"短暂成熟"，亦是给过度依赖超强产业的行为敲响警钟。

南美洲和中东地区是世界上拥有最大石油储量的地区，然而，这些地区很少能够与开发这些储量所需的技术知识的来源相吻合。这种紧张局势在许多石油生产大国中反映出来。1977 年，石油输出国组织（OPEC）秘书长阿里·穆罕默德·贾伊达（Ali Mohammed Jaidah）在一次讲话中提道：

> 发展本土技术基础并获得国内研究机构的支持是……工业化进程的关键支撑点。……多年以来，我们一直不得不以高昂的价格购买技术，而且"交钥匙"项目与技术供应商的专利、备件、运营和研究紧密相连。……目前的技术转让条件令我们深感担

忧……因为授权是勉强的。[1]

在过去的 30 年里，石油相关技术的所有者甚至也发生了变化。20 世纪 90 年代，11 家石油巨头承担了 80% 的研发活动，但到了 2013 年，油田服务（Oilfield Services，OFS）公司（大多总部位于美国）发布的石油上游产业① 活动专利相关数量占所有这种专利数量的 80%。[2] 石油巨头通过外包钻井技术，打开了一扇技术专长之门，通向一条非常有利可图且日益复杂的路，于是现在石油上游产业及相关技术由油田服务公司主导。[3] 斯伦贝谢公司（Schlumberger）就是油田服务行业的领导者，公司的营收从 1990 年的 70 亿美元增长到 2017 年的 304 美元，市值达 897 亿美元。[4]

对于一个国家石油公司（National Oil Company，NOC）来说，面对不断变化的目标，必须做出一个决策：要么是像大型独立石油公司一样投资于研究，要么是在市场上购买定制技术。继续进行内部研发计划其实并不是一个直截了当的决策，因为国家石油公司从本质上就是要去满足的旺盛需求，来自其唯一的所有者，即国家。国家石油公司的大部分收入用于支付政府开支，因此国家石油公司不仅获取技术的成本总是很高，而且将石油收入用于长期研发的政治机会成本也很高。然而，在本章开头提到的贾伊达参与的维也纳研讨会前两年，委内瑞拉已经宣布计划，将石油行业国有化后为其建立内部研发中心，这个决定使其在当时的石油输出国组织的成员中脱颖而出。[5] 1975 年 8 月 6 日，委内瑞拉石油政策制定和执行的关键人物罗穆洛·贝当古（Rómulo Betancourt）在参议院发表讲话，以纪念这个历史里程碑。贝当古是民主行动党（Acción Democrática，简称"AD"）有权势且备受争议的政治元老，也曾两度担任委内瑞拉总统。他宣布：

———————————

① 上游产业，又称勘探和开发产业，是石油和天然气工业的一个重要组成部分。

现政府（民族主义民主行动党）……已经收购了……皮尼亚泰
利别墅（Villa Pignatelli）。……委内瑞拉石油技术研究所（Instituto
Tecnológico Venezolano del Petróleo，简称"INTEVEP"）将建立在
这里。[6]

这个 1974 年在前总统拉斐尔·卡尔德拉（Rafael Caldera）执政时期诞
生的研究机构，获得了贝当古最强有力的政治支持，显示了该时期两大主
要政党之间政策的连续性。[7]

在 1976 年 1 月，新成立的委内瑞拉石油公司（Petróleos de Venezuela，
S.A.，简称"PDVSA"）面临的首要任务便是确保产量。然而，从长远来
看，该公司必须要找到新的储备并将其量化，还必须开发技术来升级或精
炼其重质（HC）和超重质（XHC）原油，即便这些原油在现有的炼油厂中
没有即时的销售出路。[8]之前在委内瑞拉经营的国际石油巨头继续为委内
瑞拉石油公司提供技术援助合同，后来还有油田服务公司的加入。[9]由于
可获得技术支持，尽管成本高昂，委内瑞拉创办国家的石油技术研究所的
决定使得委内瑞拉石油公司领先于其他的国家石油公司。然而，这项决策
不无重大风险。[10]倘若支持内部技术开发的主要论点就是基于察觉到第三
方供应商根本无法提供最适应委内瑞拉本地原油的创新技术，而且还察觉
到这种情形将委内瑞拉对外部供应商的依赖提高到了一定程度，并伴随着
巨大的经济和战略成本，那么必将得出以下推论：委内瑞拉石油技术研究
所根本没有把握取得如此高水平的研发成果，鉴于国内石油和能源的各个
领域面临重重挑战的困境。

在接下来的部分中，笔者将追踪委内瑞拉石油技术研究所的一些重要
方面，从 1976 年的成立时期，到 20 世纪和 21 世纪之交，研究所经历分
水岭（转折时期）的关键年份，以及研究所在催化剂和乳化剂领域中最具
标志性的技术创新的高光时刻。然而到了研究所的成熟阶段，正值委内瑞

拉需要充分利用其拥有世界领先储量的重质和超重质原油的市场潜能之际，在这个背景下，国内出现了对石油政策截然不同的意识形态，最终决定了该机构的命运。

便利的婚姻

委内瑞拉石油技术研究所于 1979 年组成公司，作为商业团体被纳入委内瑞拉石油公司集团麾下，其董事会成员有来自委内瑞拉石油公司的各运营公司的总负责人们。研究所通过为委内瑞拉石油公司集团提供服务而获得收入，支持其长期研究的资金来自上述收入及公司总部的拨款。根据图 11-1 所示，在这段时间里，委内瑞拉石油公司的这桩预算分配相对稳定。而委内瑞拉石油石油公司支付给第三方机构的数据则会出现扭曲的走势，这都发生在委内瑞拉石油公司国有化行动后的最初几年，期间产生巨大支出。从 1979 年到 2000 年，委内瑞拉石油公司给研究所的总支出为 23 亿美元（按照 2000 年不变美元价值计算），低于同一时期它支付给第三方

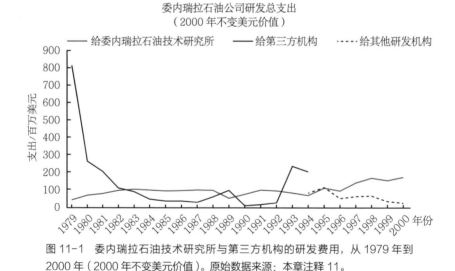

图 11-1　委内瑞拉石油技术研究所与第三方机构的研发费用，从 1979 年到 2000 年（2000 年不变美元价值）。原始数据来源：本章注释 11。

技术支持公司的 28 亿美元（按照 2000 年不变美元价值计算）。但在这段时期中，给委内瑞拉石油技术研究所的预算与委内瑞拉石油公司总收入的平均比仅为 0.4%。[11]但一般的石油公司，据最近一段时间（2009—2015年）的报告显示，研发投入强度范围在 0.4%~0.5%。[12]而通常情况下，石油和天然气生产商的研发强度较低，研发支出不到总支出的 1%。[13]

　　委内瑞拉石油技术研究所诞生于一场"便利的婚姻"，由两个完全不同的"伴侣"组成。一方来自运营层面，由一批委内瑞拉工程技术人员组成，其核心经验可供委内瑞拉石油技术研究所利用。[14]另一方则来自委内瑞拉科学界，他们看到了国家对主要工业活动的支持，因而来此抓住促进未来研究的机会。研究所拥有更好的薪水、设备和预算，放在这样一个私营部门研发微不足道的国家，只有国家大学及其有限的预算作为另一条出路，因而这份职业的吸引力是很难被忽视的。因此，委内瑞拉石油技术研究所的成立难免会在委内瑞拉科学研究界这个很小的圈子里引起轰动。根据雷克纳（Requena）的说法，委内瑞拉石油技术研究所的运营预算平均比委内瑞拉最重要的科学研究机构——委内瑞拉科学研究所（Instituto Venezolano de Investigaciones Científicas，简称"IVIC"，始于 1951 年）的预算高出 5 倍，比国家科学技术研究委员会（Consejo Nacional de Investigaciones Científicas y Tecnológicas，简称"CONICIT"，成立于 1969 年，协调委内瑞拉科学和技术政策并提供资金的政府机构）的预算高出 2 倍。[15]从 1984—2000年，委内瑞拉国民生产总值的 0.39% 用于科技领域。在这期间，委内瑞拉石油技术研究所便吸收了这些科技总预算的 31%，超过了给委内瑞拉大学（27%）、国家科学技术研究委员会（18%）和委内瑞拉科学研究所（12%）的预算。[16]

　　委内瑞拉科学研究所如今还能够通过学术资金吸引近年来扩大的可用人才的精英，这些学术资金计划最初由国家科学技术研究委员会发起，之后在 1974 年由碳氢化合物领域人员研究和培训基金（Fondo para la Investigación y Formación de Personal en el Area de los Hidrocarburos，FONINVES）和阿亚库乔大元帅基金会（Fundación Gran Mariscal de Ayacucho，FGMA）提供财政支持。这些计划得益于石油繁荣，因而能有丰饶土地一般的充裕资金支持。[17] 尽管国家科学技术研究委员会在委内瑞拉科学研究所的早期规划阶段扮演了重要角色，但委内瑞拉石油技术研究所最终变得过于庞大并独立于国家科学技术研究委员会。后来，委内瑞拉石油技术研究所研究方向的优先顺序将只能由委内瑞拉石油公司确定，不再受到委内瑞拉科学技术部门的集中规划的限制。因此，委内瑞拉石油技术研究所在委内瑞拉政府科学和研究部门的历史编纂中近乎消失了。[18]

委内瑞拉石油技术研究所最初创建了两个主要部门：负责勘探和生产的工程部门，以及负责炼油和石化的化学部门。此外，研究所还必须建立委内瑞拉石油技术研究所内的两条职业道路，以便研究人员能够专注于研发并在公司层级中晋升，而没有研究经验的管理人员则根据委内瑞拉石油公司的人力资源政策被派驻到委内瑞拉石油技术研究所，作为职业发展的另一个踏板。一首匿名小曲以幽默的嘲讽反映了这种企业和文化的融合：

> 我们这些不情愿的人
>
> 被不合格的人领导
>
> 要求一直在做着不可思议的事情[19]

对于有大学教育背景的研究人员来说，以色彩编码的姓名标签表示的等级新世界（分开的餐厅、限制通行的区域、分级别的飞行和酒店住宿，以及每年有海外培训的机会）带来了文化冲击，尽管福利待遇诱人。到了20世纪末，委内瑞拉石油技术研究所已经汇集了委内瑞拉最优秀的人才。共有1580名员工，其中有334名从事行政工作，985名专业人员从事研发和技术工作，这其中的164人为博士，241人为硕士，577人拥有工程学和其他专业的大学第一学位。此外，截至 1984 年，委内瑞拉石油技术研究所已经资助了 108 人在海外获得博士学位。[20] 委内瑞拉石油技术研究所现在汇集了约 1400 名活跃研究人员，[21] 占据了相当大的比例。正如委内瑞拉石油公司的第一任总裁阿方索·拉瓦德（Alfonso Ravard）将军在一次采访中直言不讳地指出，发挥作用的不是建筑物或设备，而是研究所中的纪律和智慧。[22] 委内瑞拉石油技术研究所的计划的坚定实施发生在不同意识形态政党之间的 7 次民主政府交接的背景下，还有 1983 年货币贬值、1992 年两次失败的军事政变、1993 年委内瑞拉总统遭到弹劾，以及从 80 年代中期开始的低油价，到 1999 年每桶仅略高于 10 美元。

在评估像委内瑞拉石油技术研究所这样的应用研究机构的成功程度时，一个可以立即参考的基准是每年申请的专利数量（图 11-2）。[23] 在 1976—2002 年期间，委内瑞拉石油技术研究所共申请了 266 项专利，使其成为当时在美国专利及商标局的专利申请方面拉美地区石油领域拥有最多专利申请的研究机构。在同一时期，巴西石油公司（Petrobras）在美国专利及商标局申请了 147 项专利，而墨西哥石油研究所（Instituto Mexicano

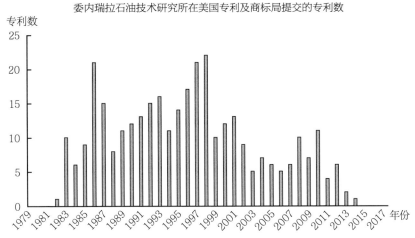

图 11-2　委内瑞拉石油技术研究所向美国专利及商标局提交的专利数，1979—2017 年。
资料来源：本章注释 24。

del Petróleo，IMP）仅在美国专利及商标局申请了 10 项专利，该机构更偏向于在墨西哥本土申请专利，1973—1993 年期间，它在墨西哥工业产权局（Instituto Mexicano de Propiedad Industrial，IMPI）申请了 425 项专利。到 2000 年，委内瑞拉石油技术研究所在 24 个国家申请了 1046 项专利。[24]

专利确实是一个有价值的指标，尽管委内瑞拉石油技术研究所对委内瑞拉石油公司的重要性首先体现在作为其子公司运营问题的第一应对者，而委内瑞拉石油公司提供了核心收入来资助委内瑞拉石油技术研究所的活动。然而，有用的知识还可以通过原创研究或对现有技术的改进，在没有创建专利的情况下，在研发机构内得以积累和利用，这也是事实。专利就像撒种一样，尽管可以播撒许多，但只有很少的专利能够发展成为可为母公司带来收益的商业成果。因此，一个研发机构能够将专利精心用于商业成果的培育并取得成功，则可以向同行证明其已经成熟。委内瑞拉石油技术研究所彼时面临的挑战可以体现在两个主要领域——催化技术和乳化技术，它们的研发创新的商业命运形成了鲜明对比。这两桩历史说明了委内瑞拉石油技术研究所的创新最终的市场成功不仅取决于研究机构的智力深度，还取决于长期研发项目与委内瑞拉石油公司业务计划的同步性，以及集公司全部力量支持自身研发产品的意愿和能力。

"HDH PLUS™" 与 "AQUACONVERSION™"

对于委内瑞拉来说，仅仅拥有世界上最大的碳氢化合物储备是不够的。这些储备主要由非常重且高硫的原油组成，必须将其转化为符合环境法规并且能够盈利的商业轻质产品。[25] 传统的提升重质原油的方法仍然是"延迟焦化"，这是一种经过充分测试的处理过程，利用高温将重质碳氢化合物分解为较轻（黏度较低）的合成原油，然后可以作为传统炼油厂的原料。然而，该过程的缺点是会产生石油焦，这是一种富含碳元素、金属和硫元

素成分高的固体废料，由于环保要求，其市场销售渠道非常有限。对于委
内瑞拉石油公司来说，委内瑞拉石油技术研究所集中研究寻找一种催化路
径，以更高效地处理其重质和超重质油储备，并避免石油焦的生成，具有
重要的意义。一位主要参与者表达了这样的观点：

> 催化重质原油精炼工艺的开发始于由 2 位高级经理同时领导的
> 4 个独立项目。经过长期的实验室和试验工厂的测试，最初的 4 个项
> 目中有 2 个将被选中，并获得了一个独立专家小组的推荐。这个遴选
> 过程大约持续了 8 年。被选为最终方案的是被称为 "HDH™" 的工艺
> （"Hydrocracking Distillation Hydrotreatment" 的缩写），并计划在德国联
> 合电力矿业公司石油分公司（Veba Oel）的设施中进行每日 150 桶的
> 扩大试验。这次试验还允许与联合电力矿业公司（VEBA）自己的工
> 艺 "VEBA-COMBI-CRACKING"（简称 "VCC"）进行比较。随后，
> 该项目转交给一个新的研究团队，他们引入了一种分散在乳化液中
> 的合成纳米催化剂，这是当时非常先进的技术解决方案。这个改进
> 后的工艺被命名为 "HDH Plus™"，并转让给法国石油研究院（Institut
> Français du Pétrole，IFP）/ 阿克森斯（Axens），获得许可和商业化。
>
> 玛利亚·马格达莱娜·拉米雷斯（María Magdalena Ramírez），
> 催化组研究员，前委内瑞拉石油技术研究所的员工[26]

到了 20 世纪 90 年代初期，"HDH™" 的扩展测试已经完成，并进一
步改进为 "HDH Plus™"。到了 1997 年，委内瑞拉石油技术研究所还开
发出了另一种名为 "AQUACONVERSION™" 的催化流程，用于降低至少
14° API（美国石油协会燃油比重度数）的超重原油的黏度。这将解决在运
输重质原油时的关键问题，即如何实现运输中无须事先与较轻质的馏分混
合作为稀释剂。除此之外，"AQUACONVERSION™" 的产物也可以作为

"HDH Plus™" 工艺的原料。[27]

委内瑞拉石油技术研究所坚持采用全球视角着手处理奥里诺科石油带（Orinoco Oil Belt）的储量升级工作：使用附近矿山的矿物作为 "HDH™" 工艺中催化剂，整合了研究所内部的乳化知识推动 "AQUACONVERSION™" 工艺。然而，委内瑞拉石油技术研究所的这些创新都没有得到充分的扩大应用，直到在委内瑞拉石油公司实施其业务计划。该业务计划要在东委内瑞拉的何塞地区（Jose，Eastern Venezuela）建造 4 个延迟焦化装置，每个装置与不同的海外合作伙伴组成合资企业，生产合成原油并供应给传统炼油厂。[28]总投资超过 120 亿美元，其中大约一半由贷款资助。在何塞地区建造的所有合资企业之所以选择延迟焦化技术，是因为难以从该地获得足够的天然气。[29]然而，考虑到 20 世纪 90 年代这些催化工艺的开发状态，无论是合资伙伴还是融资银行都不太可能冒险率先在工业规模上采用委内瑞拉石油技术研究所的新型催化工艺。因此，如果委内瑞拉石油公司希望展示委内瑞拉石油技术研究所用于重质原油升级和炼制的技术，就必须自行推进。作为拥有世界上最大的重质和超重质储量的公司来说，这将是一个向市场证明自己资质的绝佳机会。然而，到目前为止，委内瑞拉石油公司也没有在工业规模上实施这两种工艺。

委内瑞拉石油技术研究所标志性的成果缺乏商业应用，是否意味着其在催化领域的长期研发研究失败了呢？如果用更广泛的视角来看，情况却并非如此：

（委内瑞拉石油技术研究所）在催化领域拥有丰富的技术知识基础，但其商业成功却非常少。……然而，所产生的知识使得炼油厂能够更有力地进行技术谈判……并解决他们的技术问题。……就催化技术而言，其商业价值可能并不仅仅体现在净销售额上，……而是在为企业的核心业务提供支持这一方面。……

就（委内瑞拉石油技术研究所的）专利而言，催化技术和吸收剂占了 18％，而发明占了 30％。[30]

"奥里油"，市场上的新型碳氢化合物燃料

委内瑞拉石油技术研究所的全球商业成功，其实是委内瑞拉石油公司广泛寻找优化利用奥里诺科石油带庞大储量的结果。

在 20 世纪 80 年代中期，轮到拉戈文公司（LAGOVEN，委内瑞拉石油公司的子公司）负责委内瑞拉石油公司的长期计划。这项为期 2 年的工作的目标是评估 21 世纪初的全球能源前景，以确保委内瑞拉奥里诺科石油带的重质原油储量不会在未来变得像过去那样无用武之地。我们全面考虑了各种选项，包括将天然沥青用作发电燃料，因为即使是当时我们也已经意识到电动汽车将与传统燃油发动机在交通市场上竞争。那个时候，我们面临两个紧迫的问题：如何开采这些储量，其中一种选择是通过原地乳化重质原油和天然沥青；然后如何通过管道将它们运输到传统的重质原料出口地点，一种选择即是使用延迟焦化装置。

尤金妮亚·巴斯克斯（Eugenia Vásquez），奥里诺科河沥青
公司欧洲有限公司前总经理[31]

上述情形导致拉戈文公司为委内瑞拉石油技术研究所在多个方面的研究工作提供了资金和指导，旨在解决上述问题，而乳化技术则贯穿于所有这些活动中。这两家公司的员工组成两个小组，首先对原地乳化油藏中重质原油进行了现场测试。[32] 在另一个项目中，委内瑞拉石油技术研究所的乳化组正在研究通过管道输送重质原油的问题，该问题需要通过在水中制备碳氢化合物的乳化

液来降低其黏度，因而有第三组人致力于研究原油的直接燃烧问题：

> 我被聘请为燃烧研究小组的一员，致力于有效开发使用重质原
> 油直接作为蒸汽和发电燃料。由于以前没有使用这些碳氢化合物进
> 行燃烧的经验，委内瑞拉石油技术研究所安装了一个装备齐全、功
> 率为100万英国热量单位（BTU）的试验装置，其中包括燃烧室、
> 燃料处理系统和蒸汽雾化等设备。我们甚至从未想过对含有大量水
> 分的乳化液进行燃烧，直到我们突然地成了乳化组的一员，并得到
> 拉戈文公司的支持。我们立即重新制定了目标，计划测试含有30%
> 水的天然沥青乳化液。虽然我们预计测试刚开始就可能会失败，但
> 我们首先使用气体加热燃烧室。当我们打开阀门，让这种乳化液
> 流入燃烧器喷嘴时，我们简直无法相信眼前看到的如此稳定而明亮
> 的火焰。我们静静地站在那里，目瞪口呆，既难以置信又兴奋，直
> 到有人跑去请来委内瑞拉石油技术研究所的高级官员。其中一些人
> 离开办公室，与我们并肩站在一起，惊叹地见证了一种新燃料的诞
> 生。我忘记了确切的日期，但那是1985年的7月。
>
> 欧拉·希门尼斯（Euler Jiménez），燃烧组的研究员，前委内
> 瑞拉石油技术研究所的员工[33]

所有这些并行的研究工作都汇聚成了一个奇特的点，即均匀分散在水中
的天然沥青微小液滴组成的稳定乳化液，能够在世界各地的发电厂安装的标准
商业锅炉中使用。[34]然而，这个新的技术发明必须转化为可行的商业产品。

> 我仍然记得一个受尊敬的西班牙经理对我们的提议感到愤怒，
> 因为我们要在燃料中加入水，这会影响他的发电厂。我们面临着内
> 外部的双重挑战。在拉戈文公司的小办公室里，我们被嘲笑为"幻

想岛"。我们知道，如果在这个很少有人相信的项目中失败，那么我们在委内瑞拉石油公司的未来都将面临风险。您问我是什么让我们坚持下去，即便有时面临如此怀疑和嘲笑。支持虽然少，但至关重要。委内瑞拉石油公司的总裁布里吉多·纳特拉（Brigido Natera）当时愿意相信这个愿景。主管奥拉西奥·昆特罗（Horacio Quintero）告诉我们要坚持下去，要以事实和结果为依据。如果没有曼努埃尔·德·奥利维拉（Manuel de Oliveira）领导我们做出的努力，利用他的资历、在发电行业以前的经验，以及在拉戈文公司内部受到的尊重来推动我们前进，那么这个项目在当时就已经失败了。甚至在生产达到标准之前，他为我们争取到了市场认可。我们坚持下去，因为我们知道我们手中有一些新奇而令人兴奋的东西，即使在委内瑞拉石油公司内部很少有人能意识到。英国石油公司（BP）、意大利国家电力公司（ENEL）等大型公司对我们的成果表现出浓厚的兴趣，这表明我们并非痴心妄想。

尤金妮亚·巴斯克斯[35]

在首次成功进行乳化燃烧试验 3 年后，委内瑞拉石油公司成立了一个全新的子公司——奥里诺科河沥青公司（Bitumenes Orinoco S.A.，简称"BITOR"），该公司负责在全球范围内生产和销售委内瑞拉石油技术研究所的新型燃料。[36] 当时，在全球范围内，没有其他国家石油公司成立商业公司来推广其研发创新成果，并且规模还能达到数百万吨。这种商业产品的注册商标名为"奥里油"（Orimulsion），它是一种由 30% 水和 70% 来自奥里诺科石油带的天然沥青组成的乳化液。

"奥里油"的历史是一个被成功反噬的警示性故事。这个故事展示了在短时间内各种因素的完美结合，为委内瑞拉独家产品成功进入全球发电燃料市场铺平了道路（图 11-3）。

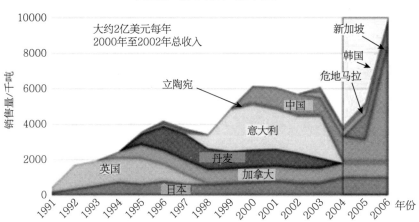

图 11-3　1991—2006 年"奥里油"的销售量（以千吨为单位）。该业务在 2004—2006 年逐渐停止，但尚有一些待完成的合约。

　　上述各种因素可被简要概括为四。第一，市场是必须相信供应是可持续且长期的。委内瑞拉拥有奥里诺科石油带，这是一个巨大的天然沥青资源。[37] 第二，市场需要一个受人尊敬的研究机构，为客户提供支持并不断改进产品。委内瑞拉石油技术研究所具备这样的技术信誉。第三，市场份额必须从实力雄厚的传统煤炭和天然气供应商手中夺取。对于委内瑞拉石油公司来说，这是一个新颖的营销挑战：这种燃料只能从委内瑞拉获得，含硫量略低于 3%，这立即引起了潜在的环境影响问题。虽然商业供应合同要求客户安装烟气脱硫（Flue Gas Desulphurization，简称"FGD"）设施，以确保其环境合规性仅次于燃气电厂，但在英国和美国等拥有强大国内煤炭游说团体①的国家，针对"奥里油"的环境批评变得非常激烈。其对煤炭造成的威胁是非常真实的："奥里油"可以减少 20% 的二氧化碳排放量，其定价较低，使得安装烟气脱硫设施的方法也显得划算，并且发电厂运营商更喜欢处理液体燃料而非固体燃料。丹麦是世界上环境法规最严格的国家

──────────

① "煤炭游说团体"指为了维护煤炭行业利益而进行的游说活动的团体。

之一，曾一度有 15% 的电力是使"奥里油"加上烟气脱硫发电的，但那些对"奥里油"的批评却忽视了这一事实。[38]

第四个至关重要的因素是委内瑞拉政府和委内瑞拉石油公司的支持。对于任何国家的电力发电部门来说，拥有可靠的供应燃料是一个具有战略意义的国家重要决策。然而，对于任何政府来说，作出决策使用一种只能从一个政治不稳定的国家获得的燃料，显然是一种政策的鲁莽。奥里诺科河沥青公司必须依靠商业外交来支撑国际合作的信誉，即由于委内瑞拉的储量和委内瑞拉石油公司的记录，它将履行供应合约。当时，委内瑞拉石油公司的企业实力超过了委内瑞拉政治历史上任何一种被察觉到的缺点。到了 20 世纪 90 年代末，委内瑞拉石油公司名列世界五大主要石油公司之一，并以严格履行供应合约、向第三方支付服务费用以及履行其他国际义务而赢得了声誉。委内瑞拉石油公司不仅用自己的声誉，还用资金来支持和培育研发部门的发展。委内瑞拉石油公司提供了超过 3.5 亿美元的资金用于建设第一个"奥里油"生产模组，并提供了至关重要的保证：如果奥里诺科河沥青公司无法向客户供应"奥里油"产品，委内瑞拉石油公司将介入并以相同的价格提供燃料油。然而，委内瑞拉石油公司对"奥里油"的定价不得不建立在一个条件之上："奥里油"必须使客户的工厂按基本负荷向电网调度，否则该产品在市场上将没有未来。

◆**进入电力市场的价格**

在 20 世纪末，发电的经济学正在发生变化，从国有发电厂将燃料成本转嫁给客户或接受政府补贴以控制零售定价，转变为发电厂之间的竞争——发电厂们必须通过提供适当的电价来竞标向电网供电。对于"奥里油"来说，它只有两种定价选择：一种是在煤炭价格范围内出价，以便能被现有的发电厂或新建的发电厂所考虑；另一种是在使用燃料油的工厂中推广其使用，它可以与新建的使用液化天然气（LNG）作为燃料的联合循环燃气轮机（Combined Cycle Gas Turbine，CCGT）的工厂竞争，价格可以相对较高。[39]

最初的营销计划首先专注于建立一个公正的展示平台，以消除对其技术特性和环境合规性的任何疑虑。与此同时，计划旨在将"奥里油"作为新的"独立电力项目"（Independent Power Projects，IPP）的首选燃料。[40]通过这两条战线，该计划引起了市场的关注，刺激着以煤炭为基准的定价。从1988年开始，加拿大、日本和英国的发电厂对"奥里油"进行了测试，商业供应合同则始于1991年。向丹麦的"SK Power"公司供应（1995年）对于确立该燃料的环境信誉非常重要。然而，对独立电力项目的关注导致尔后"奥里油"市场增长出现了意外的停滞。一些项目被一再推迟（例如在日本的），其他一些项目则面临国内煤炭产业的强烈反对，并引起了大量负面宣传（例如在英国和美国），最终导致了失败。

◆ 突破

到了21世纪初期，委内瑞拉石油公司的市场突破通过三条新的战线得以实现。第一条新战线来自中国，中国直接与奥里诺科河沥青公司接触，折射出许多亚洲国家不愿让日本成为中间商这一事实。[41]中国公司将与奥里诺科河沥青公司协商达成协议，在委内瑞拉建造一个新的生产模块，并且价格仍将与煤炭挂钩。然而这将是以谈判达成较低价格范围内的最后一份合同，因为出现了两个新的营销机会，也是后两条新战线：奥里诺科河沥青公司现在将目标对准仍在运营的现有燃油电厂（例如意大利和新加坡的），而芬兰的瓦锡兰公司（Wärtsilä）已经成功地在其内燃机上测试了"奥里油"作为小型发电机（小于250兆瓦）的燃料。[42]通过让客户能够恢复使用燃料油，并将投资限制在新的烟气脱硫装置（如果有的话）的成本上，奥里诺科河沥青公司显著提高了"奥里油"的价格范围，委内瑞拉石油公司不再需要提供备用燃料供应的保证。

根据委内瑞拉石油公司截至 2002 年 12 月 31 日提交给美国证券交易委员会（Securities and Exchange Commission，SEC）的全年"20-F"（注册地不在美国的外国公司年报）文件，该公司预计到 2006 年需要投资 13.6 亿美元，以大幅扩大"奥里油"的生产规模。委内瑞拉石油技术研究所已经跻身石油研发机构的精英之席，拥有全球商业成功的名片。与此同时，1999 年，委内瑞拉选举了中校乌戈·查韦斯（Hugo Chavez）为总统。这个全新的政治背景将对委内瑞拉石油技术研究所和"奥里油"的未来走向产生重大影响。

分水岭

回顾历史，这段时期的讽刺之处在于，查韦斯总统迅速成为"奥里油"最热情的支持者。[43]在这段历史中，一个悬而未决的问题是：委内瑞拉内部最有权势和魅力的政治人物为何允许一位个性更强势的能源顾问在研究所取得市场性突破的关键时刻迫使这项业务关闭。到了 2003 年 9 月，"奥里油"被委内瑞拉最高石油当局公开贬低。[44]两项完全基于政府高级能源官员伯纳德·莫默（Bernard Mommer）观点的论点引人注目：一个论点认为，委内瑞拉石油公司不愿意以与煤炭价格相同的价格销售"奥里油"，因为这对该公司来说，这种机会成本是不可接受的。此外，过去给予奥里诺科河沥青公司的优惠特许权使用费也不再适用。据称，如果委内瑞拉石油公司仅将"奥里油"与较轻的分馏油混合，这个过程所需的资本投资很少，而混合油以"玛瑞 16"（Merey 16）的形式销售，国家将获得更高的收入。另一个论点认为，由于奥里诺科石油带中被法定宣布不再存在天然沥青，所有"奥里油"的生产都必须被计入石油输出国组织的配额。这意味着"奥里油"将取代委内瑞拉篮子中价格更高的石油产品。[45]

为了评估上述针对"奥里油"的论点的合理性，我们有必要简要回顾委内瑞拉石油公司在 1999 年之前对奥里诺科石油带储量的战略。一方面，委内瑞拉石油公司建造了 4 个延迟焦化装置，瞄准运输部门市场需求。这些装置的目的是生产各种级别的合成原油，作为传统炼油厂的原料。这条路线在第一阶段，预计将每天消耗约 60 万桶的重质原油储量。同时，也是另一方面，"奥里油"业务的发展则专注于发电市场。由于天然沥青是豁免的，因此不会影响石油输出国组织的配额。计划到 2006 年，"奥里油"业务预计将消耗至少每日 21 万桶的天然沥青储量。从市场角度来看，运输和发电部门消耗的碳氢化合物能源大致相当。尽管石油在传统意义上主导运输部门，而煤炭主导发电部门，但天然气作为新兴能源也在这两个部门发挥重要作用。"奥里油"引入天然沥青作为用于发电的碳氢化合物能源。虽然现在，新的能源当局声称，"玛瑞 16"混合油一直是比"奥里油"更好的选择，可按照这个逻辑的结论是，塞罗内格罗合资公司（Cerro Negro JV）[①]也不应被成立，因为该合资企业给委内瑞拉石油公司及其合作伙伴花费了 28 亿美元，却每天只生产 92 万桶的合成原油，而这种合成原油与极酸（高硫）的"玛瑞 16"相比较，效果并没有更好。此外，该合资企业每年还产生约 80 万吨没人要的石油焦，并向外国专利和专有技术持有人支付技术专利费用。至于上述第二个抨击"奥里油"的论点，鉴于奥里诺科石油带中仍然存在天然沥青的事实，整个问题可以视为尚无定论，究其原因，与石油输出国组织的政治问题有关，而非基于技术事实。[46]

多年的实践证明，莫默对于"奥里油"的主要论点是错误的。像"玛瑞 16"这样的混合油从未成为委内瑞拉石油储备的增长市场领域。"塞罗内格罗"项目之所以继续进行，仅仅是因为委内瑞拉从未拥有足够的国内轻质原油来持续生产大量重质和超重质的混合油，更是没法说这能够替代这个国家"奥里油"的销售量了。[47]因此，机会成本从未存在过。至于通过

———————————

① "塞罗内格罗"是委内瑞拉石油公司、德国联合电力矿业公司石油分公和主要石油公司埃克森美孚公司的合资企业。

法令抹去天然沥青的举措，仅是纸面上将委内瑞拉石油储量排名至石油输出国组织国家之首，但没有实际的好处。

到 2018 年 5 月，委内瑞拉的石油产量退回到了 1950 年的水平，每天不到 150 万桶。当年，拉戈文公司的规划者预见到 21 世纪电动汽车的兴起时，他们正确地意识到利用委内瑞拉的碳氢化合物储量作为发电燃料的重要性。"奥里油"项目成了这个市场的关键。然而，在业务内部的强大压力下，该项目在 2005—2006 年间瓦解了，尽管查韦斯总统在 2004 年 12 月仍在继续坚持，并承诺向中国提供支持，加快第二个"奥里油"生产模块的建设。[48] 委内瑞拉石油公司单方面决定停止"奥里油"的合同出口，并遭到罚款，但罚款金额未公开。[49]"奥里油"成为 1999 年后委内瑞拉政治和经济剧变的众多受害者之一。在 2003 年第一季度，委内瑞拉石油公司全体员工 56000 人中，超过 23000 名石油工作者被解雇，这是反对查韦斯政府所导致的结果。而委内瑞拉石油技术研究所也有 881 名专业人员被解雇，这在民主国家的研发机构历史上是前所未有的行为，这预示着随着时间推移，委内瑞拉科学界状况的恶化，人才流失的势头正在不断加剧。[50]

水与火之歌：绝唱

距离"奥里油"项目结束已经过去了 15 年。在一个与事实相反的假设情景中，21 世纪石油和煤炭价格的上涨将使所有的"奥里油"合同的利润进一步提高，并引领委内瑞拉石油公司成为全球电力发电市场的能源供应商（包括"奥里油"和煤炭），同时在运输领域也占据强势地位。商业智慧的积累将增强委内瑞拉石油公司或委内瑞拉石油技术研究所对于成功推广其他可行的技术解决方案，以满足全球能源行业需求的信心。根据研究和创新分析师的观点，"奥里油"已经符合了"根本性产品创新"的标准。[51]"奥里油"的发展期限则符合该领域报告的平均时间（16 年）之内。[52] 而上述所有情况也变得与政治事件的进程无关。在决定终止"奥里油"项目时，委内瑞拉社会已经存在着深刻的分歧和不信任。最终，决定其命运的是内部的敌对势力，而不是市场或任何技术上的缺陷。

这些事件的背后隐藏着一对根本矛盾：一面是委内瑞拉最高政治权力对"奥里油"的好处的宣扬和赞美，一面是在 2003 年初导致委内瑞拉石油技术研究所"人才拦腰砍"的行政命令。从矛盾中可见，"奥里油""AQUACONVERSION™"和"HDH Plus™"是委内瑞拉石油公司内部特定人际关系结构和该国家石油公司在公共领域内的社会关系的产物。委内瑞拉石油技术研究所的研发产品不仅仅是马克思批判的"商品拜物教"的技术案例，也不仅仅是一种只被定义为"将奥里诺科石油带的储量资源变现能力"的创新。因此我们不应将这种研发产品与创造它们的人类劳动的工作伦理和社会关系分离开来。赞扬"奥里油"本质上就是赞扬 1999 年之前的委内瑞拉石油公司的企业价值观，正是这种价值观使"奥里油"成为可能，因为对"奥里油"的赞扬无法在没有彼时该企业价值观（的这样一种特殊气质）下存在。"奥里油"在全球市场上的成功标志着委内瑞拉石油技术研究所作为石油研发机构的成熟，但却意外地成为其最后的绝唱。

在委内瑞拉石油公司解雇了大多数委内瑞拉石油技术研究所的研究人员之后，它就不再是一个可行的长期业务。1999 年标志着委内瑞拉科学技术领域思维和政治社会意愿的断裂点，那种政治和社会意愿至少从 20 世纪中期以来一直驱动着该领域的发展。2008 年，委内瑞拉石油公司成立了一个新的子公司，不是为了推动研发突破，而是为了分销和销售食品（即"委内瑞拉粮食安全分配"组织，简称"PDVAL"），这在一定程度上也是国有石油公司中的一次首创。至于委内瑞拉石油技术研究所，在 2013 年之后，向美国专利及商标局提交的专利申请逐渐减少，到 2015 年完全没有了。在技术声誉还完好的情况下被迫退出市场，或是市场信誉不断受损的且研发得不到支持的情况下强撑，两种抉择之间，"奥里油"大抵是避免了后者的耻辱。

追思之歌：后见之明

　　在维也纳举行的石油输出国组织研讨会结束 40 年后，中东一些国家的油气公司接受了关于如何最佳发展内部研发能力的建议；墨西哥认为外国私人投资是其国有化石油部门技术创新的关键；而巴西石油公司成为深水钻井技术的领军者，仅在 2014 年就投资了超过 10 亿美元用于研发。相比之下，委内瑞拉石油公司据称是欠着供应商公司约 20 亿美元的债务，这些债务是为 2016 年之前供应商公司提供的服务而未支付的款项。[53] 面对如此广泛的对国有石油公司内部研发机构难题的回应，我们可以思考，为什么委内瑞拉石油公司在 1979 年将研究所纳入其企业结构中，而其他国家的石油公司中并没有类似的先例呢？答案既在于当时的时代精神，也在于实用主义的决策。

　　委内瑞拉石油当局们在历史上扮演着先驱角色并不令人惊讶，因为他们早就处于许多其他权力斗争中困难抉择的最前沿，作为拥有石油资源的发展中国家的先驱，与跨国石油公司开展斡旋。石油当局们在 1948 年首次实施了石油利润的五五分成，这一比例在 1959 年增加到 60% 以上。石油当局们也是 1960 年创立石油输出国组织的智囊团和推动力量，说服阿拉伯产油国家形成一个共同阵线来应对跨国石油企业。[54] 委内瑞拉石油公司拥有高素质的人力资源，激发了在未知领域取得突破的热情，这些事实，正如前文所追溯，犹如鲜活跳动的脉搏，在笔者的脑海中回荡。[55] 这些声音以及其他叙述者的声音中都存在着深深的失落感，一种超越了对个人脱轨的事业和生活遗憾，更是一场对技术的"甘美洛城①"的缅怀。至于在 1999—2003 年的那些事件中是否有一种亦真亦幻的傲慢感在起作用，存

---

① 甘美洛城是亚瑟王传说中的宫廷和城堡所在地，故事中，甘美洛城是亚瑟王朝处于黄金时代的标志。

在辩论的空间，然而，如果没有委内瑞拉石油技术研究所的员工强烈的技术和科学的赋权意识，那么该研究所将永远无法实现创新。

与那些难有定论的和传闻轶事的因素相叠加，我们仍能看到委内瑞拉石油公司做出这样的决策还有一个更加量化的原因。尽管委内瑞拉石油技术研究所相较于其他委内瑞拉研发中心的预算可以说是获得了相当高的投资，但委内瑞拉石油公司在其年度报告中承认："我们在研究和开发活动上的支出一直不算高。"[56]换句话说，委内瑞拉石油公司对委内瑞拉石油技术研究所的预算是经过了风险计算后的、没有影响整体的预算。尽管投资规模（按照委内瑞拉石油公司的标准来看）不算大，但委内瑞拉石油技术研究所的投资已经取得了成果产出，因为这些资金提供了重要的地质方面支持、添加剂的测试和催化剂的认证、技术信息的存储和提供，还为委内瑞拉石油公司集团提供按需技术支持，并充当国际合作协议的把关系统。自1984年以来，委内瑞拉石油技术研究所已经将50%以上的精力投入到寻找释放奥里诺科石油带潜力的技术中。到1996年，报告称委内瑞拉石油技术研究所在支持委内瑞拉石油公司的活动中已花费了150万人时①。尽管委内瑞拉石油公司的年度报告更多地关注委内瑞拉石油技术研究所活动的定性里程碑，而非定量方面，但其中确实带过了一笔关于其技术支持对1997年财务影响的耐人寻味的信息：1600万美元在勘探方的储蓄金，7500万美元在生产方面的储蓄金。此外，通过向第三方收取技术援助费用和专利使用费，委内瑞拉石油技术研究所还为委内瑞拉石油公司创造了将近900万美元的收入，此外还有100万美元的专利使用费。[57]委内瑞拉石油技术研究所的创建，与自委内瑞拉石油公司国有化后的早期高峰的第三方技术支持费用的大幅减少是同时发生的（图11-1）。

———————————

① "人时"指一般程度的工人，在一小时内，所能完成的正常工作量。

本章小结

委内瑞拉石油工业国有化这一过程中，重要的并不是委内瑞拉石油公司的实际研发强度，而是委内瑞拉石油技术研究所内部的文化。这种文化使得一小群非常有能力、在其领域高度合格的研究人员能够将他们的智慧与拉戈文公司等运营公司中产生的创新思想相结合。这些研究人员在向运营公司提供基础技术支持的同时，通过获得资金来开展雄心勃勃的、开创性的项目。"奥里油"在某种程度上就像一只丑小鸭，由委内瑞拉石油公司传统石油产品中的天然沥青燃料转变而来，经历艰难险阻，勇敢地变成了一只天鹅。在大约 15 年的时间里，委内瑞拉石油公司以企业级的姿态做出了支持最成功研发创新的决策，通过 8 个连续的公司高层的层层推进，期间展现了创造全球商业产品所需的纪律和毅力。正是那种强烈的意愿，即使在领导者并不完全坚定的情况下，仍能使相关人员被允许去做一些令人难以置信的事情。

贡献者

第 1 章　丹尼尔·B. 鲁德（Daniel B. Rood）

第 2 章　戴安娜·J. 蒙塔诺（Diana J. Montaño）

第 3 章　克里斯提亚娜·贝特（Christiane Berth）

第 4 章　赫尔格·文特（Helge Wendt）

第 5 章　何塞普·西蒙（Josep Simon）

第 6 章　大卫·普雷特尔（David Pretel）

第 7 章　伊芙·巴克利（Eve Buckley）

第 8 章　黛博拉·格斯滕伯格（Debora Gerstenberger）

第 9 章　芭芭拉·席尔瓦（Bárbara Silva）

第 10 章　海伦·亚弗（Helen Yaffe）

第 11 章　索尔·格雷罗（Saul Guerrero）

注　释

（格式按原文保留）

序言

[1] Michael Lemon, Eden Medina, 'Technology in an Expanded Field: Review of History of Technology Scholarship on Latin America in Selected English-Language Journals', in Eden Medina, Ivan da Costa Marques and Christina Holmes (eds.), *Beyond Imported Magic. Essays on Science, Technology, and Society in Latin America* (Cambridge, MA: The MIT Press, 2014): 111-138.

[2] Juan José Saldaña, 'La Historiografía de la tecnología en América Latina: Contribución al estudio de su historia intelectual', *Quipu, Revista Latinoamericana de Historia de las Ciencias y la Tecnología* 15, 1 (2013): 7-26.

[3] Pablo Kreimer and Hebe Vessuri, 'Latin American Science, Technology, and Society: A Historical and Reflexive Approach', *Tapuya: Latin American Science, Technology and Society* 1, 1 (2017): 17-37; Michael Lemon and Eden Medina, 'Technology in an Expanded Field'.

[4] Edward Beatty, *Technology and the Search for Progress in Modern Mexico* (Oakland: California University Press, 2015); Alan Dye, *Cuban Sugar in the Age of Mass Production: Technology and the Economics of the Sugar Central*, 1899-1929 (Stanford: Stanford University Press, 1998). 其他广泛考虑技术的拉美地区经济历史有 Marvin D. Berstein, *The Mexican Mining Industry, 1890–1950: A Study of the Interaction of Politics, Economics and Technology* (Albany: State University of New York Press, 1964) and Aurora Gómez-Galvarriato, *Industry and Revolution: Social and Economic Change in the Orizaba Valley, Mexico* (Cambridge, MA: Harvard University Press, 2013).

［5］ Ramón Sánchez Flores, *Historia de la tecnología y la invención en México* (México: Fondo Cultural BANAMEX, 1980).

［6］ María Portuondo, 'Constructing a Narrative: The History of Science and Technology in Latin America', *History Compass* 7, 2 (2009): 500–522.

［7］ Ciro F. Cardoso and Héctor Pérez Brignoli, *Historia Económica de América Latina*, Vol. 2 (Barcelona: Editorial Crítica, 1979): 194.

［8］ Andre Gunder Frank, *Capitalism and Underdevelopment in Latin America* (New York and London: Monthly Review Press, 1967): 304 and 208–209.

［9］ 例如，最近重新出版了 Víctor Figueroa, *Industrial Colonialism in Latin America*: *The Third Stage* (Leiden and Boston: Brill, 2013).

［10］ Leonardo Silvio Vaccarezza, 'Ciencia, tecnología y sociedad: El estado de la cuestión en América Latina', *Ciência e Tecnologia Social* 1, 1 (2011): 42–64; Antonio Arellano Hernández and Pablo Kreimer, 'Estudio social de la ciencia y la tecnología desde América Latina: Introducción general', in Antonio Arellano Hernández and Pablo Kreimer (eds.), *Estudio social de la ciencia y la tecnología desde América Latina* (Bogotá: Siglo del Hombre Editores, 2011): 21–55. 也可参见 Medina et al., *Beyond Imported Magic* and Portuondo, 'Constructing a Narrative'.

［11］ Luís Bértola and José Antonio Ocampo, *The Economic Development of Latin America since Independence* (Oxford: Oxford University Press, 2012).

［12］ 这种发展在科学史中同样可以观察到；可参考 Jorge Cañizares-Esguerra, 'On Ignored Global Scientific Revolutions', *Journal of Early Modern History* 21 (2017): 420–432; Helge Wendt (ed.), *The Globalization of Knowledge in the Iberian Colonial World* (Berlin: Edition Open Access, 2016), http://edition-open-access.de/proceedings/10/toc.html.

［13］ Juan José Saldaña (ed.), *Science in Latin America. A History* (Austin: University of Texas Press, 2006).

［14］ 参考 Xavier Tafunell, 'Capital Formation in Machinery in Latin America, 1890–1930', *The Journal of Economic History* 69, 4 (2009): 928–950.

［15］ Bengt-Åke Lundvall, *National Systems of Innovation: An Analytical Framework* (London: Pinter, 1992); Chris Freeman, 'The "National System of Innovation" in Historical Perspective', *Cambridge Journal of Economics* 19, 1 (1995): 5–24.

［16］ 参考 Jorge M. Katz and Nestor A. Bercovich, 'National Systems of Innovation Supporting Technical Advance in Industry: The Case of Argentina', in Richard R. Nelson (ed.), *National Innovation Systems: A Comparative Analysis* (New York: Oxford University Press, 1993); Maria Ines Bastos and Charles Cooper (eds.), *The Politics of Technology in Latin America* (New York: Routledge, 2005) and Mario Cimoli (ed.), *Developing Innovation Systems: Mexico in a Global Context* (London and New York: Continuum, 2000).

［17］Bernhard Rieger, *The People's Car: A Global History of the Volkswagen Beetle*（Cambridge, MA：Harvard University Press, 2013）：Chapter 7.

［18］Julio Moreno, *Yankee don't go home! Mexican Nationalism, American Business Culture, and the Shaping of Modern Mexico, 1920–1950*（The University of North Carolina Press, 2004）.

［19］Guillermo Guajardo, 'La tecnología de los Estados Unidos y la "americanización" de los ferrocarriles estatales de México y Chile, 1880–1950', TST 9（2005）：110–129.

［20］Diego Hurtado de Mendoza, 'Autonomy, Even Regional Hegemony：Argentina and the "Hard Way" Toward the First Research Reactor（1945–1958）', *Science in Context* 18, 2（2005）：285–308; Emanuel Alder, *The Power of Ideology: The Quest for Technological Autonomy in Argentina and Brazil*（Berkeley：University of California Press, 1987）.

［21］Daniel Rood, *The Re-invention of Atlantic Slavery: Technology, Labor, Race, and Capitalism in the Greater Caribbean*（New York：Oxford University Press, 2016）; Jonathan Curry-Machado, *Cuban Sugar Industry: Transnational Networks and Engineering Migrants in Mid-Nineteenth Century Cuba*（New York：Palgrave Macmillan, 2011）; David Pretel and Nadia Fernández de Pinedo, 'Foreign Technology and Transnational Expertise in Nineteenth-Century Cuba', in David Pretel and Adrian Leonard（eds.）, *The Caribbean and the Atlantic World Economy: Circuits of Trade Money and Knowledge, 1650–1914*（Basingstoke and New York：Palgrave Macmillan, 2015）.

［22］Gabriela Soto-Laveaga, *Jungle Laboratories: Mexican Peasants, National Projects, and the Making of The Pill*（Durham：Duke University Press, 2009）.

［23］Stuart McCook, *States of Nature: Science, Agriculture, and Environment in the Spanish Caribbean, 1760–1940*（Austin：University of Texas Press, 2002）.

［24］J. Justin Castro, *Radio in Revolution: Wireless Technology and State Power in Mexico, 1897–1938*（Lincoln, London：University of Nebraska Press, 2016）. 这一趋势中最具代表性的是 Eden Medina, *Cybernetic Revolutionaries: Technology and Politics in Allende's Chile*（Cambridge, MA：MIT University Press, 2014）从计算机历史的角度审视了智利的社会主义革命。

［25］Guillermo Guajardo, 'Tecnología y campesinos en la Revolución mexicana', *Mexican Studies/ Estudios Mexicanos* 15, 2（1999）：291–322.

［26］Vera Candiani, *Dreaming of Dry Land: Environmental Transformation in Colonial Mexico City*（Stanford：Stanford University Press, 2014）.

［27］Ana María Otero-Cleves, 'Foreign Machetes and Cheap Cotton Cloth：Popular Consumers and Imported Commodities in Nineteenth-century Colombia', *Hispanic American Historical Review* 97, 3（2017）：423–456.

［28］Joel Wolfe：*Autos and Progress: The Brazilian Search for Modernity*（Oxford：Oxford University Press, 2010）; Héctor Mendoza Vargas, 'El automóvil y los mapas en la integración del territorio mexicano, 1929-1962', *Investigaciones Geográficas* 88 (2015): 91-108.

[29] 对于墨西哥的情况，请参考 J. Brian Freeman and Guillermo Guajardo, *Travel and Transport in Mexico*, *Oxford Research Encyclopedia of Latin American History* (Oxford: Oxford University Press, 2018).

[30] 详见本书第 3 章，也可参见 Jonathan Hill, 'Circuits of State: Water, Electricity, and Power in Chihuahua, 1905-1936', *Radical History Review* 127 (2017): 13-38.

[31] Regina Horta Duarte, 'Between the National and the Universal: Natural History Networks in Latin America in the Nineteenth and Twentieth Centuries', *Isis* 104, 4 (2013): 777-787.

[32] 参见 Kenneth Pomeranz, *The Great Divergence: China, Europe, and the Making of the Modern World Economy* (Princeton: Princeton University Press, 2000) 和 Jürgen Osterhammel, *The Transformation of the World: A Global History of the Nineteenth Century* (Princeton: Princeton University Press, 2014).

[33] Josephine Anne Stein, 'Globalisation, *Science, Technology and Policy*', *Science and Public Policy* 29, 6 (2002): 402-408.

[34] Cf. Ramón Sánchez Flores: *Historia de la tecnología y la invención en México* (Mexico City: Fomento Cultura Banamex, 1980); Thomas Schott, 'World Science: Globalization of Institutions and Participation', *Science, Technology, & Human Values* 18, 2 (1993): 196-208. 也可参见 Hebe Vessuri, 'La actual internacionalización de las ciencias sociales en América Latina: ¿vino viejo en barricas nuevas?', in Antonio Arellano Hernández and Pablo Kreimer (eds.), *Estudio social de la ciencia y la tecnología desde América Latina* (Bogotá: Siglo del Hombre Editores, 2011): 21-55.

[35] Manfred D. Laubichler and Jürgen Renn, 'Extended Evolution: A Conceptual Framework for Integrating Regulatory Networks and Niche Construction', *Journal of Experimental Zoology Part B: Molecular and Developmental Evolution* 324, 7 (2015): 565-577.

[36] Lyn Carter, 'Globalisation and Science Education: Global Information Culture, Post-colonialism and Sustainability', in Barry Fraser, Kenneth Tobin and Campbell J. McRobbie (eds.), *Second International Handbook of Science Education* (Dordrecht: Springer, 2012): 899-912.

[37] Ernesto Altshuler, *Guerilla Science. Survival Strategies of a Cuban Physics* (Cham: Springer, 2017).

[38] Gail Davies, Emma Frow and Sabina Leonelli, 'Introduction: Bigger, Faster, Better? Rhetorics and Practices of Large-Scale Research in Contemporary Bioscience', *BioSocieties* 8, 4 (2013): 386-396; Jane M. Russell, Yoscelina Hernández-García and Mina Kleiche-Dray, 'Collaboration Dynamics of Mexican Research in Chemistry and its Relationship with Communication Patterns', *Scientometrics* 109, 1 (2016): 283-316.

[39] 这方面研究的好例子有 Irina Podgorny, 'Fossil Dealers, the Practices in Comparative Anatomy

and British Diplomacy in Latin America, 1820–1840', *British Journal for the History of Science* 46, 4 (2013): 647–674; Cecilia Zuleta, 'Engineers' Diplomacy: The South American Petroleum Institute, 1941–1950s', in David Pretel and Lino Camprubí, *Technology and Globalisation. Networks of Experts in World History* (Cham: Palgrave Macmillan, 2018): 341–370; Manuel E. Contreras, 'Ingeniería y Estado en Bolivia durante la primera mitad del siglo XX', in Marcos Cueto (ed.), *Saberes andinos: Ciencia y tecnología en Bolivia, Ecuador y Perú* (Lima: Instituto de Estudios Peruanos, 1995): 127–158; J. C. Lucena, 'De Criollos a Mexicanos: Engineers' Identity and the Construction of Mexico', *History and Technology* 23, 3 (2007); 275–288.

[40] Mariano Bonialian and Bernd Hausberger, 'Consideraciones sobre el comercio y el papel de la plata hispanoamericana en la temprana globalización, siglos XVI–XIX', Historia Mexicana 269, 1 (2018): 197–244.

[41] Saul Guerrero, *Silver by Fire, Silver by Mercury: A Chemical History of Silver Refining in New Spain and Mexico, 16th to 19th Centuries* (Leiden, Boston: Brill, 2017).

[42] Jürgen Renn and Malcolm D. Hyman, 'The Globalization of Modern Science', in Jürgen Renn (ed.), *The Globalization of Knowledge in History* (Berlin: Edition Open Access, 2012): 561–604, http: //www.edition-open-access.de/studies/1/28/index. html#9.

[43] Chris Evans and Olivia Saunders, 'A World of Copper: Globalizing the Industrial Revolution, 1830–1870', *Journal of Global History* 10, 1 (2015): 3–26.

[44] Georg Fischer, *Globalisierte Geologie. Eine Wissensgeschichte des Eisenerzes in Brasilien (1876–1914)* (Frankfurt am Main: Campus, 2017).

[45] Bartolomé Yun-Casalilla, 'Social Networks and the Circulation of Technology and Knowledge in the Global Spanish Empire', in Manuel Perez Garcia and Lúcio De Sousa (eds.), *Global History and New Polycentric Approaches* (Singapore: Palgrave Macmillan, 2018): 275–291; Eleonora Rohland, 'Hurricanes on the Gulf Coast: Environmental Knowledge and Science in Louisiana, the Caribbean and the U.S., 1722 and Beyond', in Patrick Manning and Daniel Rood (eds.), *Global Scientific Practice in an Age of Revolutions, 1750–1850* (Pittsburgh: University of Pittsburgh Press, 2016): 38–53; David Pretel and Adrian Leonard (eds.), *The Caribbean and the Atlantic World Economy.*

[46] Angelo Baracca, Jürgen Renn and Helge Wendt (eds.), *The History of Physics in Cuba* (Boston: Springer, 2014).

[47] Carlos A. Cabal Mirabal, 'Magnetic Resonance Project 35-26-7: A Cuban Case of Engineering Physics and Biophysics', in A. Baracca, J. Renn and H. Wendt (eds.), *The History of Physics in Cuba*: 315–322.

[48] Lucía Lewowicz LEMCO. *Un coloso de la industria cárnica The Meat Industry's Colossus in Fray Bentos*, Uruguay (Montevideo: INAC, 2016).

[49] Stephan Haggard, *Pathways from the Periphery*：*The Politics of Growth in Newly Industrializing Countries* (Ithaca：Cornell University Press, 1990) and Alice Amsden, *The Rise of 'the Rest'*：*Challenges to the West from Late-Industrializing Economies* (Oxford：Oxford University Press, 2001).

[50] 这项研究结合了全球各国的教育程度和预期寿命统计数据，以及收入水平数据。

[51] 数据来源于 *The Economist Pocket World Figures* (London：Profile Books, 2018), 该手册总结了来自联合国、世界银行和经济合作与发展组织等机构的最新社会经济数据。

[52] Joseph Schumpeter, *The Theory of Economic Development* (Oxford：Oxford University Press, 1969 [first edition, 1934 by Harvard University Press])：chapters 2 and 3 but especially pp65-94；为了进行综合应用，请参考 Ian Inkster, 'Inertia and Technological Change：An Elementary Typology', in Pascal Bye and Daniel Hayton (eds.), *Industrial History and Technological Development in Europe* (Luxembourg：European Commission, 1999)：343-348.

[53] 参见 Ian Inkster, *Science and Technology in History. An Approach to Industrial Development* (London：Macmillan, 1991). 另外，参考特刊，'The World Exhibitions and the Display of Science, Technology and Culture：Moving Boundaries', *Quaderns D'Història de L'Enginyeria* 13, 2012.

[54] Douglass C. North, 'Institutions', *Journal of Economic Perspectives* 5, 1 (1991)：97-112.

[55] 当然，对于这段历史中政治部分的更现实观点，对实际经济盈余和诱因的论断已经进行了很大修改。请参考 Barrington Moore Jnr., *Social Origins of Dictatorship and Democracy*：*Land and Peasant in the Making of the Modern World* (Boston：Beacon Press, 1966)：162-227；Ramon H. Myers, *The Chinese Peasant Economy*：*Agricultural Development in Hopei and Shantung 1890–1949* (Cambridge, MA：Harvard University Press, 1970).

[56] Tonio Andrade, *The Gunpowder Age*：*China, Military Innovation, and the Rise of the West in World History* (Princeton, NJ：Princeton University Press, 2016)；也可参见 André Gunder Frank, (Re)*Orient*：*Global Economy in the Asian Age* (Oakland：University of California Press, 1998)；Norman Jacobs, *The Origins of Modern Capitalism and East Asia* (Hong Kong：Hong Kong University Press, 1958)；Daniel R. Headrick, 'The Tools of Imperialism：Technology and the Expansion of European Colonial Empires in the Nineteenth Century', *Journal of Modern History* 51, 2.

[57] Ian Inkster, 'Economy, Technology and the Huttonian Enlightenment：Approaches to China in the International Political Economy since the Early Twentieth Century', *International History Review* 37, 4 (2015)：809-840.

[58] John H. Coatsworth, 'Inequality, Institutions and Economic Growth in Latin America', *Journal of Latin American Studies* 40, 3 (2008)：545-569；也可参见以下文章 Kenneth L. Sokoloff and Stanley L. Engerman, 'History Lessons：Institutions, Factors Endowments,

and Paths of Development in the New World', *The Journal of Economic Perspectives* 14, 3 （2000）: 217-232.

[59] David Pretel: 'El sistema de patentes en las colonias españolas durante el siglo XIX', *América Latina en la Historia Económica* 26, 2（2019）; Edward Beatty et al., 'Technology in Latin America's Past and Present: New Evidence from the Patent Records', *Latin American Research Review* 52, 1（2017）: 138-149.

[60] Kenneth C. Shadlen, *Coalitions and Compliance: The Political Economy of Pharmaceutical Patents in Latin America*（Oxford: Oxford University Press, 2017）.

[61] T. Ono, 'The Industrial Transition in Japan', *Transactions of the American Economic Association*, 5（1890）: 1-12; Koichi Emi, 'Economic Development and Educational Investment in the Meiji Era', in M. J. Bowman et al. （eds.）, *Readings in the Economics of Education*（Paris: UNESCO, 1968）: 167-199; J. I. Nakamura, 'Human Capital Accumulation in Pre-Modern Japan', *Journal of Economic History* 41（1981）; David G. Wittner, *Technology and the Culture of Progress in Meiji Japan*（London: Routledge, 2008）.

[62] 关于所谓技术转移的软件方面的一些研究可参考以下文献: Noboru Umetani, *The Role of Foreign Employees in the Meiji Era in Japan*（Tokyo: Tokyo Institute of Developing Economies, 1971）; special issue, 'Adaptation and Transformation of Western Institutions in Meiji Japan', *The Developing Economies* 15, 4（1977）; Hazel J. Jones, *Live Machines: Hired Foreigners and Meiji Japan*（Vancouver: University of British Columbia Press, 1980）; Tessa Morris-Suzuki, *The Technological Transformation of Modern Japan; From the Seventeenth to the Twenty-First Century*（Cambridge: Cambridge University Press, 1994）; Morris Low, *Science and the Building of a New Japan*（London: Palgrave Macmillan, 2005）; Ian Inkster, 'Cultural Engineering and the Industrialization of Japan, circa 1868-1912', in Merritt Roe Smith, Leonard N. Rosenband and Jeff Horn（eds.）, *Reconceptualizing the Industrial Revolution*（Cambridge, MA: The MIT Press, 2010）: 291-308.

[63] Mikael D. Wolfe, *Watering the Mexican Revolution. An Environmental and Technological History of Agrarian Reform in Mexico*（Durham: Duke University Press, 2017）; Eve Buckley, *Technocrats and the Politics of Drought and Development in Twentieth-Century Brazil*（Chapel Hill: University of North Carolina Press, 2017）.

第1章

[1] Manuel Moreno Fraginals, *El ingenio: complejo socio-economico Cubano de azúcar*（Havana: Editorial Ciencias Sociales, 1978）3 vols; Dale Tomich, 'World Slavery and Caribbean Capitalism: The Cuban Sugar Industry, 1760-1868', *Theory and Society* 20, 3（1991）: 297-319; José Guadalupe Ortega, 'Machines, Modernity, and Sugar: The Greater Caribbean

in a Global Context, 1812–1850', *Journal of Global History* 9, 1（2014）: 1–25; and Leida Fernández Prieto, 'Islands of Knowledge: Science and Agriculture in the History of Latin America and the Caribbean', *Isis* 104, 4（December 2013）: 788–797.

[2] 有关古巴糖厂技术的更多信息，请参见 Daniel Rood, *The Reinvention of Atlantic Slavery: Technology, Labor, Race, and Capitalism in the Greater Caribbean*（New York: Oxford University Press, 2017）, chapters 1–2.

[3] 糖的名称和类型非常多变。根据我们的目的，市场上对于"净化"糖的定义是指经过精心排除糖蜜和水分的白糖和黄糖。在英国的分类中，大致可按如下方式划分: 1845 年采用了两种分类: 一类被称为"等同于黏土处理白糖"，另一类被称为"非等同于黏土处理白糖或黑糖"。这些糖随后被称为"黄色黑糖"和"棕色黑糖"。前者每百磅需要缴纳 16 先令 4 便士的税款，而后者则是 14 先令。然而，在生产优质的适合直接消费的糖方面仍然存在一些限制。Noel Deerr, *The History of Sugar*, 2 vols, vol. 2（London: Chapman and Hall, 1949）, 466, 468.

[4] 古巴的出口被许多港口瓜分，哈瓦那几乎垄断了进口。见以下文献中的统计表 Jose Maria de la Torre, *The Spanish West Indies. Cuba and Porto Rico: Geographical, Political, and Industrial*（New York: Colton, 1855）, 124. 哈瓦那对进口商品的销售特别方便，因为只有哈瓦那有保税仓库，进口商品可以暂时存放在那里，而不用征收关税。在马坦萨斯这样的港口，进口商必须在货物下船后立即缴纳关税。*Letter of the Secretary of State Transmitting a Report on the Commercial Relations of the United States with Foreign Countries*（Washington, 1863）, Part One, 232.

[5] 参见 Rood, *Reinvention of Atlantic Slavery*, third chapter.

[6] 关于对马克思"资本的分割"概念的最新讨论，请参考 Scott Reynolds Nelson, 'Who Put Their Capitalism in My Slavery?', *The Journal of the Civil War Era* 5（2015）: 289–310.

[7] Philip Curtin, *The Rise and Fall of the Plantation Complex: Essays in Atlantic History*（New York: Cambridge University Press, 1998）. 将某种特定作物（如糖、玉米或马铃薯）与特定形式的文明联系起来的观点，在糖业文献中被称为"主要产品理论"。参见 Philip Morgan, *Slave Counterpoint: Black Culture in the Eighteenth-Century Chesapeake and Lowcountry*（Chapel Hill: University of North Carolina Press, 1998）.

[8] '*Expediente relativo a la reclamacion de la Sociedad Almirall y Hermano contra el estab del rrd proyectado por Dn Rafael Ferrer y Vidal para el trafico en varias calles de la Ciudad de Matanzas*', 1857. Archivo Nacional de Cuba（ANC）, Fondo Real Sociedad y Junta de Fomento（JF）, Leg 137, exp 6724.

[9] Abiel Abbot, *Cartas escritas en el interior de Cuba: entre las montañas de Arcana, en el este, y las de Cusco, al oeste, en los meses de febrero, marzo, abril y mayo de 1828*（La Habana: Consejo Nacional de Cultura, 1965）, 54.

[10] 卡德纳斯的董事会和主要投资者中，资深的克里奥尔人家族的姓氏: 胡安·蒙塔尔沃·奥

法里尔（Juan Montalvo y O'Farrill），阿纳斯塔西奥·卡里略（Anastasio Carrillo），哈鲁科伯爵（el Conde de Jaruco），安赛尔·佩雷斯（Angel Pérez），卡洛斯·德雷克（Carlos Drake），安东尼奥·马里亚特吉（Antonio Mariátegui），华金·佩德罗索·埃切瓦里亚（Joaquin Pedroso Echevarría），华金·德·佩尼亚尔韦尔（Joaquín de Peñalver），何塞·华金·卡雷拉（José Joaquín Carrera），胡安·瓦斯凯斯（Juan Vázquez），胡安·伊格纳西奥·埃查泰（Juan Ignacio Echarte）和多明戈·德尔蒙特（Domingo del Monte）。Eduardo Moyano Bazzani, *La nueva frontera del azúcar: El ferrocarril y la economía cubana del siglo XIX*（Madrid：CSIC, 1991），146. 胡卡罗董事会中更多的是加泰罗尼亚集团的人员。包括华金·德·阿里埃塔和佩德罗·迪亚戈。但是两个集团之间的分隔从来不是绝对的，因为他们在许多项目上进行合作。参见 Moyano Bazzani, *La nueva frontera del azúcar*, 152. 当地的卡德纳斯商人托马斯·费尔南德斯·科西奥（Tomas Fernandez Cossio）、弗朗西斯科·希梅内斯（Francisco Jimenez）和维森特·梅迪纳（Vicente Medina）对此持反对意见。关于卡德纳斯－马坦萨斯之间的竞争，参见 Oscar Zanetti and Alejandro García, *Sugar and Railroads: A Cuban History, 1837–1959*（Chapel Hill：University of North Carolina Press, 1998），41.

[11] *'Para evitar que se conduzcan clandestinamente armas al interior por los errocarriles'*, 1854. ANC, JF, Leg 137, exp 6695.

[12] 为了支撑货车厢，这些码头必须相当坚固。其中一个码头的铁轨、横木和承重所需的 9 英尺厚的木板花费了 12300 比索。*'A los autos que sigue D. Juan Giraud contra D. Juis Bourdaut y Timeolon Bartemeli sobre acreditar que es socio des estos en unos almacenes. contra D. Pedro Lacoste'*, 1847. ANC, Escribanías de Pontón, Leg 137, exp 6695.

[13] Author conversation with Ernesto Alvarez Aramis Blanco, historiador de la ciudad de Cárdenas, 21 June 2014.

[14] Moyano Bazzani, *La nueva frontera*, 147–148.

[15] *'Expediente relativo a la reclamacion de la Sociedad Almirall y Hermano contra el estab del rrd proyectado por Dn Rafael Ferrer y Vidal para el trafico en varias calles de la Ciudad de Matanzas'*, 1857. ANC, JF, Leg 137, Número 6724.

[16] *'Sobre construccion de un muelle en el puerto de Cárdenas'*, 1848. ANC, JF, Leg 84, exp 3430；*'Documento incomplete sobre un muelle en Cárdenas'*, 1852–1853. ANC, JF, Leg 162, exp 7855. 当码头计划在 1847 年首次宣布时，计划中的码头起点是皮尼略斯广场，但主要是为了在问题多多的浅水域卡尔纳斯湾获得更多水资源而迅速完工的 540 英尺新堤坝。这使得皮尼略斯广场离水面太远。

[17] *'Mocion hecha por el Sor Alcalde ordinario D. José Zabala a consecuencia del proyecto que tienen los Sres Noriega Olmo y Cía y el Crédito Mobiliario sobre construir un muelle general que atraviese de este a oeste la bahía de Cárdenas'*, 1857. ANC, OP, Leg 11, exp 289.

[18] 胡卡罗铁路公司（JRC）是古巴新出现的一种铁路公司。虽然哈瓦那铁路公司（HRC）和卡德纳斯铁路公司（RCC）是为现有的种植区提供服务而建造的，但胡卡罗铁路公司是一

个投机性的铁路公司，先于并预见未来的发展。它不仅简单地响应现有的地理情况，更主导了新的种植园社区的发展。*Zanetti and García, Sugar and Railroads*, 43.

[19] '*Relación de los solares que la Real Hacienda posee en la Villa de Cárdenas*', 1859. GSC, Leg 42, exp 2827. 关于拉科斯特和胡卡罗铁路公司土地收购情况的地图，参考 '*Expediente propuesto por D. Juan Vidal para hacer un muelle con su almacen en esta bahía*', 1858. ANC, OP, Leg 11, exp 244.

[20] ANC, JF, Leg 137, exp 6724.

[21] ANC, JF, Leg 137, exp 6724.

[22] 关于卡德纳斯 – 胡卡罗铁路公司奴隶拥有权，参考 Zanetti and García, *Sugar and Railroads*, 118.

[23] '*Exposicion que hace la Junta Directiva de la empresa de los caminos de hierro de Cárdenas y Júcaro a la general de accionistas que ha de celebrarse el día 14 de Abril de 1859*' (Habana: Imprenta 'La Habanera', 1859). ANC, JF, Leg 164, num 7919.

[24] '*Exposicion que hace la Junta Directiva de la empresa de los caminos de hierro de Cárdenas y Júcaro a la general de accionistas que ha de celebrarse el día 14 de Abril de 1859*' (Habana: Imprenta 'La Habanera', 1859). ANC, JF, Leg 164, num 7919.

[25] '*Exposicion que hace la Junta Directiva de la empresa de los caminos de hierro de Cárdenas y Júcaro a la general de accionistas que ha de celebrarse el día 14 de Abril de 1859*' (Habana: Imprenta 'La Habanera', 1859). ANC, JF, Leg 164, num 7919. 在 1843 年的"奴隶和自由黑人阴谋"（被称为"La Escalera"）之后，人们认为最好的政策是尽可能将许多有色人种从古巴的城市中移走。

[26] Carlos Hellberg, *Historia Estadística de Cárdenas* (Cárdenas: 1893), 46-47.

[27] Jacobo de la Pezuela, *Diccionario geográfico, estadístico, histórico de la Isla de Cuba*. 4 vols (Madrid, 1863), vol. 2, 344.

[28] Pezuela, *Diccionario*, vol. 1, 307. "只有最大的沿海帆船，而不是远洋船只"。

[29] '*A los autos que sigue D. Juan Giraud contra D. Juis Bourdaut y Timeolon Bartemeli sobre acreditar que es socio des estos en unos almacenes...contra D. Pedro Lacoste*', 1847. ANC, Escribanías de Pontón, Leg 119, exp 1.

[30] Rolando García Blanco, *Francisco de Albear: un genio cubano universal* (Havana: Editorial Científico-Técnica, 2007), 52-53.

[31] 'Propellers for Cuba', *Journal of the Franklin Institute* 3rd ser., 35 (1858), 350.

[32] '*Mocion hecha por el Sor Alcalde ordinario D. José Zabala a consecuencia del proyecto que tienen los Sres Noriega Olmo y Cía y el Crédito Mobiliario sobre construir un muelle general que atraviese de este a oeste la bahía de Cárdenas*', 1857. ANC, OP, Leg 11, exp 289.

[33] '*Expediente relativo a la reclamacion de la Sociedad Almirall y Hermano contra el estab del rrd proyectado por Dn Rafael Ferrer y Vidal para el trafico en varias calles de la Ciudad de*

Matanzas', 1857. ANC, JF, Leg 137, exp 6724.

[34] '*Exposicion que hace la Junta Directiva de la empresa de los caminos de hierro de Cárdenas y Júcaro a la general de accionistas que ha de celebrarse el día 14 de Abril de 1859*'（Habana：Imprenta 'La Habanera', 1859）. ANC, JF, Leg 164, exp 7919.

[35] '*Expediente relativo a la solicitud de varios vecinos de Cardenas para que se nombre un fiel de mieles en aquel puerto*', 1847. ANC, JF, Leg 76, exp 2986.

[36] 19 世纪 50 年代末，包括苦力进口商拉斐尔·罗德里格斯·托利斯（Rafael Rodriguez Torices）在内的一个重叠集团，对利润丰厚的大萨瓜铁路进行了类似的敌意收购，这是加泰罗尼亚对古巴制糖基础设施的全面征服的一部分。

[37] Pezuela, *Diccionario*, vol. 1, 307.

[38] 然而，并非总是如此。商人们不得不密切关注糖浆价格的迅速波动，因为正如一位商人抱怨的那样，"很难摆脱储存费用"。'*A los autos que sigue D. Juan Giraud contra D. Juis Bourdaut y Timeolon Bartemeli sobre acreditar que es socio des estos en unos almacenes contra D. Pedro Lacoste*', 1847. ANC, Escribanías de Pontón, Leg 119, exp 1.

[39] Francisco Lastres, *Contratacion sobre efectos publicos de los orredores de comercio y de los agentes de bolsa*（Madrid, 1878）, 323. The man was Drake's/Taylor's consiglieri Jose Maria Morales. 关于这个企业家网络的更多内容，请参考 Roland Ely, *Comerciantes cubanos del siglo XIX*（Havana, Cuba：Editorial Liberia Martí, 1960）, 10-11.

[40] Laird Bergad, *Cuban Rural Society in the Nineteenth Century：The Social and Economic History of Monoculture in Matanzas*（Princeton, NJ：Princeton University Press, 1990）, 在没有引用任何资料的情况下声称卡德纳斯从未发展成为一个重要的古巴出口中心。但基于卡洛斯·雷贝洛（Carlos Rebello）的人口普查的最新研究显示，该城市在 1860 年的出口量为 126185 吨，哈瓦那为 144726 吨，马坦萨斯为 93841 吨。Alberto Perret Ballester, *El azúcar en Matanzas y sus dueños en La Habana*（La Habana：Editorial Ciencias Sociales, 2007）, 271, 459. 这里的关键是，雷贝洛仅仅记录了岛上制糖厂的产品的装运点。这些糖中的许多可能在被卖给出口商人之前，已经被沿海岸运往哈瓦那。

[41] 在古巴的 30 余个地区中，卡德纳斯生产了近 25% 的朗姆酒和 25% 的糖蜜，以及 30% 的糖（包括精炼糖和红糖）。但该城市只出口了古巴糖的 2.6%，而哈瓦那则出口了几乎占全岛总量一半的糖。Torre, *Spanish West Indies*, 122-124.

[42] Oscar Zanetti Lecuona, 'La capital del azúcar', in Bernardo García Díaz and Sergio Guerra Vilaboy（eds.）, *La Habana/Veracruz Veracruz/La Habana：Las dos orillas*（Veracruz：Universidad Veracruzana, 2002）, 262. Linda Salvucci, 'Supply, Demand, and the Making of a Market：Philadelphia and Havana at the Beginning of the 19th Century', in Peggy Liss and Franklin Knight（eds.）, *Atlantic Port Cities：Economy, Culture, and Society in the Atlantic World*, 1650-1850（Knoxville：University of Tennessee Press, 1991）, 43.

[43] 有 332 艘船只进入哈瓦那，总吨位为 33090。这些数据来自 *Letter of the Secretary of State*

Transmitting a Report on the Commercial Relations of the United States with Foreign Countries （Washington, 1863）, Part Two, 146-147, 159, 164.

[44] 在这些条件下，似乎在 1920 年代（甚至今天）基本没有变化，参见 Herminio Portell Vilá, La decadencia de Cárdenas（Havana, 1929）, 19, 21, 75. 关于英国各港口之间类似的海运操作分配，请参阅 Kenneth Morgan, 'Bristol and the Atlantic Trade in the Eighteenth Century', *The English Historical Review* 107, 424（Jul. 1992）, 650.

[45] 一位海事历史学家解释道，尽管哈瓦那"基本上垄断了'黏土处理'糖的出口"，但马坦萨斯则成为"黑糖的总部"。参见 Matanzas evolved into the 'headquarters for muscovado'. Robert Albion, *The Rise of New York Port, 1815–1860*（New York: Charles Scribner's Sons, 1939）, 183.

[46] 1851 年，卡德纳斯地区产量占到全岛总产量的近 25%，而 28.7% 的低成本副产品直接从卡德纳斯出口。参考 Torre, *Spanish West Indies*, 122-123, and Leví Marrero, *Cuba: Economia y sociedad*, 14 vols, vol. 12（Madrid: Editorial Playor, 1984）, 126.

[47] 一位专家写道："古巴消费者经常支付美国进口商品原价的两倍以上。一项 19 世纪中叶的估计显示，价值约 1500 万美元的北美纺织品、农产品、家具和工具在古巴以 3000 多万美元的价格转售。对价值 9.1 万美元的美国面粉，总共支付了 7.3 万美元的关税。" Louis Pérez, Jr., *Cuba: Between Reform and Revolution*, 2nd edn.（New York: Oxford University Press, 1995）, 16-17.

[48] 'Cuba', *Hunt's Merchant Magazine* 28（1852）, 153. 1852 年，美国进口了 196485 箱古巴糖（约占古巴总产量的 28.5%），同时全数收购了古巴的糖蜜出口。1851 年，美国从古巴进口了 2.75 亿磅的红糖。'Commerce of Havana', *Hunt's Merchant Magazine* 28（1852）, 480. 虽然大部分红糖被用来制作朗姆酒，但北美精炼商也在 1860 年将古巴糖蜜重新加工成 12000 吨红糖。Ramón Sagra, *Cuba en 1860, o sea cuadro de sus adelantos en la población, la agricultura, el comercio y las rentas publicas. Suplemento a la primera parte de La Historia Política y Natural de la Isla de Cuba por D. Ramón de la Sagra*（Paris, 1862）, 131. 尽管存在诸多交流壁垒，一位古巴－北美关系的历史学家写道："北美贸易商巧妙而有效地开拓了古巴市场，以合理的价格提供奴隶和制造品，经常提供慷慨的信贷安排，并接受糖和糖蜜作为支付手段。"来自东北州的商人、银行家和船主在哈瓦那、马坦萨斯、西恩富戈斯（Cienfuegos）、卡德纳斯、大萨瓜、特立尼达（Trinidad）和古巴圣地亚哥（Santiago de Cuba）等港口城市建立了商铺。Perez, *Cuba and the United States*, 16-17.

[49] "美国船只仅仅进入港口就需要支付每吨 1.50 美元的费用。" 'Of Navigation between the United States, Cuba, Etc. Etc.: Circular Instructions to the Collectors and Other Officers of the Customs', *Hunt's Merchant Magazine* 27（1852）, 238.

[50] David Murray, *Odious Commerce: Britain, Spain, and the Abolition of the Cuban Slave Trade*（Cambridge: Cambridge University Press, 1980）, 208-210.

[51] Deerr, *The History of Sugar*, vol. 2, 430.

[52] Murray, *Odious Commerce*, 243, http：//www.convertunits.com/from/cwt/to/pounds.

[53] 'Exports of Produce from Havana and Matanzas', *Hunt's Merchant Magazine* 22（1850）, 662.

[54] 该市还出口了 16261 大桶莫斯科葡萄酒，其中 13204 大桶运往美国，2958 大桶运往欧洲（81% 运往美国）。至于糖蜜，在 32147 大桶中，美国出口了 17640 大桶。其余的都被欧洲拿走了。*Letter of the Secretary Of State, Transmitting a Report of the Commercial Relations of the United States with Foreign Nations, for the Year Ending September 30, 1861*（Washington：Government Printing Office, 1862）, 167–168.

[55] Fernando Charadan Lopez, La Industria Azucarera en Cuba（Havana：Editorial Ciencias Sociales, 1982）, 43. 这篇文献中讨论了糖浆过剩是推动糖业处理技术改革的主要原因。旧的牙买加式糖车技术，在温度控制不准确、蒸发速度缓慢、缺乏过滤器和离心干燥器的情况下，无法"处理糖浆"。而现代化的糖车则通过在已经处理过一次的糖蜜中提取更多的结晶糖，这在很大程度上是通过对碳过滤系统的投资以及再生操作实现的。

[56] 关于这个故事，请参阅 Rood, *Reinvention of Atlantic Slavery*.

[57] 为了延长糖浆的保质期，一些富有的商人在他们的土地上建造了大规模的糖浆储罐。在卡德纳斯，早在 19 世纪 40 年代初，一组桩子、三个储罐以及围绕储罐建造的遮蔽物共花费了 5270 比索。'*A los autos que sigue D. Juan Giraud contra D. Juis Bourdaut y Timeolon Bartemeli sobre acreditar que es socio des estos en unos almacenes... contra D. Pedro Lacoste*', 1847. ANC, Escribanías de Pontón, Leg 119, exp 1. 极高的温度和湿度、温度波动以及完全密封容器的缺乏，缩短了糖蜜的保质期。在适当的条件下，糖蜜的保质期可以延长多年。参考 http：//www.bgfoods.com/int_faq.asp.

[58] Manuel Moreno Fraginals, *El ingenio：complejo socio-economico Cubano de azúcar*（Havana：Editorial Ciencias Sociales, 1978）3 vols, vol. 3, 12–13.

[59] Ernest Ingersoll, 'The Lading of a Ship', *Harper's New Monthly Magazine*, Sept 1877, 481–493. Quoted in Dara Orenstein, unpublished manuscript, 27.

[60] John Scoffern, *The Manufacture of Sugar in the Colonies and at Home, Chemically Considered*（London, 1849）, 79.

[61] Escribanías de Pontón, Leg 119, 1, 1847. 尽管如此，马坦萨斯最大的仓库，"为马坦萨斯提供的功能与雷格拉仓库为哈瓦那提供的功能相同"，建造的目的是容纳 8 万箱糖和 2 万大桶糖蜜，所以至少有一些未净化的糖被储存起来，这可能是因为糖蜜在马坦萨斯的出口财富中发挥了如此重要的作用。Pezuela, Diccionario, vol. 4, 40, quoted in Bergad, Cuban Rural Society, 170. '*Expediente sobre aumento del capital de la empresa de Almacenes de Regla*', 1857. ANC, Gobierno Superior Civil, Leg 1571, exp 81322.

[62] Sven Beckert, *Empire of Cotton：A Global History*（New York：Knopf, 2014）.

第 2 章

［1］Anna Alexander, *City on Fire*: *Technology*, *Social Change*, *and the Hazards of Progress in Mexico City*, *1860–1910* (Pittsburgh: University of Pittsburgh Press, 2016).

［2］*El Popular*, 27 August 1903.

［3］约为 240 千米中的 116 千米。

［4］Vic Gatrell, *City of Laughter*: *Sex and Satire in Eighteenth Century London* (New York: Walker & Co., 2006): 5.

［5］在呼吁对漫画进行研究时，乔恩·艾格（Jon Agar）强调，看漫画的人比读技术专著的人要多 'Technology and British Cartoonists in the Twentieth Century', *Transactions of the Newcomen Society* 74, 2(2004): 181.

［6］Anton Rosenthal, 'Spectacle, Fear, and Protest: A Guide to the History of Public Space in Latin America', *Social Science History* 24, 1(2000): 38. 罗森塔尔在如下一文中将有轨电车置于该地区的城市想象中 'The Streetcar in the Urban Imaginary of Latin America,' *Journal of Urban History* 42, 1(2016): 162-179.

［7］David Nye, *Electrifying America*: *Social Meanings of a New Technology*, *1880–1940* (Cambridge: MIT Press, 1992): ix.

［8］Lisa Gitelman, *Scripts*, *Grooves*, *and Writing Machines*: *Representing Technology in the Edison Era* (Stanford: Stanford University Press, 1999): 77.

［9］Linda Degh, *American Folklore and the Mass Media* (Bloomington: Indiana University Press, 1994). 也可参考 Trevor J. Blank, *Folk Culture in the Digital Age*: *The Emergent Dynamics of Human Interaction* (Boulder: University Press of Colorado, 2012).

［10］彼得·索佩尔萨（Peter Soppelsa）在如下文章中同时考虑了物质挪用和象征挪用 'Reworking Appropriation: The Language of Paris Railways, 1870-1914', *Transfers* 4, 2 (2014): 104-123.

［11］William Beezley, 'Foreword', in Stephen Neufeld and Michael Matthews (eds.), *Mexico in Verse*: *A History of Music*, *Rhyme*, *and Power* (Tucson: University of Arizona Press, 2015): viii.

［12］Alan Dundes, *Cracking Jokes*: *Studies of Sick Humor Cycles & Stereotypes* (Berkeley: Ten Speed Press, 1987).

［13］关于核时代的幽默，参考 Daniel Wojcik, *The End of the World as We Know It*: *Faith*, *Fatalism*, *and Apocalypse in America* (New York: NYU Press, 1997).

［14］Ben Singer, *Melodrama and Modernity*: *Early Sensational Cinema and Its Contexts* (New York: Columbia University Press, 2001): 66. Also Gregory Shaya, *Mayhem for Moderns*: *The Culture of Sensationalism in France*, *c. 1900* (PhD diss., University of Michigan, 2000).

［15］Singer, *Melodrama and Modernity*: 67.

［16］关于这种暴力的商品化，见 Rielle Navitski, *Public Spectacles of Violence：Sensational Cinema and Journalism in Early Twentieth-Century Mexico and Brazil*（Durham：Duke University Press，2017）.

［17］Singer, *Melodrama and Modernity*：74；关于耸人听闻的报道和自杀，请参见 Kathryn Sloan, *Death in the City：Suicide and the Social Imaginary in Modern Mexico*（Oakland：University of California Press，2017）.

［18］斯科特·卜卡曼（Scott Bukatman）在如下一书中讨论了它在美国漫画家中的流行：*The Poetics of Slumberland：Animated Spirits and the Animating Spirit*（Oakland：University of California Press，2012）.

［19］关于神经衰弱和自杀，请参见 Sloan, *Death in the City.*

［20］Claudio Lomnitz, *Death and the Idea of Mexico*（New York：Zone Books，2005）：377–381.

［21］Maria Elena Díaz, 'The Satiric Press for Workers in Mexico, 1900–1910：A Case Study in the Politicisation of Popular Culture', *Journal of Latin American Studies* 22, 3（1990）：497–526；Fausta Gantús, 'La ciudad de la gente común. La cuestión social en la caricatura de la Ciudad de Mexico a través de la mirada de dos periódicos：1883–1896', *Historia Mexicana* 59, 4（2010）：1247–1294. 关于讽刺媒体如何教育和证实工人阶级男性的情感的讨论，请参阅 Robert M. Buffington, *A Sentimental Education for the Working Man：The Mexico City Press, 1900–1910*（Durham：Duke University Press，2015）

［22］Rosenthal, 'Spectacle, Fear, and Protest', 38.

［23］Martha Munguía, *La Risa en la Literatura Mexicana*（Mexico：Bonilla Artigas Editores，2012）.

［24］Rafael Barajas, El Fisgón, *Sólo merio cuando me duele：La cultura del humor en México*（Mexico：Editorial Planeta Mexicana，2009）.

［25］关于城市的转变，见 Claudia Agostoni, *Monuments of Progress：Modernization and Public Health in Mexico City, 1876–1910*（Mexico：UNAM，2003）.

［26］Agostoni, *Monuments of Progress.*

［27］Tony Morgan, 'Proletarians, Politicos, and Patriarchs：The Use and Abuse of Cultural Customs in the Early Industrialization of Mexico City, 1880–1910', in William Beezley, Cheryl Martin and William French（eds.）, *Rituals of Rule, Rituals of Resistance：Public Celebrations and Popular Culture in Mexico*（Wilmington：SR Books，1994）：151‐171. 关于早期工业发展，见 Gustavo Garza Villareal, *El proceso de industrialización en la Ciudad de México（1821–1970）*（Mexico：Colegio de México，1985）.

［28］John Lear, *Workers, Neighbors, and Citizens：The Revolution in Mexico City*（Lincoln：University of Nebraska Press，2001）：59.

［29］关于社会史，请参见 Georg Leidenberger, *La historia viaja en tranvía：el transporte público y la cultura política de la ciudad de México*（Mexico：UAM，2011）. 关于市政当局和联邦当局

之间的管辖权冲突，参见 Ariel Rodríguez Kuri, *La Experiencia Olvidada：El Ayuntamiento de Mexico：Política y gobierno, 1876–1912*（Mexico：Colegio de Mexico, 1996）.

［30］*El Imparcial*, 3 October 1899.

［31］*El Universal*, 16 January 1900.

［32］论断基于以下的联邦地区法院的统计数据，*El Imparcial*, 18 January 1901.

［33］Michael Matthews, *The Civilizing Machine：A Cultural History of Mexican Railroads, 1876–1910*（Lincoln：University of Nebraska Press, 2014）：146.

［34］马修斯的以下作品展现了对这种铁路事故中的模式的发现。*The Civilizing Machine*：145.

［35］*Gaceta Médica de México*, Vol. V, 2a Series, No. 1（Mexico：Tipografía y Litografía de Juan Aguilar-Vera y Co., 1905）：12-14.

［36］事故数据源自 John Fox, 'The Needless Slaughter by Street-Cars', *Everybody's Magazine*, March 1907. Population data from *Quarterly Publications of the American Statistical Association* XIII, 97（1912）：105.

［37］有关详细讨论，请参见 Diana Montaño, *Electrifying Mexico：Cultural Understandings of a New Technology, 1880s–1960s*（PhD diss., The University of Arizona, 2014）.

［38］*El País*, 17 April 1900.

［39］Mario Barbosa, *El trabajo en las calles：Subsistencia y negociación política en la Ciudad de Mexico a comienzos del siglo XX*（Mexico：Colegio de Mexico, 2008）：55-56.

［40］Barbosa, *El trabajo en las calles.* 该文呈现了一种防止人群形成从而对抗群众恐惧的机制。

［41］*Boletín Municipal*, September 1902, cited in Susie Porter, "And That Is Custom Makes It Law"：Class Conflict and Gender Ideology in the Public Space, Mexico City, 1880-1910', *Social Science History* 24, 1（2000）：121.

［42］参见 Michael Matthews's chapter in *Mexico in Verse*.

［43］Peter Norton, 'Street Rivals：Jaywalking and the Invention of the Motor Age Street', *Technology and Culture* 48, 2（2007）：332.

［44］*El Imparcial*, 30 October 1901.

［45］*La Voz de México*, 15 March 1901.

［46］Mauricio Tenorio-Trillo, *Artilugio de la nación moderna：México en las exposiciones universales, 1880–1930*（Mexico：FCE, 1998）：173-184.

［47］*El Imparcial*, 7 August 1901.

［48］Gantús, 'La ciudad de la gente común'：1252.

［49］Gantús, 'La ciudad de la gente común'：1272.

［50］关于讽刺廉价报纸编辑如何利用正当行为与不正当行为之间的紧张关系的研究，参见 Buffington, *A Sentimental Education*.

［51］*El Popular*, 27 August 1903. 亦可参见 "guacamole" 的基督教语言 . *El Popular*, 7 June 1903. 1898 年的一本词典将鳄梨沙拉酱定义为鳄梨和莫利酱的杂烩品。

［52］Antonio Vanegas Arroyo, *Canciones Modernas*（1906）: 13. 关于城市的语言转型，特诺里奥－特里洛（Tenorio-Trillo）认为"城市的语言就像城市本身一样，是腐败的、杂乱的、无法控制的、不可预测的、丰富的、有创造力的，有时是有道德的"，其中"中上层阶级的语言本身也因与街头的庸俗口才的不可避免的接触而发生了转变"，*I Speak of the City: Mexico City at the Turn of the Twentieth Century*（Chicago: University of Chicago Press, 2012）.

［53］*El Popular*, 27 August 1903.

［54］关于工人阶级使用公共空间的犯罪化，见 Pablo Piccato, *City of Suspects: Crime in Mexico City, 1900–1931*（Durham: Duke University Press, 2001），关于公共卫生问题，见 Agostoni, *Monuments of Progress*.

［55］Steven Bunker, *Creating Mexican Consumer Culture in the Age of Porfirio Díaz*（Albuquerque: University of New Mexico Press, 2012）: 44-45.

［56］关于广告，请参见 Bunker, *Creating Mexican Consumer Culture*；关于防火／防控，参见 Alexander, *City on Fire*.

［57］*El Tiempo*, 10 February 1909.

［58］*Lista dispuesta por orden de clase y subclases de las patentes*（Mexico: Imprenta y Fototipia de la Secretaria de Fomento, 1912）: 35. 其中有九项被废弃了。

［59］参见 Edward Beatty, 'Patents and Technological Change in Late Industrialization: Nineteenth-Century Mexico in Comparative Context', *History of Technology* 24（2002）: 133.

［60］Beatty, 'Patents and Technological Change': 136.

［61］Beatty, 'Patents and Technological Change': 138-140.

［62］目前的一个项目试图解决这个问题 http://www.ibcnetwork.org/project.php? id=46.

［63］Edward Beatty, Yovanna Pineda and Patricio Saiz, 'Technology in Latin America's Past and Present: New Evidence from the Patent Records', *LARR* 52, 1（2017）: 139.

［64］Beatty et al., 'Technology in Latin America's Past and Present': 139.

［65］*Diario Oficial*, 24 February 1900.

［66］*Diario Oficial*, 24 February 1900.

［67］Archivo Histórico del Distrito Federal（AHDF）/Ayuntamiento/Ferrocarriles/box 1044/ file 367, 23 January 1900.

［68］AHDF/Ayuntamiento/Ferrocarriles/box 1044/file 367, 31 January 1900.

［69］*El Imparcial*, 16 April 1900.

［70］*El Popular*, 18 April 1900.

［71］*El Popular*, 13 May 1900.

［72］*El Popular*, 18 April 1900.

［73］Joel Sherzer, 'On Puns, Comebacks, Verbal Dueling, and Play Languages: Speech Play in Balinese Verbal Life', *Language and Society* 22, 2（1993）: 217.

[74] Irene Lopez-Rodriguez, 'Are We What We Eat? Food Metaphors in the Conceptualization of Ethnic Groups', *Linguistik Online*, [S.l.], v. 69, n. 7, Sep. 2014. ISSN 1615-3014. Verfügbar unter: <https://bop.unibe.ch/linguistik-online/article/view/1655/2798>. Date accessed: 12 Feb. 2018. doi: http://dx.doi.org/10.13092/lo.69.1655.

[75] Lopez-Rodriguez, 'Are We What We Eat?'.

[76] 更深入的讨论，见 Antonio Barcelona (ed.), *Metaphor and Metonymy at the Crossroads* (Berlin: Mouton de Gruyter, 2003): 3-7.

[77] Jeffrey Pilcher, *Que vivan los tamales! Food and the Making of Mexican Identity* (Albuquerque: University of New Mexico Press, 1998).

[78] AHDF/Ayuntamiento/ Ferrocarriles Urbanos/1044/391/1901. Fines were established for *motoristas*' violations, but not the company's. *El Popular*, 15 December 1901.

[79] *El Imparcial*, 20 December 1901.

[80] *El País*, 5 January 1902.

[81] *El País*, 22 December 1901.

[82] *El Popular*, 5 January 1902.

[83] *El Popular*, 5 January 1902.

[84] *El País*, 21 December 1901.

[85] *La Patria*, 4 January 1902.

[86] *El Tiempo*, 4 January 1902.

[87] *El Popular*, 11March 1902.

[88] 马修斯创造的术语。

[89] 关于仪式的力量，见 Beezley et al., *Rituals of Rule, Rituals of Resistance*.

[90] *La Voz de México*, 2 June 1900.

[91] *El Popular*, 9 June 1902.

[92] *El Tiempo*, 27 July 1902.

[93] *La Patria*, 24 November 1904.

[94] 没有相应记录出现。*La Patria*, 24 August 1904.

[95] *El Imparcial*, 9 May 1908.

[96] *La Patria*, 10 May 1908.

[97] *La Patria*, 10 May 1908.

[98] *El Imparcial*, 9 May 1908.

[99] AGN/SCOP/Box 144/reg. 25/file 530/792 (1909).

[100] Tarleton Gillespie, *Wired Shut: Copyright and the Shape of Digital Culture* (Cambridge: MIT Press, 2007): 2.

[101] Gillespie, *Wired Shut*: 2.

[102] 物理条件（交通密度，有轨电车的规模和速度，急转弯，道路等级差），管理改革或公司

的法律责任。

[103] William Beezley, 'Mexican Sartre on the Zócalo: Nicolas Zuñiga y Miranda', in William Beezley and Judith Ewell (eds.), *The Human Tradition in Latin America* (Wilmington: SR Books, 1997): 68. 墨西哥的技术史通过文化镜头证明了以下技术的重要性。除了有 Alexander, *City on Fire* and Matthews, *The Civilizing Machine*., 还可参加 Rubén Gallo, *Mexican Modernity: The Avant-Garde and the Technological Revolution* (Cambridge, MA: MIT Press, 2005); Justin Castro, *Radio in Revolution: Wires Technology and State Power in Mexico, 1897–1938* (Lincoln: University of Nebraska Press, 2016); 以及 Araceli Tinajero and Brian Freeman (eds.), *Technology and Culture in Twentieth Century Mexico* (Tuscaloosa: University of Alabama Press, 2013).

[104] Beezley, 'Mexican Sartre': 74.

第 3 章

[1] Gesa Mackenthun and Klaus Hock, 'Introduction: Entangled Knowledge, Scientific Discourses and Cultural Difference', in Klaus Hock and Gesa Mackenthun (eds.), *Entangled Knowledge: Scientific Discourses and Cultural Difference*, Cultural Encounters and the Discourses of Scholarship 4 (Münster: Waxmann, 2012): 7 - 28. 作者没有给出"交织知识"的定义，但认为跨文化知识的社会史需要承认"知识的多元性和多样性"(p. 9)。类似地，历史学家哈拉尔德·菲舍尔-蒂内(Harald Fischer-Tiné)提出"洋泾浜知识"的概念，认为洋泾浜知识是一种不断变化的接触知识。Harald Fischer-Tiné, *Pidgin-Knowledge: Wissen und Kolonialismus* (Zürich: Diaphanes, 2013): 13.

[2] Yovanna Pineda, 'Farm Machinery Users, Designers, and Government Policy in Argentina, 1861-1930', *Agricultural History* 92, 3 (2018): 351-379; Billie R. DeWalt, 'Appropriate Technology in Rural Mexico: Antecedents and Consequences of an Indigenous Peasant Innovation', *Technology and Culture* 19, 1 (1978): 32-52.

[3] 关于墨西哥辩论的概述，请参阅 Edward Beatty, *Technology and the Search for Progress in Modern Mexico* (Berkeley: University of California Press, 2015): 20-21.

[4] Rosanna Ledbetter, 'ITT: A Multinational Corporation in Latin America During World War II', *The Historian* 47, 4 (1985): 524-537; Arturo D. Grunstein, 'In the Shadow of Oil: Francisco J. Múgica vs. Telephone Transnational Corporations in Cardenista Mexico', *Mexican Studies* 21, 1 (2005): 1-32; Marcelo Bucheli and Erica Salvaj, 'Reputation and Political Legitimacy: ITT in Chile, 1927-1972', *Business History Review* 87 (2013): 729-755; Marcelo Bucheli and Erica Salvaj, 'Adaptation Strategies of Multinational Corporations, State-Owned Enterprises, and Domestic Business Groups to Economic and Political Transitions: A Network Analysis of the Chilean Telecommunications Sector, 1958-2005', *Enterprise and Society* 15, 3 (2014):

534-576.

[5] Asociación Hispanoamericana de Centros de Investigación y Empresas de Telecomunicaciones, *Las telecomunicaciones en Hispanoamérica: Pasado, Presente y Futuro* (Madrid: Comprint, 1993); Oscar Szymanczyk, *Historia de las telecomunicaciones en la República Argentina: Servicios de comunicación audiovisuales; radiodifusión y teledifusión; tecnologías y políticas, estatización, privatización, oligopolio, nacionalización y competencia* (Buenos Aires: Dunken, 2011); Juan Balsevich, *Historia de las telecomunicaciones en el Paraguay (1864–2002)* (Asunción: AGR S.A, 2011); *Teléfonos de México S.A., Historia de la telefonía en México 1878–1991* (México, D.F: Scripta, 1991).

[6] *Estadístico del Estado de Chiapas 1908* (Tipografía del Gobierno, 1909): 9-12.

[7] *Ley de Ingresos y presupuesto de Egresos que regirán en el ejercicio fiscal de 1896* (Tuxtla Gutiérrez: Imprenta del Estado, 1895); Fernando B. Corzo Nájera, 'El desarrollo de los medios de comunicación en Chiapas durante el Porfiriato: los telegrafos y los telefonos1875–1911' (Tesis de Licenciatura: UNICACH, 2006): 68-70.

[8] Secretario General a Daniel Villegas, 9 January 1926, Exp. 617, Tomo X, 1926, Archivo Histórico de Chiapas, Universidad de Ciencias y Artes de Chiapas (AHC).

[9] 参见例如 Cortes de Caja, Tomo XIII, Exp. 318, Sección Fomento, AHC.

[10] Siemens Schuckert al Gobierno del Estado, 6 October 1909, F. 423; Secretario General a Siemens, 20 October 1909. Exp.20, Sección Fomento, AHC.

[11] Oficial Mayor Encargado al Telefonista de Colgante B. Domínguez, sin fecha, 1926, F. 2. Exp. 642. Sección Fomento, AHC.

[12] 她在拉美地区和加勒比地区农业知识分析方面引入了一个术语。农业生产区域或"知识岛"创造、采用和应用了来自不同传统的科学方法。Leida Fernández Prieto, 'Islands of Knowledge: Science and Agriculture in the History of Latin America and the Caribbean', *Isis* 104, 4 (2013): 788-797.

[13] Presidente Municipal de Villa de Acala al Secretario General, 14 August 1923, Foja 6. Tomo X, Exp. 102, Sección Fomento, AHC.

[14] 针对 20 世纪 40 年代，文件证明了对社会招聘的积极抵制。

[15] Secretario General al Inspector General de Teléfonos, 4 January 1926, F. 71, Exp. 642, 1926, Tomo X, Sección Fomento; Francisco Coutiño al Secretario General, 28 January 1925, F. 14. 1925, Tomo I, Exp. 3, Sección Fomento, AHC.

[16] Jörg Becker (ed.), *Fern-Sprechen: Internationale Fernmeldegeschichte, -soziologie und -politik* (Berlin: VISTAS, 1994): 166-172.

[17] L. Estrada al Secretario General, 1 November 1921, F. 17. Exp. 222, Tomo VII, Sección Fomento, AHC.

[18] Presidente de la C. Permanente del 3er Congreso de Ayuntamientos al Gobernador, 21 April

1926. Exp. 657, Sección Fomento, AHC.

［19］*Informe rendido por el gobernador constitucional de Chiapas C. Ing. Raymundo E. Enríquez*：*ante la XXXIII legislatura del Estado el 1° de nov. de 1930*（Tuxtla Gutiérrez：Talleres Tipográficos del Gob. del Estado）：29-30.

［20］Cámara Nacional de Comercio e Industria, Acuitzio del Canje al Secretario de Comunicaciones y Obras Públicas, 11 August 1939. 512.2/315. Fondos Presidenciales, Lázaro Cárdenas del Río, Archivo General de la Nación（AGN）.

［21］Junta Popular de Mejoras Materiales, Paracho al Presidente, 31 May 1937.512.2/110；Heliodoro Hernández al Presidente, 3 June 1937. 512.2/130. Fondos Presidenciales, Lázaro Cárdenas del Río, AGN.

［22］Extracto：Jesús N. Arratia al Presidente, 26 May 1939. LCR 512.2/288；Modesto Zarza al Presidente, Xoconuzco, 13 January 1935. 512.4/1. Fondos Presidenciales, Lázaro Cárdenas del Río, AGN.

［23］在墨西哥，术语"ejido"用于指代公有制土地所有权，在 19 世纪中叶被废除。革命后，土地改革重新分配了受益人的公地。Presidente del Comisariado Ejidal, Omitlán al Presidente, 16 November 1936. 512.42/36. Fondos Presidenciales, Lázaro Cárdenas del Río, AGN.

［24］Raúl Castellanos al Secretario de Comunicaciones y Obras Públicas, 7June 1938. 512.2/202. Fondos Presidenciales, Lázaro Cárdenas del Río, AGN.

［25］Secretaría de Comunicaciones y Obras Públicas a Teodoro Martínez, 11 May 1939. 512.2/255, Ernesto Flores, Unión Autónoma de Peluqueros, Jalapa al Presidente, 12 July 1939. 512.2/304. Fondos Presidenciales, Lázaro Cárdenas del Río, AGN.

［26］在许多国家，关于 20 世纪早期的统计数据是稀缺的。参见拉美地区经济历史数据库（http://moxlad-staging.herokuapp.com/home/es）的概述。到 1960 年，平均电话密度仍然很低，阿根廷每 100 个居民只有 4.4 个电话，哥伦比亚只有 1.7 个，委内瑞拉只有 1.6 个。ITU, *World Telecommunication/ICT Database 2017*（Geneva：ITU, 2017）.

［27］Eli M. Noam and Cynthia Baur, 'Introduction', in Eli M. Noam（ed.）, *Telecommunications in Latin America*, Global Communications Series（New York：Oxford University Press, 1998）：xi-xxviii.

［28］高频（HF）无线电覆盖了 3~30 兆赫兹的频率范围。此外，超高频（VHF）和超高频（UHF）连接也经常被使用。VHF 频率范围在 30 至 300 兆赫兹之间，UHF 范围在 300 至 3000 兆赫兹之间。

［29］Ricardo A. Criscolo, 'Rural Telecommunications in Latin America', *IEEE Transactions on Communications* 24, 3（1976）：325-329；John K. Mayo, Gary R. Held and Steven J. Klees, 'Commercial Satellite Telecommunications and National Development：Lessons from Peru', Telecommunications Policy 16, 1（1992）：67-79.

[30] Robert J. Saunders, Jeremy J. Warford and Björn Wellenius, *Telecommunications and Economic Development*, 2nd edn, A World Bank publication (Baltimore: Johns Hopkins University Press, 1994): 246-250.

[31] Criscolo, 'Rural Telecommunications'; Susana Finquelievich, 'Las cooperativas de telecomunicaciones y la democratización social: TELPIN, un estudio de caso de organización comunitaria de la sociedad de información', *Revista de Estudios Sociales* 22, diciembre (2005): 37-47; Celeste de Marco and Talia Gutierrez, 'Las cooperativas de servicios y el medio rural, estudios de caso, Saladillo y Colonia Urquiza (Buenos Aires), 1970-2010' (XII Jornadas Nacionales y IV Internacionales de Investigación y Debate: Economía social y cooperativismo en el agro hispanoamericano: Territorio, actores y políticas públicas, Buenos Aires, 2015), http://jornadasrurales.uvq.edu.ar/ media/public/Ponencia_De_Marco_-_ Gutierrez.pdf.

[32] Secretaría de Comunicaciones y Transportes, 'Informe de Labores: 1 de septiembre de1966 al 31 de agosto de 1967' (México, D.F., 1967): 40-41.

[33] *Voces de Teléfonos de México* 105 (1970).

[34] 'San Miguel Canoa, Pue., ya ve, oye, camina y habla', *Voces de Teléfonos de México* 6, 63 (1967).

[35] Nick Cullather, 'Development? It's History', Diplomatic History 24 (2000): 641 - 653; Arturo Escobar, Encountering Development: *The Making and Unmaking of the Third World*, paperback reissue, with a new preface by the author (Princeton, NJ: Princeton University Press, 2012).

[36] 关于完整的 1962 年至 1989 年期间的列表，请参考 Saunders, Warford and Wellenius, Telecommunications: 417-421.

[37] Gwen Urey, 'Infrastructure for Global Financial Integration: The Role of the World Bank', in Bella Mody, Johannes M. Bauer and Joseph D. Straubhaar (eds.), *Telecommunications Politics: Ownership and Control of the Information Highway in Developing Countries* (Mahwah, NJ: Erlbaum, 2012): 113-134; Gerald Sussman, 'Banking on Telecommunications: The World Bank in the Philippines', *Journal of Communication Spring* (1987): 90-105.

[38] Patrick Allan Sharma *Robert McNamara's Other War: The World Bank and International Development, Politics and Culture in Modern America* (Philadelphia: University of Pennsylvania Press, 2017).

[39] 国际复兴开发银行于 1971 年 3 月 10 日发布了关于国家电信公司在哥伦比亚的第二个电信项目的评估报告。世界银行于 1989 年 6 月 22 日发布了有关哥伦比亚第四个电信项目 (Loan 1450-CO) 的项目完成报告。

[40] Robert F. Gellerman, 'Telecommunication Activities of the Inter-American Development Bank', in *Workshop on Special Aspects of Telecommunications Development in Isolated and*

Underprivileged Areas of Countries June 26–28, 1978, Ottawa, Canada: 209-219.

[41] 'Technical Co-operation: Seminar on Rural Telecommunications', *Telecommunication Journal* February (1971): 66-68; 'Fifth Session of CITEL', *Telecommunication Journal* November (1970): 735-736.

[42] 'Seminar on Rural Telecommunications [English version]': Summary of Discussion and Conclusion Quito, Ecuador 2-13 September 1974' (Geneva: ITU and United Nations Development Programme, 1974): 24.

[43] 'Seminar on Rural Telecommunications [English version]': 8.

[44] 一个"跳频"（hop）指的是两个微波站点之间通过无线电波建立的连接。

[45] 12. Bericht, Misión Alemana para Microondas, 1 October 1967; Dr. Scharrer, Misión Alemana para Microondas to Dreesmann, 5 October 1967; 7. Bericht, Misión Alemana para Microondas, 1 October 1967. Bundesarchiv Koblenz (BArch), BArch B 213/17571.

[46] 15. Bericht, Misión Alemana para Microondas, 5 March 1968. BArch B 213/17571.

[47] Deutsche Botschaft Bogotá to AA, 21 May 196, BArch B 213/17571.

[48] Ministerio de Comunicaciones, Empresa Nacional de Telecomunicaciones, Telecom, Vicepresidencia Técnica: Programa de Telecomunicaciones para la región oriental del país. Zonas de las intendencias y las comisarias. Bogotá, Enero, 1977. BArch B 213/25430.

[49] ITU, World Telecommunication Development Conference, Valletta, Malta, 23 March‑1 April 1998, Document 60-E.

[50] Walch, Dienstreise nach Paraguay, 28 November 1977. BArch B 213/25476; Dr. Lotz, Entwurf, Inspektion Hauptbericht Teil I: Textband, Fernmeldewesen Paraguay, 30 June 1978, Anlage 57, BArch B 213/25481.

[51] Dr. Lotz, Entwurf, Inspektion Hauptbericht Teil I: Textband, Fernmeldewesen Paraguay, 30 June 1978, Anlagen 14 und 16, BArch B 213/25481.

[52] Tätigkeitsbericht Schön, Paraguay, 10 January. BArch B 213/25473.

[53] Tätigkeitsbericht Schön, 14 April; Vermerk Fernmeldeprojekt Paraguay, 22 June 1977. BArch B 213/25473.

[54] Juan Balsevich, *Historia de las telecomunicaciones en el Paraguay (1864–2002)* (Asunción: AGR S.A, 2011): chapter 17.

[55] Hugh R. Slotten, 'International Governance, Organizational Standards, and the First Global Satellite Communication System', Journal of Policy History 27, 3 (2015): 521-549; Stephen A. Levy, 'INTELSAT: Technology, Politics and the Transformation of a Regime', International Organization 29, 3 (1975): 655-680. 欧洲国家担心美国强大的影响力，要求取代通信卫星公司（COMSAT）管理者的岗位。从 1973 年开始，国际通信卫星组织以合作社的形式在经济上运作。20 世纪 70 年代末，美国的持股比例降至 30% 左右。1973 年，该组织正式更名为"国际电信卫星组织"（International Telecommunications Satellite

Organization）。

［56］Larry Martinez, *Communication Satellites: Power Politics in Space*（Dedham, MA: Artech House, 1985）: 3-5.

［57］Ligia Ma. Fadul G., *Las comunicaciones via-satelite en América Latina*, Cuadernos del Ticom 31（México, D.F.: UAM Xochimilco, 1984）, Investigación realizada en el Centro de Estudios Económicos y sociales del Tercer Mundo AC（CEESTEM）.

［58］John K. Mayo et al., 'Peru Rural Communication Services Project: Final Evaluation Report'（Center for International Studies, Florida State University, 1987）: 29‐32.

［59］Douglas Goldschmidt, Karen Tietjen and Willard D. Shaw, 'Design and Installation of Rural Telecommunication Networks: Lessons From Three Projects'（Center for International Studies, Florida State University, 1987）.

［60］Richard L. Horner, 'Communications Satellite Systems for Developing Countries and the Human Rights Policy through the Carter Years: Its Application in Paraguay and El Salvador'（Master's thesis, University of Texas, December 1982）; Heather E. Hudson et al., *The Role of Telecommunications in Socio-Economic Development: A Review of the Literature with Guidelines for Further Investigation*, *Keewatin Communications*（Geneva: ITU, 1978）: 82-83; William Pierce and Nicolas Jéquier, 'Telecommunications for Development: Synthesis Report of the ITU-OECD Project on the Contribution of Telecommunications to Economic and Social Development'（Geneva, 1983）: 75-80.

［61］Horner, 'Communications'; Heather E. Hudson, *Connecting Alaskans: Telecommunications in Alaska from Telegraph to Broadband*（Fairbanks: University of Alaska Press, 2015）.

［62］Projektprüfungsbericht Telecom/BOG, 4 December 1980. BArch B 213/25444; Detecon to Auswärtiges Amt, 26 May 1983. BArch B 213/25453.

［63］Martinez, *Communication Satellites*: 7.

［64］Clemente Pérez Correa, 'Treinta años de telecomunicación', *Teledato. Revista de la Dirección General de Telecomunicaciones* 2, 10（1979）: 9-11.

［65］'Obras y realizaciones en materias de telecomunicaciones', *Teledato. Revista de la Dirección General de Telecomunicaciones* 1, 2（1973）: 7-11.

［66］Marco A. Fernández Tovar, 'Telecomunicaciones Rurales por corrientes portadoras', *Teledato. Revista de la Dirección General de Telecomunicaciones* 2, 6（1978）: 30-35; 'Tasador telefónico rural', *Teledato. Revista de la Dirección General de Telecomunicaciones* 2, 21（1982）: 3-11.

［67］Gabriela Soto Laveaga, 'Searching for Molecules, Fueling Rebellion: Echeverría's "Arriba y Adelante" Populism in Southeastern Mexico', in Amelia M. Kiddle（ed.）, *Populism in Twentieth Century Mexico: The Presidencies of Lázaro Cárdenas and Luis Echeverría*（Tucson: University of Arizona Press, 2010）: 98-99.

[68] Alfredo Bautista Chagoya, 'Antecedentes, estructura y evolución de la CTR', *Teledato. Revista de la Dirección General de Telecomunicaciones* 3, 15 (1976): 32−34.

[69] Héctor Arellano Moreno, 'Consideraciones sociales en la planificación del desarrollo de las telecomunicaciones en las regiones distantes y desfavorecidas', in *Workshop on Special Aspects of Telecommunications Development in Isolated and Underprivileged Areas of Countries June 26–28, 1978*, Ottawa, Canada: 33−38.

[70] Héctor Arellano Moreno, 'Plan Nacional de Telefonía Rural', *Teledato. Revista de la Dirección General de Telecomunicaciones* 2, 8 (1978): 21−31.

[71] 'A todos los rincones de la provincia mexicana sigue llegando el servicio telefónico', *Voces de Teléfonos de México* 10, 120 (1971); Voces de Teléfonos de México 150 (June 1974).

[72] Dr. Lotz Hauptbericht Teil I: Textband, Fernmeldewesen Paraguay, 30 June 1978. BArch B 213/25481.

[73] Dr. Lotz Hauptbericht Teil I: Textband, Fernmeldewesen Paraguay, 30 June 1978. BArch B 213/25481.

[74] Saunders, Warford and Wellenius, *Telecommunications*: 401; Antonio Cañas M., 'Development of Rural Telephony in Costa Rica', *Telecommunications for Development: World Communications Year Seminar/Meeting* (Geneva: ITU, 1983), 1−36.

[75] Saunders, Warford and Wellenius, *Telecommunications*: 242.

[76] Mayo et al., 'Peru Rural Communication Services Project: Final Evaluation Report': 60−67, 74−77.

第 4 章

[1] Santiago Ramírez, *Estudios sobre el carbón mineral* (México, D.F.: Francisco Díaz de León, 1882): 5. 由 H. 文特翻译, 西班牙文如下: 'El gran problema que los adelantos de la civilizacion (!) y las necesidades que constituyen su inmediata y natural consecuencia, han venido á plantear en el terreno de la industria (!), y cuya solucion (!) debe buscarse en las investigaciones de la ciencia, consiste en la sustitucion (!) del combustible vegetal, cuyo empleo trae consigo los má s alarmantes y perniciosos efectos, por el combustible mineral, cuyas aplicaciones, por el contrario, enuelven una promesa de bienestar futuro, abriendo nuevos caminos á la industria, nuevos horizontes al trabajo y nuevas fuentes de produccion (!) á la riqueza nacional.'

[2] 许多涉及的研究在此不再赘述, 仅列举两项: John U. Nef, *The Rise of the British Coal Industry* (London, Hamden: Archon Books, 1966); E. Anthony Wrigley, *Energy and the English Industrial Revolution* (Cambridge et al.: Cambridge University Press, 2010). 分析了煤炭与发展的关系的研究有 Kenneth Pomeranz, *The Great Divergence: China, Europe, and the Making of the Modern World Economy* (Princeton: Princeton University Press, 2000).

[3] Alfred R. Hall, 'Scientific Method and the Progress of Techniques', in E.E.Rich and C.H.Wilson (eds.), *The Cambridge Economic History of Europe. Vol. IV: Economy of Expanding Europe in the Sixteenth and Seventeenth Centuries* (Cambridge: Cambridge University Press, 1967): 96-154.

[4] Jan de Vries, 'The Industrial Revolution and the Industrious Revolution', *The Journal of Economic History* 54, 2 (1994): 249-270; Christopher A. Bayly, *The Birth of the Modern World 1780-1914* (Oxford: Blackwell, 2004) ; Jan de Vries, *The Industrious Revolution. Consumer Behavior and the Household Economy, 1650 to the Present* (Cambridge: Cambridge University Press, 2008); Sheilagh Ogilvie, 'Consumption, Social Capital, and the "Industrious Revolution" in Early Modern Germany', *The Journal of Economic History* 70, 2 (2010): 287-325 ; R.C.Allen and J.L.Weisdorf, 'Was there an "Industrious Revolution" before the Industrial Revolution? An Empirical Exercise for England, c.1300-1830', *The Economic History Review* 64, 3 (2011): 715-729.

[5] Fernand Braudel, *La Dynamique du capitalism* (Paris: Arthaud, 1985).

[6] Immanuel Wallerstein, The Modern World-System III. *The Second Era of Great Expansion of the Capitalist World-Economy, 1730-1840s* (San Diego: Academic Press, 1989).

[7] Wallerstein, *The Modern World-System III*: 33.

[8] Eric J. Hobsbawm, 'The Seventeenth Century in the Development of Capitalism', *Science and Society* 24, 2 (1960): 97-112; David S. Landes, *The Unbound Prometheus. Technological Change and Industrial Development in Western Europe from 1750 to the Present* (Cambridge: Cambridge University Press, 1969); Eric J. Hobsbawm, *The Age of Capital. 1848-1875* (London: Weidenfeld&Nicholson, 1975); André Gunder Frank, *Dependent Accumulation and Underdevelopment* (New York and London: Monthly Review Press, 1979).

[9] Roberto Cortés Conde and Stanley J. Stein (eds.), *Latin America. A Guide to Economic History, 1830-1930* (Berkeley: The University of California Press, 1977).

[10] Edward Beatty, *Technology and the Search for Progress in Modern Mexico* (Berkeley: The University of California Press, 2015): 45.

[11] Aurora Gómez Galvarriato, *Myth and Reality of Company Stores during the Porfiriato. The 'tiendas' de raya of Orizaba's Textile Mills* (México, D.F.: Centro de Investigación y Docencia Económicas, 2005): 9.

[12] Luís Torón, 'El uso racional de los combustibles mexicanos', *El trimestre Económico* 12, 47 (1945): 454-465.

[13] Beatty, *Technology and the Search for Progress.*

[14] Beatty, *Technology and the Search for Progress*: 164-166.

[15] Beatty, *Technology and the Search for Progress*: 212-213.

[16] Jürgen Osterhammel, *The Transformation of the World. A Global History of the Nineteenth*

Century（Princeton：Princeton University Press，2014）：638-640.

［17］Iván T. Berend, *An Economic History of Nineteenth-Century Europe. Diversity and Industrialization*（Cambridge：Cambridge University Press）：74.

［18］Ramón Sánchez Flores, '"Nota preliminar" de José Antonio Alzate y Ramí rez', in José Antonio Alzate y Ramírez, *Descubrimientos del carbón mineral y petroleo en México. Documento inédito*（México, D.F.：Sociedad Latinoamericana de Historia de las Ciencias y la Tecnología，1988）：14. 由 H. 文特翻译，西班牙语原文如下：'Elimpacto que causó la Revolución Industrial de Europa；la presencia de la máquina de vapor, alimentada por carbón mineral, y de un carbón mineral tratado（coque）útil para la industria siderúrgica, no es sólo un pasaje de la historia tecnológica efectuada por las mentalidades metropolitanistas. Como se observa, los países periféricos y el mundo todo se transformaba y se inquietaba por estos cambios. A los estudiosos de la disciplina científica de la historia de estos rubros corresponde demostrar que estos testimonios irrecusables son parte de la función crí tica con que debe revalorarse una historia hasta ayer parcelada.'

［19］Walter R. Sanders, *The Centennial History of Litchfield*, *Illinois*（Litchfield：Litchfield，1953）.

［20］*El Paso Herald*, Wednesday 18 May 1904：5.

［21］Reinhard Liehr and Mariano E. Torres Bautista, 'Formas y estrategias de expansión de las empresas multinacionales eléctricas alemanas en México, 1894-1942', in Reinhard Liehr and Mariano E.Torres Bautista（eds.），*Compañías eléctricas extranjeras en México（1880–1960）*（Frankfurt am Main, Madrid and México, D.F.：Iberoamericana Vervuert, 2010）：191-220.

［22］William J. Hausman, Peter Hertner and Mira Wilkins, *Global Electrification：Multinational Enterprise and International Finance in the History of Light and Power, 1878–2007*（Cambridge：Cambridge University Press, 2008）：99-100.

［23］Alexander von Humboldt, *Memoria razonada de las salinas de Zipaquirá*（org. 1801）（Bogotá：Fundación Editorial Epígrafe, 2003）. Helge Wendt, 'Coal and Social Transformation in the Works of Alexander von Humboldt'（forthcoming）.

［24］Helge Wendt, 'Coal Mining in Cuba：Knowledge Formation in a Transcolonial Perspective', in H. Wendt（ed.），*The Globalization of Knowledge in the Iberian Colonial World*（Berlin：Edition Open Access, 2016）：261-296.

［25］Luís Ortega, 'The First Four Decades of the Chilean Coal Mining Industry, 1840-1879', *Journal of Latin American Studies* 14, 1（1982）：1-32. Chris Evans and Olivia Saunders, 'A World of Copper：Globalizing the Industrial Revolution, 1830-1870', *Journal of Global History* 10, 1（2015）：3-26.

［26］María del Carmen Collado, *La burguesía mexicana, el emporio Braniff y su participación política 1865–1920*（México, D.F.：Siglo Veintiuno Editores, 1987）.

[27] 例如，请参阅对采矿活动的回顾 José G. Aguilera. 'Reseña del desarrollo de la geología en México', *Boletín de la Sociedad Geoló gica Mexicana* 1, 1 (1905), 35-117. 石油与经济发展的最新研究：María del Mar Rubio, *Oil and Economy in Mexico, 1900–1930s*, Working paper 690, Barcelona：Universitat Pompeu Fabra/Departament d'Economia i Empresa. http：//hdl.handle. net/10230/808. Francesco Girali and Paolo Riguzzzi, 'Entender la naturaleza para crear una industria. El petróleo en la exploración de John McLleod Murphy en el istmo de Tehuantepec, 1865', *Asclepio* 67, 2 (2015).doi：http：//dx.doi.org/10.3989/asclepio.2015.20.

[28] José Antonio Alzate y Ramírez, *Proyecto del Dr. José Alzate Ramírez sobre el descubrimiento y uso del carbón mineral*, ed. Ramón Sánchez (Mexico：Sociedad Latinoamericana de Historia de las Ciencias y la Tecnología, Cuadernos de Quipu, 198/1794)：78.

[29] Russell M. Lawson, *Frontier Naturalist. Jean Louis Berlandier and the Exploration of Northern Mexico and Texas* (Albuquerque：University of New Mexico Press, 2012)：125：'Berlandier and companions bivouacked at Guerrero for a day, during which time Berlandier explored the town and an abandoned coal mine'.

[30] John A. Adams Jr., *Conflict and Commerce on the Rio Grande：Laredo, 1775–1955* (College Station：Texas A&M University Press, 2008)：133.

[31] Frank A. Knapp, 'Edward Lee Plumb, amigo de México', *Historia Mexicana* 6, 1 (1956)：9–23.

[32] B.W. Aston, *The Public Career of Don José Yves Limantour* (PhD diss.：Texas Tech University, 1972).

[33] Cf. Luis Robles Pezuela, Memoria presentada á S.M. el Emperador (México, D.F.：J.M. Andrade y F. Escalante, 1866)：28 on coal findings near Reynosa.

[34] Camilo Contreras Delgado, 'La explotación del carbón en la cuenca carbonífera de Coahuila (1866–1900). La división espacial del trabajo', Relaciones. Estudios de la historia y sociedad 22, 87 (2001)：117-203. McGuire, James Patrick 'Kuechler, Jacob' Handbook of Texas Online (http：//www.tshaonline.org/handbook/online/articles/fku01), accessed 4 February 2016. Uploaded on 15 June 2010. Published by the Texas State Historical Association.

[35] Juan Luis Sariego Rodríguez, *Enclaves y minerales en el norte de México. Historia social de los mineros de cananea y nueva rosita 1900–1970* (México, D.F.：Ediciones de la Casa Chata, 1988)：58.

[36] Rodolfo Corona-Esquivel et al., 'Geología, estructura y composición de los principales yacimientos de carbón mineral en México', *Boletín de la Sociedad Geológica Mexicana* 58, 1 (2006)：141-160; 145. Contreras Delgado, 'La explotación del carbón'：188-191. 该矿的概况载于 Luis G. Jiménez, *Boletín Minero* 11 (1921)：628-655.

[37] Jorge Balán et al., *Men in a Developing Society. Geographic and Social Mobility in Monterrey, Mexico* (Austin：University of Texas Press, 1973).

[38] Mario Cerutti, Propietarios, *empresarios y empresa en el norte de México. Monterrey: de 1848 a la globalización* (Mexico: Siglo Veintinuno Editores, 2000): 86–90.

[39] Juan Mora-Torres, *The Making of the Mexican Border. The State, Capitalism, and Society in Nuevo León, 1848–1910* (Austin: University of Texas Press, 2001): 263.

[40] Beatty, *Technology and the Search for Progress*: 224.

[41] Stephen H. Haber, *Industry and Underdevelopment. The Industrialization of Mexico, 1890–1940* (Stanford: Stanford University Press, 1989).

[42] 根据维基百科显示, 他 1901—1902 年在菲律宾成为一名军官。

[43] Eugene Féchet, in: *Special-Consular-Reports. Coal and Coal Consumption in Spanish America* (Washington: Government Printing Office, 1891): 12.

[44] Féchet, *Special-Consular-Reports*: 10–11.

[45] Bureau of the American Republics, *Bulletin of the Bureau of the American Republics 9. Mexico. Washington* (Washington, DC: Government Printing Office, 1891): 7 9.

[46] Edwin Ludlow, 'Les gisements carbonifères de Coahuila', *Guide des excursions du X.e Congrès géologique internationale* 28 (1906).

[47] Edwin Ludlow, 'The Coal-Fields of Las Esperanzas, Coahuila, Mexico', *Transactions of the American Institute of Mining Engineers* 32 (1902): 140–156.

[48] José Y. Limantour, Letter to Governor of Coahuila Jesú s de Valle, 5 April 1910. Fondo CDLIV, Segunda Serie, Año1910, Carpeta31, Documento 33 (http://aleph.academica.mx/jspui/handle/56789/95592). 事实上, 利曼图尔的决定更像是原封不动保留 1887 年的免税法。

[49] Joseph Henry, 'Report of the Secretary for 1858', *Annual Report of the Board of Regents of the Smithonian Institution* (1859): 13–43.

[50] Smithsonian Institution Archives, *Jean Louis Berlandier Papers, 1826–1851, and related papers to 1886* (Washington, DC: Smithsonian Institution Archives, n.d.).

[51] Adams, *Conflict and Commerce on the Rio Grande: Laredo*: 131.

[52] James William Abert, *Report of His Examination of New Mexico, in the Years 1846–1847* (Washington: n.p., 1848): 22.

[53] Abert, *Report of His Examination of New Mexico*: 37.

[54] Abert, *Report of His Examination of New Mexico*: 107.

[55] Abert, *Report of His Examination of New Mexico*: 131.

[56] A. Dollfus et al., 'Mémoires et notes géologiques', *Archives de la Commission Scientifique du Méxique II* (1867): 363–403; 389.

[57] Edmond Guillemin-Tarayre, 'Rapport sur l' exploration minéralogique des régions mexicaines', *Archives de la Commission Scientifique du Mexique* 3 (1867): 173–470; 197–198.

[58] Guillemin-Tarayre, 'Rapport sur l' exploration minéralogique des régions mexicaines': 311. 在导言中提到洪堡的《政治论》(*Essai politique*), 认为洪堡是墨西哥的第二个发现者。吉耶曼-塔拉尔是科学委员会的冶金测量负责人。参见 Guillemin-Tarayre, 'Rapport sur l' exploration minéralogique des régions mexicaines': 25.

[59] Dollfus et al., 'Mémoires et notes géologiques'.

[60] Robles Pezuela, *Memoria presentada á S.M. el Emperador*: 28.

[61] Robles Pezuela, *Memoria presentada á S.M. el Emperador*: 356. 他在流亡法国期间创作的作品 *Apuntes sobre las mejoras materiales aplicables a la América Latina*(Paris, 1869)中重复了这一清单。

[62] Robles Pezuela, *Memoria presentada á S.M. el Emperador*: 372.

[63] 参见 Lucero Morelos Rodríguez, 'Brief History of Geological and Mining Exploration in Nineteenth Century Mexico', in W. Mayer et al. (eds.), *History of Geoscience: Celebrating 50 Years of INHIGEO*(London, 2017): 303-313. María Teresa Sánchez Salazar, 'La minería del carbón y su impacto geográfico-económico en el centro-oriente y noreste de Coahuila, México', *Investigaciones Geográficas* 31(1995): 93-112.

[64] Jiménez, *Boletín Minero*.

[65] "*El carbón mineral en Mexico*" 是 "*Boletín Minero* 11(1921): 698" 的特刊。这期特刊记述了墨西哥各州石炭纪物质的位置和化学特征。这些报告不一定涉及开采率，也不一定涉及发现煤炭的历史。

[66] Robles Pezuela, *Memoria presentada á S.M. el Emperador*: 401.

[67] Enrique Canudas Sandoval, *Las venas de plata en la historia de México. Síntesis de Historia Económica*, Siglo XIX(Villahermosa: Editorial Utopía, 2005).

[68] Carlos Marichal, 'La economía de la época borbónica al México independiente, 1760-1850', in Sandra Kuntz Ficker(ed.), *Historia económica general de México. De la Colonia a nuestros días*(México, D.F.: Colegio de México, 2010): 173-209; 205.

[69] Manuel Miño Grijalva, La protoindustria colonial hispanoamericana(México, D.F.: El Colegio de México, 1993); Marichal, 'La economía de la época borbónica'; Ernest Sánchez Santiró, 'El desempeño de la economía mexicana, 1810-1860. De la colonia al estado-nación', in Sandra Kuntz Ficker(ed.), *Historia económica general de México. De la Colonia a nuestros días*(México, D.F.: Colegio de México, 2010): 275-301.

[70] 关于现代地质学知识和开采和限制开采瓦哈卡煤矿的，见 Sánchez Salazar, 'La minería del carbón'.

[71] This understanding of Ramírez' works is also expressed in José Alfredo Uribe Salas and Maria Teresa Cortés Zavala, 'Andrés del Río, Antonio del Castillo y José G. Aguilera en el desarrollo de la ciencia mexicana del siglo XIX', *Revista de Indias* 66(237): 491-518.

[72] Antonio Pérez Marin, Minería, 'Informes y documentos relativos á comercio interior y

exterior'. Agricultura, minería é industrias 21（1887）：153.

［73］ Jiménez, *Boletín Minero*：639.

［74］ Bureau of the American Republics, *Bulletin of the Bureau of the American Republics*：80.

［75］ Bureau of the American Republics, *Mexico. A Geographical Sketch*（Washington, DC：Government Printing Office, 1900）：195.

［76］ Hubert H. Bancroft, *Resources and Development of Mexico*（San Francisco：The Bancroft Company, 1893）：153.

［77］ John Birkinbine, 'The Mixteca Country in the State of Oaxaca, Mexico', *Journal of the Franklin Institute* 168, 3（1909）：201-216.

［78］ 他的研究在这篇 1910 年的作品中进行了回顾：*The Engineering and Mining Journal* 9（1910）.

［79］ Anonymous, Report to Mr. José Y. Limantour, 29 October 1909. Fondo CDLIV, Segunda Serie, Año 1909, Carpeta 29, Legajo 13（http：//aleph.academica.mx/jspui/handle/56789/81704）.

［80］ Pérez Marin, 'Minería'：159. 由 H. 文特翻译，西班牙语原文如下：A mucha distancia de los centros de poblacion no es tan dificil encontrar leña á buen precio；pero en la capital es ya alarmante la escasez de ese combustible, que se necesita en grandes cantidades para las negociaciones fabriles...En Matamoros, Chiautla y Acatlan, una vez que exploten las minas de carbon de piedra, habrá combustible barato para plantear con ventaja, fundiciones y otros establecimientos mineros.'

第 5 章

［1］ 参见例如 Ministerio de Educación Nacional, *Revolución educativa*：Plan *sectorial 2006–2010. Documento nº8*（Bogotá：República de Colombia, 2008）；Gobierno de la República, *Plan nacional de desarrollo 2013–2018*（México：Gobierno de la República. Estados Unidos Mexicanos, 2013）；Barack Obama, '47-Address Before a Joint Session of the Congress on the State of the Union', *The American Presidency Project*（25 January 2011）, http：//www.presidency.ucsb.edu/ws/? pid=88928（accessed 26 March 2018）.

［2］ Sociedade Brasileira de Física, *Atas do Simpósio Nacional de Ensino da Física-janeiro 1970. Edição preliminar*（São Paulo：Sociedad Brasileira de Física, 1970）.

［3］ Beatriz Alvarenga *in Atas do Simpósio Nacional de Ensino da Física*：I-9.

［4］ Antônio Teixeira in *Atas do Simpósio Nacional de Ensino da Física*：I-22-23. 所有从葡萄牙语和西班牙语翻译成英语的内容均由本论文的作者完成.

［5］ Josep Simon, 'The Transnational Physical Science Study Committee：The Evolving Nation in the World of Science and Education（1945-1975）', in John Krige（ed.）, *How Knowledge Moves：Writing the Transnational History of Science and Technology*（Chicago：University of

Chicago Press, 2019）: 308-342.

［6］John Hedley Brooke, 'Introduction: The Study of Chemical Textbooks', in Anders Lundgren and Bernadette Bensaude-Vincent（eds.）, *Communicating Chemistry: Textbooks and Their Audiences, 1789-1939*（Canton, MA: Science History Publications, 2000）: 1-18; Josep Simon, 'Textbooks', in Bernard Lightman（ed.）, *A Companion to the History of Science*（Chichester: Wiley-Blackwell, 2016）: 400-413.

［7］Uri Haber-Schaim, 'PSSC PHYSICS: A Personal Perspective', in *PSSC: 50 Years Later*（American Association of Physics Teachers, 2006）http://www.compadre.org/portal/pssc/pssc. cfm? view=title（accessed 26 March 2018）.

［8］John L. Rudolph, *Scientists in the Classroom: the Cold War Reconstruction of American Science Education*（New York: Palgrave, 2002）; Simon, 'The Transnational Physical Science Study Committee'.

［9］这些教材在巴西（1962—1964 年）和哥伦比亚（1964 年）制作。主要 "PSSC 教材" 的早期西班牙语译本在西班牙（1962 年）由一个在许多拉美首都设有分支机构的出版社出版。该版本在哥伦比亚以外的所有拉美国家广泛流传。

［10］自动教学逻辑程序（PLATO）实际上是在伊利诺伊大学设计和运行的, 但也在麻省理工学院使用。Educational Services Inc, 'Records, 1956-1970', MC 79, Box 11; Folder 'Eliza', Records of the Physical Science Study Committee, MC.626, Box 7; Folders 'NSF Comp. in Educ. 12/7/67 Md.' and 'Computer-Aided Displays Proposal', and Roger L. Johnson, 'The Use of Programmed Learning and Computer-Based Instruction Techniques to Teach Electrical Engineering Network Analysis', Report R-297, July, 1966（Urbana, IL: Coordinated Science Laboratory, University of Illinois, 1968）, and D. L. Bitzer, E. R. Lyman and J. R. Suchman, 'REPLAB. A Study in Scientific Inquiry using the PLATO System', Report R-260, December, 1965（Urbana, IL: Coordinated Science Laboratory, University of Illinois, 1965）, Records of the Physical Science Study Committee, MC.626, Box 10, MIT, Institute Archives and Special Collections.

［11］麻省理工学院媒体实验室是在 1980 年代创建的, 基于由内格罗蓬特于 1967 年创建的建筑机器小组。"OLPC OX" 笔记本电脑在 21 世纪发布, 但它综合了自至少 20 世纪 60 年代以来巴伯在机器和教育方面的理念。Morgan G. Ames and Daniela K. Rosner, 'From Drills to Laptops: Designing Modern Childhood Imaginaries', *Information, Communication & Society* 17, 3（2014）: 357-370.

［12］Fuad D. Saad, Análise do projeto FAI - *Uma proposta de um curso de física auto-instrutivo para o 2° grau*（São Paulo: Universidade de São Paulo, 1977）; Idely Garcia Rodrigues and Ernst W. Hamburger, O '*Grupo de Ensino' do IFUSP: histórico e atividades. Publicações. IFUSP/P-1035, Março/1993*（São Paulo: Instituto de Física - Universidade de São Paulo, 1993）; Roberto Nardi, 'Memórias da educação em ciências no Brasil: a pesquisa em ensino de fisica', *Investigações em Ensino de Ciências* 10, 1（2005）: 63-101.

［13］Simon, 'The Transnational Physical Science Study Committee'.

［14］Fred S. Keller, 'Engineering Personalized Instruction in the Classroom', *Revista Interamericana de Psicología* 1, 3（1967）: 189-197.

［15］拉美地区计算机史学家们对巴西在 20 世纪 60 年代至 90 年代初发展国家计算机产业的领导地位有所评论。但他们几乎没有提到正式教育领域的计算机市场。Ivan da Costa Marques（ed.）, 'History of Computing in Latin America', *IEEE Annals of the History of Computing* 37, 4（2015）: 10-86.

［16］Dirceu Soares, 'Êles não estão brincando', *Realidade* 33, December（1968）: 202-216.

［17］Edward Hamilton and Andrew Feenberg, 'Alternative Rationalisations and Ambivalent Futures: A Critical History of Online Education', in Andrew Feenberg and Norm Friesen（eds.）,（*Re*）*Inventing the Internet: Critical Case Studies*（Rotterdam: Sense Publishers, 2012）: 43-70.

［18］大量关于这一主题的教育论文重复了主张 "每个孩子一台笔记本电脑" 这个运动的领导人的宣传言论，或者是 "为学校提供计算机" 网站的官方声明，而不是分析这些计划的真正影响。

［19］Anita S. Chan, 'Balancing Design: OLPC Engineers and ICT Translations at the Periphery', in Eden Medina, Ivan da Costa Marques and Christina Holmes（eds.）, *Beyond Imported Magic: Essays on Science, Technology and Society in Latin America*（Cambridge, MA: MIT Press, 2014）: 181-206.

［20］与此相似的观点，参考 David Edgerton, *The Shock of the Old: Technology and Global History since 1900*（London: Profile Books, 2006）, and Nelly Oudshoorn and Trevor Pinch（eds.）, *How Users Matter: The Co-Construction of Users and Technologies*（Cambridge, MA: MIT Press, 2003）.

［21］Morgan G. Ames, 'Translating Magic: The Charisma of One Laptop per Child's XO Laptop in Paraguay', in Medina et al., *Beyond Imported Magic*: 207 - 224.

［22］María Belén Albornoz, Mónica Bustamante Salamanca and Javier Jiménez Becerra, *Computadores y cajas negras*（Quito: Flacso Ecuador, 2012）. 此外，本书还对哥斯达黎加、智利、阿根廷、乌拉圭、巴西、墨西哥和哥伦比亚等国的当代项目进行了简要回顾。

［23］Hamilton and Feenberg, 'Alternative Rationalisations and Ambivalent Futures'.

［24］James A. Levin and Yaakov Kareev, 'Personal Computers and Education 1980, 1984', in Zenon W. Pylyshyn and Liam Bannon（eds.）, *Perspectives on the Computer Revolution*（Norwood: Ablex Publishing Corporation, 1989, 2nd edn）: 369 - 393.

［25］这个观点部分得到了一些提案的支持，例如 R. Murray Thomas, 'The Nature of Educational Technology', in R. Murray Thomas and Victor Kobayashi, *Educational Technology – Its Creation, Development and Cross-Cultural Transfer*（Oxford: Pergamon Press, 1987）: 1-23; Neil Selwyn, *Education and Technology: Key Issues and Debates*（London: Continuum,

2011); Keri Facer, *Learning Futures: Education, Technology and Social Change* (London: Routledge, 2011); Bill Ferster, *Teaching Machines: Learning from the Intersection of Education and Technology* (Baltimore: Johns Hopkins University Press, 2014).

[26] Eugenia Roldán Vera, *The British Book Trade and Spanish American Independence. Education and Knowledge Transmission in Transcontinental Perspective* (Aldershot: Ashgate, 2003).

[27] Lorenza Villa Lever, *Cincuenta años de la Comisión Nacional de los Libros de Texto Gratuitos: cambios y permanencias en la educación mexicana* (México: Comisión Nacional de los Libros de Texto Gratuitos, 2009); Aníbal Bragança and Márcia Abreu (eds.), *Impresso no Brasil: Dois séculos de livros brasileiros* (São Paulo: UNESP, 2008); Laurence Hallewell, *O livro no Brasil: sua história* (São Paulo: EdUSP, 2005).

[28] Gabriela Ossenbach Sauter and José Miguel Somoza Rodríguez (eds.), *Los manuales escolares como fuente para la historia de la educación en América Latina* (Madrid: UNED, 2001). 关于作为一般研究对象的教科书，请参见 Simon, 'Textbooks' and 'Physics Textbooks and Textbook Physics in the Nineteenth and Twentieth Centuries', in Jed Z. Buchwald and Robert Fox (eds.), *The Oxford Handbook of the History of Physics* (Oxford: Oxford University Press, 2013): 651 - 678; Josep Simon and Antonio García-Belmar, 'Education and Textbooks', *Technology and Culture* 57, 4 (2016): 940-950.

[29] Martin Lawn and Ian Grosvenor (eds.), *Materialities of Schooling: Design, Technology, Objects, Routines* (Oxford: Symposium Books, 2005); Paulí Dávila and José M. Anaya (eds.), *Espacios y patrimonio histórico-educativo* (Donostia: Erein, 2016). 关于这个主题的科学史方法的说明性例子，见 José R. Bertomeu Sánchez and Antonio García Belmar, *Abriendo las Cajas Negras: Instrumentos Científicos de la Universidad de Valencia* (València: Universitat de València, 2002); Peter Heering and Roland Witje, *Learning by Doing: Experiments and Instruments in the History of Science Teaching* (Stuttgart: Franz Steiner Verlag, 2011).

[30] Luis Rubén Pérez Pinzón, *Historia del Empresarismo en el nororiente de Colombia. Tomo 3* (Colombia: The author, 2015): 79, 84-87, 130, 148-149, 196-197.

[31] Josefina Granja Castro, *Métodos, aparatos máquinas para la enseñanza en México en el siglo XIX: Imaginarios y saberes populares* (Barcelona-México: Ediciones Pomares, 2004): 31-34.

[32] Rosa F. de Souza, 'Objects of Learning: The Pedagogic and Material Renovation of Elementary School in Brazil, in the 20th Century', Educar Em Revista 49, jul./set. (2013): 103-120.

[33] Susana V. García, 'Museos escolares, colecciones y la enseñanza elemental de las ciencias naturales en la Argentina de fines del siglo XIX', *História, Ciências, Saúde–Manguinhos* 14, 1 (2007): 173-196.

[34] 2013 年，笔者与费利佩·利昂（Felipe León）合作，对墨西哥城最古老的中学进行了科学藏品的编目工作，该中学隶属于墨西哥国立自治大学。这些藏品包括 500 多件物理仪器、一些化学产品、数学仪器以及 19 世纪和 20 世纪初期生产的实验生理学和心理学仪器，其中大部分来自法国、英国和德国制造商，还有一些来自当地手工艺人。该目录未被出版，由于墨西哥国立预备学校的文化传播秘书缺乏兴趣，这个项目未能继续下去。在墨西哥，扎卡特卡斯大学、普埃布拉大学和墨西哥州立大学保存有物理和化学教学藏品。关于阿根廷和巴西的情况，可参见 María C. von Reichenbach, 'Historic Instruments for the Teaching of Physics: A Chronology of the Situation in Argentina', *Museologia E Patrimônio* 8, 2（2015）: 123-142; Marcus Granato and Marta Lourenço, *Coleções científicas de instituições luso-brasileiras: Patrimônio a ser Descoberto*（Rio de Janeiro: MAST/MCT, 2010）.

[35] Granja Castro, *Métodos, aparatos máquinas para la enseñanza*: 27-39. 特权和专利的区别，见 Mario Biagioli, 'Patent Republic: Representing Inventions, Constructing Rights and Authors', *Social Research* 73, 4（2006）: 1129-1172.

[36] 这里使用的两个档案系列可能是不完整的，但除此之外，还有更多的原始资料可以用来建立一个更大的专利记录集。请参考 Edward Beatty, 'Patents and Technological Change in Late Industrialization: Nineteenth-century Mexico in Comparative Context', *History of Technology* 24, 2（2002）: 121-150.

[37] 参见例如, Juan Ignacio Campa Navarro, 'Patentes y desenvolvimiento tecnológico en México: Un estudio comparativo entre la época de industrialización proteccionista y el régimen de apertura', *América Latina En La Historia Económica*（2017）, DOI: 10. 18232/alhe.789; Edward Beatty and Patrício Sáiz, 'Propiedad industrial, patentes e inversión en tecnología en España y México（1820 1914）', in Rafael Dobado, Aurora Gómez Galvarriato and Graciela Márquez（eds.）, *México y España ¿historias económicas paralelas?*（México: Fondo de Cultura Económica, 2007）: 425 - 467; Carolyn C. Cooper（ed.）, 'Patents and Invention', *Technology and Culture* 32, 4（1991）: 837-1093; Robert Fox, Technological Change: *Methods and Themes in the History of Technology*（Abingdon: Routledge, 2004）.

[38] 相比之下，同期工业技术的专利申请，很大程度上归功于外国企业家。Beatty and Sáiz, 'Propiedad industrial, patentes e inversión en tecnología'.

[39] 'Método de escribir de Castillo'（1858）, 'Método de escribir Murguía'（1858）, 'Nuevo Método para enseñar a escribir letra inglesa'（1858）, 'El copiador popular de Antonio P. Castilla'（1870）, in Granja Castro, *Métodos, aparatos máquinas para la enseñanza*: 53-65. 关于技术、训练和身体纪律方面，参考 Peter Dear, 'A Mechanical Microcosm: Bodily Passions, Good Manners, and Cartesian Mechanism', in Christopher Lawrence and Steven Shapin（eds.）, *Science Incarnate. Historical Embodiments of Natural Knowledge*（Chicago: University of Chicago Press, 1998）: 5 - 82; Andrew Warwick, *Masters of Theory: Cambridge and the Rise of Mathematical Physics*（Chicago: Chicago University Press, 2003）.

[40] 'Máquina para estacigencias de escritura' (1869), 'Pizarras calcantes' (1877), 'Aparato para enseñar a leer, llamado "Silabario Mecánico". Autor: Valeriano Lara' (1881), 'Máquina para resolver cualquier problema aritmético, llamada "Contador infalible" ' (1857), in Granja Castro, *Métodos, aparatos máquinas para la enseñanza*: 66-73.

[41] 'Método práctico recreativo para aprender simultáneamente la geografía y la artimética' (1887), in Granja Castro, *Métodos, aparatos máquinas para la enseñanza*: 74-83.

[42] 'Sistema de enseñanza en las escuelas. Autor: Clemente A. Neve' (1875), 'Caja enciclopédica para la enseñanza intuitiva. Autor: Ildefonso Estrada y Zenea' (1878), in Granja Castro, *Métodos, aparatos máquinas para la enseñanza*: 88-99, 116-121.

[43] Milada Bazant, 'La mística del trabajo y el progreso en las aulas escolares, 1874-1911', in Alícia Civera Cerezedo (ed.), *Experiencias educativas en el Estado de México. Un recorrido histórico* (México: FOEM-El Colegio Mexiquense, 2013): 131-150.

[44] 'Sistema de enseñanza en las escuelas. Autor: Clemente A. Neve' (1875), 'Caja enciclopédica para la enseñanza intuitiva. Autor: Ildefonso Estrada y Zenea' (1878), in Granja Castro, *Métodos, aparatos máquinas para la enseñanza*: 100-107.

[45] Paolo Brenni, 'Nineteenth Century Scientific Instrument Advertising', *Nuncius* 17 (2002): 497-514.

[46] Charles Bazerman, *The Languages of Edison's Light* (Cambridge, MA: MIT Press, 1999); Greg Myers, 'From Discovery to Invention: The Writing and Rewriting of Two Patents', *Social Studies of Science* 25, 1 (1995): 57-105.

[47] Paolo Brenni, 'The Evolution of Teaching Instruments and Their Use Between 1800 and 1930', Science & Education 21, 2(2012): 191-226.

[48] 这一点可以从笔者在这里进行的教育技术专利分析中得出。然而，对于拉美地区教育技术的生产、流通和使用的历史研究仍然是一个鲜为人知的研究领域。

[49] Roberto Moreno y García and María de la Luz López Ortiz, *La enseñanza audiovisual* (México: Editorial Patria S. A., 1952).

[50] Moreno y García and López Ortiz, 'Prólogo de la primera edición', in *La enseñanza audiovisual* (2nd ed., 1960): 7-9.

[51] Ames and Rosner, 'From Drills to Laptops'.

[52] Moreno y García and López Ortiz, *La enseñanza audiovisual* (2nd ed., 1960).

[53] Libertad Menéndez Menéndez, 'Roberto Moreno y García', in Facultad de Filosofía y Letras (ed.), *Setenta años de la Facultad de Filosofía y Letras* (México D.F.: Universidad Nacional Autónoma de México, 1994): 443-444.

[54] Rosa M. Gudiño Cejudo, 'Un recorrido filmográfico por la Secretaría de Educación Pública: México (1920-1940)', *Revista Tempos E Espaços Em Educação* 11, 26 (2018): 91-112; Sheila Schvarzman, *Humberto Mauro e as imagens do Brasil* (Sao Paulo: UNESP, 2004);

Alicia Alted Vigil and Susana Sel (eds.), *Cine educativo y científico en España*, *Argentina y Uruguay* (Madrid: Editorial Universitaria Ramon Areces, 2016); Armando Rojas Castro(ed.), *Cine Educativo. Boletín Quincenal del Instituto de Cinematografía Educativa de la Universidad de Chile* 2, 15 de junio (1932): 1–4.

[55] Moreno y García and López Ortiz, *La enseñanza audiovisual* (2nd ed., 1960): 218–219.

[56] Milcíades Vizcaíno, *Estado y medios masivos para la educación en Colombia* (1929–2004) (Bogotá: Universidad Cooperativa de Colombia, 2014); Christina Ehrick, *Radio and the Gendered Soundscape: Women and Broadcasting in Argentina and Uruguay*, 1930–1950 (Cambridge: Cambridge University Press, 2015); Ayder Berrio et al., *Radio Sutatenza: una revolución cultural en el campo colombiano* (1947–1994)(Bogotá: Banco de la República, 2017); Eugenia Roldán Vera, 'Los orígenes de la radio educativa en México y Alemania: 1924–1935', *Revista Mexicana de Investigación Educativa* 14, 40 (2008): 13–41.

[57] John M. Culkin, 'Televisión educativa en América Latina', *La Educación en América* 11, enero–marzo (1963): 57–65.

[58] William Bollay, 'Advanced Technological Approaches to Education', in *Report of the Colombia-U.S. Workshop on Science and Technology in Development*, *Fusagasugá*, *Colombia*, *February 26–March 1, 1968* (Washington, DC: National Academy of Sciences in Cooperation with the Colombian Ministry of Education, 1969): 30–32; Vizcaíno, *Estado y medios masivos*: 272–291.

[59] Dorothy Tanck de Estrada (ed.), *Historia mínima de la educación en México* (México D.F.: El Colegio de México, 2010).

[60] Vizcaíno, *Estado y medios masivos*.

[61] UNESCO, *Regional Seminar on the Use of Visual Aids in Adult and School Education in Latin America. Mexico, 28 September–17 October 1959*. Final Report (Paris: UNESCO, 1960).

[62] J. D. Kimball, *Audiovisual Aids. Improving Productivity of the First Nine Years of Schooling. 1964, 1965. End of Mission*, *January, 1966*. Chile (Paris: UNESCO, 1966).

[63] Antônio C. Souza de Abrantes, *Ciência, Educaçao e Sociedade: O caso do Instituto Brasileiro de Educaçao, Ciência e Cultura (IBECC) e da Fundaçao Brasileira de Ensino de Ciêncies (FUNBEC)* (Rio de Janeiro: Casa de Oswaldo Cruz–Fiocruz, 2008); Simon, 'The Transnational Physical Science Study Committee'.

第 6 章

[1] Stephen Hill, *The Tragedy of Technology: Human Liberation versus Domination in the Late Twentieth Century* (London: Pluto Press, 1988).

[2] Dale Tomich, 'Commodity Frontiers, Spatial Economy, and Technological Innovation in the

Caribbean Sugar Industry, 1783–1878', in Adrian B. Leonard and David Pretel (eds.), *The Caribbean and the Atlantic World Economy: Circuits of Trade Money and Knowledge, 1650–1914* (London: Cambridge Imperial and Post-Colonial Studies Series, Palgrave Macmillan, 2015): 184–216.

[3] Jason W. Moore, *Capitalism in the Web of Life: Ecology and the Accumulation of Capital* (London and New York: Verso, 2015): 129. 关于技术变化对自然资源开发的影响，也见第155–161页。

[4] Tomich, 'Commodity Frontiers'.

[5] Michael R. Redclift: *Frontiers: Histories of Civil Society and Nature* (Cambridge, MA: MIT University Press, 2006): Chapter 2.

[6] 参考范例, Christopher R. Boyer, *Political Landscapes: Forests, Conservation, and Community in Mexico* (Durham: Duke University Press, 2015); Eric R. Wolf, *Europe and the People Without History* (Berkeley and Los Angeles: University of California Press, 1982); Catherine LeGrand, *Frontier Expansion and Peasant Protest in Colombia*, 1850–1936 (Albuquerque: University of New Mexico Press, 1986); Martin Daunton and Rick Halperin (eds.), *Empire and Others: British Encounters with Indigenous Peoples*, 1600–1850 (Philadelphia: University of Pennsylvania Press, 1999); Claudia Leal, *Landscapes of Freedom* (Tucson: The University of Arizona Press, 2018).

[7] Scott Cook, *Understanding Commodity Cultures: Exploration in Economic Anthropology with Case Studies of Mexico* (Maryland: Rowman & Littlefield Publishers, 2004); Eric R. Wolf, 'Types of Latin American Peasantry: A Preliminary Discussion', *American Anthropologist 57*, 3 (1955): 452–471.

[8] Daniel R. Headrick, 'Botany, Chemistry, and Tropical Development', *Journal of World History 7*, 1 (1996): 1–20.

[9] Ian Inkster, 'Indigenous Resistance and the Technological Imperative: From Chemistry in Birmingham to Camphor Wars in Taiwan, 1860s–1914', in David Pretel and Lino Camprubí (eds.), *Technology and Globalisation: Networks of Experts in World History* (London: Palgrave-Studies in Economic History, 2018): 41–74.

[10] Richard P. Tucker, *Insatiable Appetite: The United States and the Ecological Degradation of the Tropical World* (Berkeley: University of California Press, 2002): 101–103.

[11] Steven C. Topik and Allen Wells, *The Second Conquest of Latin America, 1850–1930: Coffee, Henequen and Oil* (Austin: University of Texas Press, 1997); Steven Topik, Carlos Marichal and Zephyr Frank (eds.), *From Silver to Cocaine: Latin American Commodity Chains and the Building of the World Economy*, 1500–2000 (Durham and London: Duke University Press, 2006); William Clarence-Smith and Steven Topik (eds.), *The Global Coffee Economy in Africa, Asia and Latin America, 1500–1989* (Cambridge: Cambridge University Press, 2003).

［12］Sandra Kuntz-Ficker（ed.）, *The First Export Era Revisited Reassessing its Contribution to Latin American Economies*（London: Palgrave Studies in Economic History, 2017）.

［13］Jonathan Curry-Machado（ed.）, *Global Histories, Imperial Commodities, Local Interactions*（Basingstoke and New York: Palgrave Macmillan, Cambridge Imperial and Post-Colonial Studies Series, 2013）.

［14］Lisa Roberts（ed.）, 'Special Issue: Exploring Global History through the Lens of the History of Chemistry', *History of Science* 54, 4（2016）; Daniel Rood, *The Re-invention of Atlantic Slavery: Technology, Labor, Race, and Capitalism in the Greater Caribbean*（Oxford: Oxford University Press, 2016）; Francesca Bray, Peter A. Coclanis, Edda L. Fields-Black and Dagmar Schäfer（eds.）, Rice: *Global Networks and New Histories*（Cambridge: Cambridge University Press, 2017）.

［15］Martin Reuss and Stephen H. Cutcliffe（eds.）, *The Illusory Boundary: Environment and Technology in History*（Charlottesville: University of Virginia Press, 2010）.

［16］Ian Inkster, Science and Technology in History: *An Approach to Industrial Development*（Basingstoke and London: Macmillan, 1991）.

［17］参见的例子有Sidney Mintz, *Sweetness and Power: The Place of Sugar in Modern History*（New York: Penguin Books, 1985）; Stuart McCook, *States of Nature: Science, Agriculture, and Environment in the Spanish Caribbean*, 1760-1940（Austin, TX: University of Texas Press, 2002）; Victor Bulmer-Thomas, *The Economic History of the Caribbean Since the Napoleonic Wars*（Cambridge: Cambridge University Press, 2012）; Adrian Leonard and David Pretel（eds.）, *The Caribbean and the Atlantic World Economy: Circuits of Trade, Money and Knowledge, 1650-1914*（Basingstoke and London: Palgrave Macmillan, Cambridge Imperial and Post-Colonial Studies Series, 2015）.

［18］Harro Maat and Sandip Hazareesingh（eds.）, *Local Subversions of Colonial Cultures Commodities and Anti-Commodities in Global History*（Palgrave Macmillan, Cambridge Imperial and Post-Colonial Studies Series, 2016）.

［19］Alfredo Cesar Dachary and Stella Maris Arnaiz Burne, *El Caribe Mexicano: Una frontera olvidada*（Chetumal: Universidad de Quintana Roo, 1998）.

［20］Arthur Demarest, Ancient Maya: *The Rise and Fall of a Rainforest Civilization*（Cambridge: Cambridge University Press, 2005）; Anabel Ford and Ronald Nigh, *The Maya Forest Garden*（Walnut Creek: Left Coast Press, 2015）. 另外关注墨西哥文献 *Maize in time of War*（2016）.

［21］Hernan W. Konrad, 'Capitalism on the Tropical Forest Frontier: Quintana Roo, 1880s to 1930', in Jeffrey T. Brannon and Gilbert M. Joseph（eds.）, *Land, Labor, and Capital in Modern Yucatan: Essays in Regional History and Political Economy*（Tuscaloosa: University of Alabama Press, 1991）: 143-171.

［22］Nelson A. Reed, *The Caste War of Yucatan*（Stanford: Stanford University Press, 2001）;

Terry Rugeley, *Rebellion Now and Forever: Mayas, Hispanics, and Caste War Violence in 1800–1880* (Stanford: Stanford University Press, 2009).

[23] Fernando Benítez, *Ki: el drama de un pueblo y de una planta* (FCE, 1956); Alan Wells, *Yucatán's Gilded Age: Haciendas, Henequen, and International Harvester*, 1860–1915 (Albuquerque: University of New Mexico Press, 1985); Sterling Evans, *Bound in Twine: The History and Ecology of the Henequen–Wheat Complex for Mexico and the American and Canadian Plains*, 1880–1950 (College Station: Texas A&M University Press, 2007).

[24] María Cecilia Zuleta, *De Cultivos y Contribuciones. Agricultura y Hacienda Estatal en México en la 'época de la properidad'*. Morelos y Yucatán 1870–1910 (México, D.F.: Universidad Autónoma Metropolitana, 2006): 232.

[25] Howard F. Cline, 'El Episodio del Henequén en Yucatán', *Secuencia* 8 (1987): 186–203.

[26] Alfonso Zamora *Pérez, Catalogo Crítico de las Máquinas desfibradoras México* (1830–1890) (México, D.F.: Universidad Autónoma Metropolitana, 1999); Rafael Barba, *El Henequén en Yucatán* (México, Secretaria de Fomento: 1895).

[27] Decreto de 13 de enero de 1857: 'Privilegio para José Esteban Solís por una Máquina de Raspar Henequén'.

[28] Eric N. Baklanoff and Jeffery T. Brannon: 'Forward and Backward Linkages in a Plantation Economy: Immigrant Entrepreneurship and Industrial Development in Yucatán, Mexico', *The Journal of Developing Areas 19*, 1 (1984): 83–94.

[29] Archivo General de la Nación (AGN), Caja 12, Exp. 494 and Caja 12, Exp. 787.

[30] Rafael Barba, *El Henequén en Yucatán* (México, Secretaria de Fomento: 1895).

[31] Sterling Evans, 'King Henequen: Order, Progress, and Ecological Change in Yucatán, 1850–1950', in Robert Boyer (ed.), *A Land Between Waters: Environmental Histories of Modern Mexico* (Tucson: The University of Arizona Press, 2012): 150–172.

[32] Alfonso Fabila, 'Exploracion economico-social del estado de Yucatan', *El Trimestre Económico* 8, 31 (3) (1941): 399.

[33] Allen Wells, 'From Hacienda to Plantation: the Transformation of Santo Domingo Xyucum', in Jeffrey T. Brannon and Gilbert M. Joseph (eds.), *Land, Labor, and Capital in Modern Yucatan: Essays in Regional History and Political Economy* (Tuscaloosa: University of Alabama Press, 1991): 112–142.

[34] Baklanoff and Brannon, 'Forward and Backward Linkages'.

[35] 'Hemp Twine: How and of What It Is Manufactured', *Boston Daily Globe* (28 August 1910).

[36] Victor M. Suarez Molina, *La evolución económica de Yucatán* (Mérida: Universidad de Yucatán, 1976): Vol. II., 141–227.

[37] Plymouth Cordage Company, *The Plymouth Cordage Company: Proceedings At Its Seventy-fifth*

Anniversary, 1824–1899 (Cambridge, MA: Printed at the University Press, 1900).

[38] Wells, 'From Hacienda to Plantation': 115.

[39] H. R. Carter, 'The Decortication of Fibrous Plants, with Special Reference to the Belgian Flax Industry', *Journal of the Textile Institute Proceedings and Abstracts* 4, 2(1913): 231–265.

[40] Inés Ortiz Yam, *De Milperos a Henequeros en Yucatán, 1870–1937* (México, D.F.: El Colegio de México, 2013): 140–141.

[41] Evans, *Bound in Twine*: 199–210.

[42] Antonio Rodríguez, *El Henequén: una planta calumniada* (México: CostaAmic, 1966): 339–342.

[43] Rodríguez, *El Henequén*: 327–332 and 375–377.

[44] Peter Klepeis, 'Forest Extraction to Theme Parks: The Modern History of Land Change', in B. L. Turner, Jaqueline Geoghegan and David R. Foster (eds.), *Integrated Land-Change Science and Tropical Deforestation in the Southern Yucatán: Final Frontiers* (Oxford: Oxford University Press, 2004): 39–62.

[45] Cyrus L. Lundell, 'Archeological Discoveries in the Maya Area', *Proceedings of the American Philosophical Society* 72, 3(1933): 147.

[46] 关于尤卡坦半岛上的树胶历史和美国口香糖工业的研究，参考 Michael R. Redclift, *Chewing Gum: The Fortunes of Taste* (New York and London: Routledge, 2004); Jennifer P. Mathews, *Chicle: The Chewing Gum of the Americas, from the Ancient Maya to William Wrigley* (Tucson: University of Arizona Press, 2009).

[47] Luis G. Giménez, *El chicle: su explotación forestal e industrial* (México: Imprenta Manuel Casas, 1951).

[48] Redclift, Frontiers: 131–159.

[49] Redclift, Frontiers: 131–159.

[50] Frank E. Egler, 'The Role of Botanical Research in the Chicle Industry', *Economic Botany* 1, 2(1947): 188–209.

[51] Frederic Dannerth, 'The Industrial Chemistry of Chicle and Chewing Gum', *Journal of Industrial and Engineering Chemistry* 9, 7(1917): 679–682.

[52] Egler, 'The Role of Botanical Research'.

[53] Gimenez, *El chicle*: 92–94.

[54] Claudio Vadillo, 'Una historia Regional en tres tiempos. Campeche s. XIII–XX', *Península* 3, 2(2008): 46–56; M. Ramos Díaz, 'La bonanza del chicle en la frontera caribe de México', *Revista Mexicana del Caribe* 4, 7(1999): 172–193.

[55] Giménez, *El chicle*: 95–97.

[56] Alan K. Craig, 'Logwood as a Factor in the Settlement of British Honduras', *Caribbean Studies* 9, 1(1969): 53–62.

[57] Agustí Nieto-Galán, *Colouring Textiles: A History of Natural Dyestuffs in Industrial Europe* (Boston and London: Kluwer Academic Publishers, 2001): 16.

[58] Pascale Illegas and Rosa Torras, 'La extracción y exportación del palo de tinte a manos de colonos extranjeros: El caso de la B. Anizan y Cía', *Secuencia* 90 (2014): 79-93.

[59] *The Chemical Trade Journal and Chemical Engineer* 57 (1915): 518.

[60] Claudio Vadillo, 'Extracción y comercialización de maderas y chicle en la región de Laguna de Términos, Campeche, siglo XIX', in Mario A. Trujillo and José Mario Bolio (eds.), *Formación empresarial, fomento industrial y compañías agrícolas en el México* (México, D.F.: CIESAS): 299-318; Angel E. Cal, 'Capital - Labor Relations on a Colonial Frontier: Nineteenth-Century Northern Belize', in Jeffrey T. Brannon and Gilbert M. Joseph (eds.), *Land, Labor, and Capital in Modern Yucatan: Essays in Regional History and Political Economy* (Tuscaloosa: University of Alabama Press, 1991): 83-107.

[61] H. J. Conn, 'The History of Staining Logwood Dyes', *Stain Technology* 4, 2 (1929): 37-48.

[62] Víctor Sánchez Molina, *La evolución económica de Yucatán a través del S XIX* (Mérida: Universidad de Yucatán, 1977).

[63] Molina, *La evolución económica*: 214-216.

[64] Joris Mercelis, 'Corporate Secrecy and Intellectual Property in the Chemical Industry through a Transatlantic Lens, c.1860-1930,' *Entreprises et Histoire* 1 (2016): 32-46.

[65] Carsten Reinhardt and Anthony Travis, *Heinrich Caro and the Creation of Modern Chemical Industry* (Dordrecht: Kluwer, 2000): 57-59.

[66] 'Logwood: The Historic and Standard Black', *American Dyestuff Reporter* 2, 20 (17 June 1918). 这篇文章还指出: "刺槐作为黑色染料在化学上的优势无疑是通过其卓越的染料性能来强调的。"

[67] Berthold Wuth, 'Substitutes for Indigo, Aniline Black, Logwood & c.', *Journal of the Society of Dyers and Colourists* 25, 4 (1909).

[68] Michael A. Camille and Rafael Espejo Saavedra, 'Historical Geography of the Belizean Logwood Trade, *Yearbook– Conference of Latin Americanist Geographers* 22 (1996): 77-85; Nieto-Galán, *Colouring Textiles*.

[69] Reinhardt and Travis, Heinrich Caro.

[70] Vadillo, 'Extracción y comercialización de maderas': 299-318 and 307-311.

[71] Personal communication with Ian Inkster (4 September 2017).

[72] Redclift, *Frontiers*: 136-144.

第 7 章

本章作者希望感谢两位审稿人，米卡埃尔·沃尔夫和一名匿名审稿人，他们对本章早期版本给予有益的评论；所有剩余的错误都是本章作者的责任。

[1] Mike Savage, 'Affluence and Social Change in the Making of Technocratic Middle-Class Identities: Britain, 1939-1955', *Contemporary British History* 22, 4 (2008): 457-476.

[2] Antoine Picon, 'French Engineers and Social Thought, 18-20th Centuries: An Archeology of Technocratic Ideals', *History and Technology* 23, 3(2007): 197-208.

[3] John D. Martz and David J. Myers, 'Technological Elites and Political Parties: The Venezuelan Professional Community', *Latin American Research Review* 29, 1 (1994): 7-27.

[4] Angela de Castro Gomes et al., *Engenheiros e Economistas: Novos Elites Burocráticas* (Rio de Janeiro: Ed. FGV, 1994).

[5] Pamela Murray, *Dreams of Development: Colombia's National School of Mines and Its Engineers, 1887–1970* (Tuscaloosa: University of Alabama Press, 1997): 54.

[6] Andrés Valderrama, Juan Camargo, et al., 'Engineering Education and the Identities of Engineers in Colombia, 1887-1972', *Technology and Culture* 50, 4 (2009): 811-838. 另见 Frank Safford, *The Ideal of the Practical: Colombia Struggles to Form a Technical Elite* (Austin: University of Texas Press, 1976).

[7] Eve Buckley, *Technocrats and the Politics of Drought and Development in Twentieth-Century Brazil* (Chapel Hill: University of North Carolina Press, 2017).

[8] Juan C. Lucena, 'De Criollos a Mexicanos: Engineers' Identity and the Construction of Mexico', *History and Technology* 23, 3 (2007): 275-288. 有关 20 世纪 20 年代墨西哥工程师的更全面的资料，请参见 José Raúl Domínguez Martínez, *La ingeniería civil en México, 1900-1940: Análisis histórico de los factores de su desarrollo* (Mexico: IISUE, 2013).

[9] Mikael Wolfe, *Watering the Revolution:An Environmental and Technological History of Agrarian Reform in Mexico* (Durham: Duke University Press, 2017): 72-73.

[10] Eden Medina, *Cybernetic Revolutionaries: Technology and Politics in Allende's Chile* (Boston: MIT Press, 2011).

[11] Patricio Silva, *In the Name of Reason: Technocrats and Politics in Chile* (University Park, PA: Pennsylvania State University Press, 2008): 17.

[12] Michael A. Ervin, 'The 1930 Agrarian Census in Mexico: Agronomists, Middle Politics, and the Negotiation of Data Collection', *Hispanic American Historical Review* 87 (2007): 537-570.

[13] D. Parker, 'The Making & Endless Remaking of the Middle Class', in David Parker and Louise Walker (eds.), *Latin America's Middle Class* (Lanham, MD: Lexington Books, 2013): 13.

［14］B. Weinstein, 'Commentary', in A. Ricardo López and Barbara Weinstein (eds.), *The Making of the Middle Class: Toward a Transnational History* (Durham: Duke University Press, 2012): 109.

［15］A. Ricardo López, 'Conscripts of Democracy: The Formation of a Professional Middle Class in Bogotá during the 1950s and Early 1960s', in López and Weinstein (eds.), *The Making of the Middle Class*: 188.

［16］B. Owensby, *Intimate Ironies: Modernity and the Making of Middle Class Lives in Brazil* (Palo Alto: Stanford University Press, 1999): 206.

［17］Owensby, *Intimate Ironies*: 4.

［18］关于该机构的建立和历史沿革，参见 Buckley, *Technocrats*.

［19］J. A. Trinidade, *Os postos agricolas da inspetoria de sêcas* (Rio de Jenairo: Ministério de Voação e Obras Públicas, 1940): 9.

［20］J. G.Duque, 'O fomento da produção agricola', *Boletim da Inspetoria Federal de Obras Contra as Sêcas* 11, 2 (1939): photo caption, n.p.

［21］J. A. Trinidade, 'Os serviços agricolas da inspectoria de seccas', *Boletim da Inspetoria Federal de Obras Contra as Sêcas* 7, 1 (1937): 43

［22］Duque, 'O fomento da produção': 155.

［23］J. G. Duque, *Solo e agua no polígono das sêcas*, 2nd edn. (Fortaleze: MVOP-DNOCS, 1951): 14.

［24］Duque, *Solo e agua*: 15.

［25］Duque, *Solo e agua*: 12.

［26］Duque, *Solo e agua*: 111.

［27］Duque, *Solo e agua*: 111.

［28］J. G. Duque, *Solo e agua no polígono das sêcas*, 3rd edn. (Fortaleza: MVOP-DNOCS, 1953): 7.

［29］Duque, *Solo e agua*, 3rd edn.: 201 and 291.

［30］Duque, *Solo e agua*, 3rd edn.: 188 and 201.

［31］Tirano Pires da Nobrega, 'Ensaio social-econômico de um setor do Rio São Francisco', *Boletim da Inspetoria Federal de Obras Contra as Sêcas* 16, 1 (1941): 14.

［32］Nobrega, 'Ensaio': 10.

［33］Nobrega, 'Ensaio': 12.

［34］Nobrega, 'Ensaio': 14.

［35］*Irrigante amigo! Sera bem vindo ao Projeto São Gonçalo*, undated pamphlet, Instituto Agronômico José Augusto Trinidade Collection (hereafter IAJAT), DNOCS library, Fortaleze.

［36］Serviço Argo-Industrial, *Informações para irrigantes* (Fortaleze: Ministério de Viação e Obras Públicas/DNOCS, 1957), IAJAT, DNOCS library.

[37] Carlos Bastos Tigre, *Catecismo do agriculture*（Fortaleze：DNOCS, 1954）：10.

[38] Tigre, *Catecismo*：12.

[39] Tigre, *Catecismo*：45.

[40] Tigre, *Catecismo*：51.

[41] J. de Castro, *A Geografia da Fome*（Rio de Janeiro：Editora O Cruzeiro, 1946）.

[42] Tigre, *Catecismo*：54.

[43] Ervin, '*The 1930 Agrarian Census*'.

[44] Letters from J. G. Duque to drought inspector, 20 June 1944, Forquilha Reservoir file.

[45] Letters from J. G. Duque to drought inspector, November 1946, Forquilha Reservoir file7, Fundo：Açudes Públicos, Arquivo DNOCS.

[46] Seven memos from J. G. Duque to other DNOCS personnel, 10 April 1953 to 3 September 1954, Forquilha Reservoir file 7, Fundo：Açudes Públicos, Arquivo DNOCS.

[47] Letter from Associação do Commércio, Sobral, to DNOCS director, 24 April 1957, Forquilha Reservoir file 7, Fundo：Açudes Públicos, Arquivo DNOCS.

[48] DNOCS inspector Berredo to MVOP, 'Perspectivas mais animadores', 1948, Choró Reservoir file 1, Fundo：Açudes Públicos, Arquivo DNOCS.

[49] Memo from José Nanges Campo discussing Delfino de Alencar case, March 1948, Choró Reservoir file 1, Fundo：Açudes Públicos, Arquivo DNOCS.

[50] Pimentel Gomes, 'Solução agronômica do problema das sêcas', *Boletim do Departamento Nacional de Obras Contra as Secas* 19, 3（1959）：113–124.

[51] J. G. Duque, 'Agricultura do Nordstrom e o desenvolvimento econômico', *Boletim do Departamento Nacional de Obras Contra as Sêcas* 19, 4（1959）：52.

[52] Duque, 'Agricultura do Nordeste'：64.

第 8 章

[1] Claudia Honegger, *Die Ordnung der Geschlechter. Die Wissenschaften vom Menschen und das Weib*, 1750–1850（Frankfurt/New York：Campus, 1991）.

[2] Cynthia Cockburn, *Die Herrschaftsmaschine. Geschlechterverhältnisse und technisches Know-How*（Berlin/Hamburg：Argument, 1988）.

[3] Érico Esteves Duarte, *Tecnologia militar e desenvolvimento econômico: uma análise histórica*（Rio de Janeiro：Ipea, 2012）：16f.

[4] Nathan Ensmenger, '"Beards, Sandals, and Other Signs of Rugged Individualism"：Masculine Culture within the Computing Professions', *Osiris* 30, 1（2015）：38–65.

[5] 有关概述，请参见 Roy Rosenzweig, 'Wizards, Bureaucrats, Warriors, and Hackers：Writing the History of the Internet', *The American Historical Review* 103, 5（1998）：1530–1552; Janet

Abbate, 'Government, Business, and the Making of the Internet', *The Business History Review* 75, 1 (2001): 147–176.

[6] Ivan da Costa Marques, 'History of Computing in Latin America', IEEE *Annals of the History of Computing* 37, 4 (2015): 10–12; Jaquelinne Dominguez Nava, Juan C. Acosta-Guadarrama, Rosa M. Valdovinos Rosas, Víctor H. Solis Ramos, Nely Plata César and Leticia Quintanar Rebollar, 'A Brief History of Computing in Mexico', IEEE *Annals of the History of Computing* 37, 4 (2015): 76–86, 77f.

[7] Steven R. Beck, *Computer Bargaining in México and Brazil 1970–1990: Dynamic Interplay of Industry and Politics* (London, PhD dissertation at the London School of Economics, 2012): 76f.

[8] Nicolás Babini, 'Modernización e informática: Argentina, 1955–1966', *Quipu* 9, 1 (1992): 89–109, 93; Nicolás Babini, *La Argentina y la computadora. Crónica de una frustración* (Buenos Aires: Ed. Dunken, 2003): 29ff.; Nicolás Babini, 'La llegada de la computadora a la Argentina', LLULL 20 (1997): 465–490.

[9] Babini, *La Argentina y la computadora*: 28; Pablo Miguel Jacovkis, *De Clementina al siglo XXI: breve historia de la computación en la Facultad de Ciencias Exactas y Naturales de la Universidad de Buenos Aires* (Buenos Aires: Eudeba, 2013).

[10] Ernesto Garcia Camarero, 'Algunos recuerdos sobre los orígenes del cálculo automátio en Argentina, y sus antecendentes en Espana e Italia', *Revista Brasileira de História da Matemática* 7, 13 (2007): 109–130, 117.

[11] Guillermo O'Donnell, 'Modernization and Military Coups', in María Gabriela Nouzeilles and Gradela Montaldo (eds.), *The Argentina Reader: History, Culture, Politics* (Durham, NC; London: Duke University Press, 2002): 399–420, 399.

[12] Robert A. Potash, 'The Changing Role of the Military in Argentina', *Journal of Inter-American Studies* 3, 4 (1961): 571–578.

[13] David Huelin, 'Conflicting Forces in Argentina', *The World Today* 18, 4 (1962): 142–152, 143. 在 1955 年至 1983 年间的 16 位阿根廷总统中，有 7 位是平民，9 位是将军。

[14] O'Donnell, 'Modernization and Military Coups': 403.

[15] J. Samuel Fitch, 'Military Attitudes toward Democracy in Latin America: How Do We Know If Anything Has Changed?', in David Pion-Berlin (ed.), *Civil–Military Relations in Latin America. New Analytical Perspectives*, (Chapel Hill, NC: University of North Carolina Press, 2001): 59–87, 特别参见 71–76.

[16] Fitch, 'Military Attitudes': 72.

[17] Fitch, 'Military Attitudes': 73.

[18] Fitch, 'Military Attitudes': 75.

[19] Ferdinand Otto Miksche, 'El soldado y la Guerra tecnológica', *Revista de los Servicios del*

Ejercito 25, 800（1962）：1057-1063.

［20］Miksche, 'El soldado y la Guerra tecnológica'：1058.

［21］Miksche, 'El soldado'. 引用内容均由本章作者翻译。

［22］Miksche, 'El soldado'.

［23］Miksche, 'El soldado'：1059.

［24］Ricardo A. Mastropaolo, 'Eficiencia y Responsabilidad en la Guerra Moderna', *Revista del Círculo Militar* 669（1963）：112-117, 115.

［25］Nathan Ensmenger, 'Making Programming Masculine', in Thomas J. Misa（ed.）, *Gender Codes: Why Women Are Leaving Computing*（New York, NY：John Wiley & Sons 2010）：115-141.

［26］Marie Hicks, 'Meritocracy and Feminization in Conflict：Computerization in the British Government', in Thomas J. Misa（ed.）, *Gender Codes: Why Women Are Leaving Computing*（New York, NY：John Wiley & Sons 2010）：95-114.

［27］Thomas Haigh, 'Masculinity and the Machine Man：Gender in the History of Data Processing', in Thomas J. Misa（ed.）, *Gender Codes: Why Women Are Leaving Computing*（New York, NY：John Wiley & Sons 2010）：51-71, 56.

［28］Haigh, 'Masculinity and the Machine Man'：51, 58.

［29］José Javier de la Cuesta Ávila, 'Computadoras Electronicas', in *Revista del Círculo Militar* 201-203, 661（1961）：124-129, 124.

［30］对于行为者网络（Actor-Network Theory，简称 "ANT"）的支持者，技术创新和科学事实始终是复杂过程和冲突的结果；参见 Bruno Latour, *Science in Action. How to Follow Scientists and Engineers Through Society*（Cambridge, MA：Harvard University Press, 2003）.

［31］'Las máquinas de cálculo electrónicas están en la avanzada del progreso y son en el presente la llave del futuro', Cuesta Ávila, 'Computadoras Electronicas'：129.

［32］布宜诺斯艾利斯的国家计算机博物馆在其网站上提供了对德·拉·奎斯塔·阿维拉的全面传记：http://www.museoinformatico.com.ar/~museoinfor/articulos/personalidades-informaticas/27-tcnlcuesta-Ávila（last accessed 26 September 2016）.

［33］Aníbal H. Aguiar, 'La sistematizacion electronica de datos – un aliado indispensable para la defensa nacional', *Revista del Círculo Militar* 228-230, 670（Oct. 1963）：56-69, 57.

［34］Carlos Cesar Lopez, 'Generalidades Sobre Empleo de las Computadoras Electrónicas Digitales', *Revista de los Servicios del Ejercito* 26, 311（Nov. 1963）：917-932, 923.

［35］Lopez, 'Generalidades'：924.

［36］Oscar A. Poggi, 'Trascendencia de uno de los hechos más característicos de nuestro tiempo', *Revista del Círculo Militar* 678（1966）：80-87, 80f.

［37］Poggi, 'Trascendencia'：81f.

［38］Cuesta Ávila, 'Computadoras Electronicas'：124.

［39］Cuesta Ávila, 'Computadoras Electronicas'：125.

［40］Cuesta Ávila, 'Computadoras Electronicas'：127.

［41］http：//www.museoinformatico.com.ar/~museoinfor/articulos/personalidades-informaticas/ 27-tcnl-cuesta-Ávila 41.（last accessed on 12 September 2016）. IBM 公司在拉美地区的 历史尚不为人所熟知。关于 IBM 公司在智利的最早情况，以下文章提供了一些初步见 解：Eden Medina, 'Big Blue in the Bottomless Pit：The Early Years of IBM Chile', in：*IEEE Annals of the History of Computing* 30, 4（2008）：26-41.

［42］Cuesta Ávila, 'Computadoras Electronicas'：124.

［43］IBM-Highlights 1885-1969, 22. 该文件可在 IBM 档案馆中获取：https：//www 03.ibm. com/ibm/history/documents/pdf/1885-1969.pdf（last accessed 26 September 2016）.

［44］Babini, *La Argentina y la computadora*：50.

［45］David L. Feldman, 'Argentina, 1945-1971：Military Assistance, Military Spending, and the Political Activity of the Armed Forces', *Journal of Interamerican Studies and World Affairs* 24, 3（1982）：321-336, 328.

［46］José Javier de la Cuesta Ávila, 'Sistema computador de datos. Progamador（sic！）militar S.C.D.', *Revista de los Servicios del Ejercito* 25, 292（1962）：281-286.

［47］Cuesta Ávila, 'Sistema computador de datos'：281.

［48］http：//www.museoinformatico.com.ar/~museoinfor/articulos/personalidades-informaticas/ 27-tcnl-cuesta-Ávila（last accessed on 12 September 2016）.

［49］Aguiar, 'La sistematizacion electronica de datos'：65.

［50］Aguiar, 'La sistematizacion electronica de datos'：65.

［51］Aguiar, 'La sistematizacion electronica de datos'：67.

［52］Aguiar, 'La sistematizacion electronica de datos'：70.

［53］'[L]a Computadora...no tiene capacidad de análisis, de lógica, ni de razonamiento, no es un Cerebro Electrónico como vulgarmente suele llamárselo, no piensa, no sabe pensar', Aguiar, 'La sistematizacion electronica de datos'：67.

［54］Lopez, 'Generalidades'：926.

［55］Cuesta Ávila, 'Computadoras Electronicas'：124.

［56］Cuesta Ávila, 'Computadoras Electronicas'：128.

［57］José Javier de la Cuesta Ávila, 'Aplicación Militar del Sistema de Computación de datos mediante maquinas electrónicas', *Revista de los Servicios del Ejército* 24, 287（1961）：933-937.

［58］Cuesta Ávila, 'Aplicación Militar'：933.

［59］Cuesta Ávila, 'Aplicación Militar'：934.

［60］José Javier de la Cuesta Ávila, 'Sistema de computación de datos. Centro SCD Militar', *Revista de los Servicios del Ejército* 26, 304（April 1963）：265-267.

［61］Cuesta Ávila, 'Sistema de computación de datos': 267.

［62］José Javier de la Cuesta Ávila, 'Sistema de Computación de Datos. Técnica de Diagramación de Formularios', *Revista de los Servicios del Ejército* 26, 306 (June 1963): 449-458.

［63］Cuesta Ávila, 'Aplicación Militar': 934f.

［64］Aguiar, 'La sistematizacion electronica de datos'.

［65］Aguiar, 'La sistematizacion electronica de datos': 68.

［66］Aguiar, 'La sistematizacion electronica de datos': 57.

第 9 章

本章基于智利国家科学和技术发展基金（FONDECYT）博士后项目编号 3170099 的成果"来自'南方'的恒星和星系。智利及其在全球冷战中的科学插手，1962—1973 年"（Astros y Galaxias desde el sur. Chile y su inserción científica en la Guerra Fria Global, 1962-1973）。

［1］Pablo Osses, Robert Schemenauer, Pilar Cereceda, Horacio Larraín and Cristóbal Correa, 'Los atrapanieblas del Santuario Padre Hurtado y sus proyecciones en el combate a la desertificación', *Revista Norte Grande* 27 (2000): 61-67.

［2］Aleszu Bajak, 'Bright Future', *Nature* 552, 14 December 2017: 53-55.

［3］Michele Catanzaro, 'Big Players/Chile: Upward Trajectory'. *Nature* 510, 12 June 2014: 204-205.

［4］Odd Arne Westad, *The Global Cold War. Third World Interventions and the Making of Our Times* (Cambridge: Cambridge University Press, 2005): 396.

［5］关于这方面的文献非常多，我们可以提供一些例子，比如 Benedetta Calandra and Marina Franco (eds.), *La guerra fría cultural en América Latina.Desafíos y límites para una nueva mirada de las relaciones interamericanas* (Buenos Aires: Biblos, 2012); Yale Ferguson and Rey Koslowski, 'Culture, International Relations Theory, and Cold War History', in Odd Arne Westad (ed.), *Reviewing the Cold War.Approaches, Interpretations, Theory* (London: Frank Cass Publishers, 2000): 149-179; Patrick Iber, *Neither Peace nor Freedom.The Cultural Cold War in Latin America* (Cambridge: Harvard University Press, 2015); Gilbert Joseph, Catherine LeGrand and Ricardo Salvatore (eds.), *Close Encounters of Empire: Writing the Cultural History of U.S.–Latin American Relations* (Durham: Duke University Press, 1998); Patrick Major and Rana Mitter, 'East is East and West is West? Towards a Comparative Socio-cultural History of the Cold War', *Cold War History* 4, 1 (2003): 1-22; Gilbert Joseph and Daniela Spenser (eds.), *In From the Cold. Latin America's New Encounter with the Cold War* (Durham: Duke University Press, 2008).

［6］Naomi Oreskes and John Krige (eds.), *Science and Technology in the Global Cold War* (Cambridge: MIT Press, 2014): 2.

[7] Mark Solovey, 'Science and the State during the Cold War: Blurred Boundaries and Contested Legacy', *Social Studies of Science* 31, 2(2001): 165–170.

[8] Lissa Roberts, 'Situating Science in Global History. Local Exchanges and Networks of Circulation', *Itinerario* 33, 1(2009): 9–30.

[9] Bárbara Silva and Rodrigo Henríquez, 'El pueblo del Frente. Representaciones sobre la ciudadanía en Chile: 1930–1950', *European Review of Latin American and Caribbean Studies* 103, January–July(2017): 91–108.

[10] Nils Gilman, *Mandarins of the Future. Modernization Theory in the Cold War America* (Baltimore: The Johns Hopkins University Press, 2007): 3.

[11] Jeffrey Taffet, 'Implementing the Alliance for Progress', in Jeffrey Taffet (ed.), *Foreign Aid as Foreign Policy: The Alliance for Progress in Latin America* (New York: Routledge, 2007): 29–46.

[12] Richard M. Nixon, *The Memoirs of Richard Nixon* (London: Arrow, 1979): 490.

[13] Gabrielle Hecht (ed.), *Entangled Geographies. Empire and Technopolitics in the Global Cold War* (Cambridge: MIT Press, 2011): 5.

[14] 'Reunión Extraordinaria. Comision Especial de Coordinación Latinoamericana. Nivel de expertos', Doc 67/rev 1, Anexo VIII: Principios en materia de ciencia y tecnología. *Archivo del Ministerio de Relaciones Exteriores de Chile*, Fondo Organismos Internacionales, vol. 494, May 1969. 引用内容由本章作者翻译。

[15] David Reynolds, 'Science, Technology, and the Cold War', in Melvyn P. Leffler and Odd Arne Westad (eds.), *The Cambridge History of the Cold War*, vol. 3: Endings (Cambridge: Cambridge University Press, 2010): 399.

[16] *Gilman, Mandarins of the Future*: 7.

[17] Tobias Rupprecht, *Soviet Internationalism after Stalin. Interaction and Exchange between the USSR and Latin America during the Cold War* (Cambridge: Cambridge University Press, 2015): 22.

[18] John Krige, 'Embedding the National in the Global: US - French Relationships in Space Science and Rocketry in the 1960s', in Naomi Oreskes and John Krige (eds.), *Science and Technology in the Global Cold War* (Cambridge: MIT Press, 2014): 230.

[19] George Reisch, 'When Structure met Sputnik: On the Cold War Origins of the Structure of Scientific Revolutions', in Naomi Oreskes and John Krige (eds.), *Science and Technology in the Global Cold War* (Cambridge: MIT Press, 2014): 371.

[20] Erik M. Conway, 'Bringing NASA Back to Earth: A Search for Relevance during the Cold War', in Naomi Oreskes and John Krige (eds.), *Science and Technology in the Global Cold War* (Cambridge: MIT Press, 2014): 251.

[21] David Seed, *American Science Fiction and the Cold War. Literature and Film* (Chicago: Fitzroy

Dearborn Publishers, 1999).

[22] 'Convention Portant la Création d' une Organisation Européenne pour des Recherches Astronomiques dans l' Hémisphère Austral, signée à Paris, 5 Octobre 1962' . *Archivo del Ministerio de Relaciones Exteriores de Chile*, Fondo Organismos Internacionales, Vol. 400.

[23] Victor M. Blanco, 'Aportes científicos del Observatorio de Cerro Tololo' , in Arturo Aldunate Phillips, *Chile mira hacia las estrellas* (Santiago: Ediciones Gabriela Mistral, 1975): 251.

[24] Hilmar W. Duerbeck, 'National and International Activities in Chile 1849-2002' , *Astronomical Society of the Pacific*, Conference Series 292 (2003): 9.

[25] James M. Gilliss, *The US Naval Expedition to the Southern Hemisphere* (Washington: A.O.P. Nicholson Printer, 1855); Herbert D. Curtis 'Report on Astronomical Conditions in the Region about Copiapo' , UA ser. 4, Box 8, Folder 12: D. O. Mills expedition: Report on site survey near Copiapo. 17 April 1909. *Lick Observatory Records*, Mary Lea Shane Archives at University of California Santa Cruz.

[26] Hernán Quintana and Augusto Salinas, 'Cuatro siglos de astronomía en Chile' , *Revista Universitaria* 83 (2004): 55.

[27] 'Letter J. W. Joyce, Acting Deputy to Paul A. Siple, Scientific Attaché, American Embassy Canberra' , 28 February 1966, *National Archives College Park*, United States, Record Group 59, Entry 3008D, Box 20, Folder SCI 21 Visits, Missions. Astronomy.

[28] Federico A. Rutllant, 'Discurso del profesor Federico Rutllant, director del Observatorio' , *Anales de la Facultad de Ciencias Físicas y Matemáticas*, Universidad de Chile 10, 10 (1953): 16. 引用内容由本章作者翻译。

[29] Frank K. Edmonson, *AURA and its US National Observatories* (Cambridge: Cambridge University Press, 1997): 137.

[30] Jürgen Stock, 'Chile Observatory Project. Seeing Expedition' . *Stock Reports*, w/d, Cerro Tololo Interamerican Observatory Library, Coquimbo, Chile.

[31] *El Mercurio*, Santiago, 24 November 1962: 25.

[32] Jürgen Stock quoted in Dirk Lorenzen, 'Jürgen Stock and his Impact on Modern Astronomy in South America' , *Revista Mexicana de Astronomía y Astrofísica* 25 (2006): 71-72.

[33] Adriaan Blaauw, *ESO's Early History. The European Southern Observatory from Concept to Reality* (München: ESO, 1991): 2.

[34] 'Convention Portant la Création d' une Organisation Européenne pour des Recherches Astronomiques dans l' Hémisphère Austral, signée à Paris, 5 Octobre 1962' . *Archivo del Ministerio de Relaciones Exteriores de Chile*, Fondo Organismos Internacionales, Vol. 400.

[35] Govert Schilling and Lans Lindberg Christensen, *Europe to the Stars. ESO's First 50 Years of Exploring the Southern Sky* (Weinheim: ESO, 2012): 25.

[36] Quoted in Blaauw, *ESO's Early History*: 44.

[37] J. H. Oort, *ESO Historical Archives*; Archives A. Blaauw, 'Documents Pertaining to the Secretariat of the ESO Committee', quoted in Blaauw, *ESO's Early History*: 48.

[38] Frank Edmonson, 'The Ford Foundation and the European Southern Observatory', in Blaauw, *ESO's Early History*: 255.

[39] Edmonson, *AURA and its US National Observatories*: 203-214.

[40] 'Letter from Herman Pollack to Ralph A. Dungan, American Ambassador in Santiago', 29 March 1966, *National Archives College Park*, United States, Record Group 59, Entry 3008D, Box 20, Folder SCI 21 Visits, Missions. Astronomy.

[41] Duerbeck, 'National and International Activities in Chile': 16.

[42] *Edmonson, AURA and its US National Observatories*: 199.

[43] *Transactions of the International Astronomical Union*, vol. XI - A (Berkeley, 1961): 24.

[44] Duerbeck, 'National and International Activities in Chile': 18.

[45] Edmonson, *AURA and its US National Observatories*: 202.

[46] 'From Amembassy Santiago to Department of State, Science: Soviet Astronomy Activities in Chile', 19 June (1968), *National Archives & Records Administration*, United States. Record Group 59, Central Foreign Policy Files 1967-1969, Box 2934, Folder SCI CHILE.

[47] Bárbara Silva, *Identidad y Nación entre dos siglos. Patria Vieja, Centenario y Bicentenario* (Santiago: Lom, 2008).

[48] Stefan Rinke, *Encuentros con el Yanqui. Norteamericanización y cambio sociocultural en Chile. 1898-1990* (Santiago: Dibam, 2013).

[49] "首先是智利大学通过与苏联专业观测站的合同,成功在山脉支撑处建造了现代化而强大的望远镜", 'Chile, Centro de Interés Astronómico', *El Mercurio*, Santiago, 21 March 1969: 3. 引用内容由本章作者翻译。

[50] Phillip Keenan, Sonia Pinto and Héctor Álvarez, *The Chilean National Astronomical Observatory* 1852-1965 (Santiago: Facultad de Ciencias Físicas y Matemáticas, Universidad de Chile, 1985): 64.

[51] 'Apoyo a la investigación astronómica', *El Mercurio, Santiago*, 6 May 1967: 1.

[52] 'Article IV: Agreement between the Government of Chile and the European Organisation for Astronomical Research in the Southern Hemisphere for the Establishment of an Astronomical Observatory in Chile', 6 November 1963, in ESO, Basic Texts, Authoritative and Original English Texts and English Translations (2012): 38.

[53] Schilling and Lindberg Christensen, *Europe to the Stars*: 25.

[54] 'Letter from Ralph A. Dungan to Herman Pollack, Director of International Scientific and Technological Affairs, Department of State', 2 March 1966, *National Archives College Park*, United States, Record Group 59, Entry 3008D, Box 20, Folder SCI 21 Visits, Missions. Astronomy.

［55］'Carta de Fernando Orrego, Subsecretario de Relaciones Exteriores a Otto Heckmann', 4
June 1963, *Archivo del Ministerio de Relaciones Exteriores de Chile*, Fondo Organismos
Internacionales, Varios, vol. 308, f. 187. 引用内容由本章作者翻译。

［56］'Carta de Carlos Martínez, Ministro de Relaciones Exteriores a Otto Heckmann', 18
June 1963, *Archivo del Ministerio de Relaciones Exteriores de Chile*, Fondo Organismos
Internacionales, Varios, vol. 308, f. 205. 引用内容由本章作者翻译。

［57］'Carta de Luis Cubillos, Ministerio de Relaciones Exteriores a Otto Heckmann', 27
November 1963, *Archivo del Ministerio de Relaciones Exteriores de Chile*, Fondo Organismos
Internacionales, Varios, vol. 308, f. 366.

［58］在古巴革命后，肯尼迪总统提出"进步联盟"（Alliance for Progress）的战略计划，旨在
压制共产主义在拉美地区的传播。该战略在 1961 年的埃斯特角会议（Punta del Este）上
正式宣布，将其作为美国政府与拉美国家之间的合作计划。它旨在为该地区实施战略性改
革，如土地改革、教育改革、住房改善、贸易现代化等。该战略认为，如果改善了生活条
件，共产主义就很难在有利于其发展的社会环境中生根发芽。

［59］'Moderno Observatorio', *Las Últimas Noticias*, Santiago, 3 June 1967: 32. 引用内容由本章
作者翻译。

［60］'Apoyo a la investigación astronómica', *El Mercurio*, Santiago, 6 May 1967: 1.

［61］'Frei Inaugurará Nuevo Observatorio "La Silla"', *El Mercurio*, Santiago, 22 March 1969:
38. 引用内容由本章作者翻译。

［62］'Creación del Departamento de Astronomía y de Licenciatura en Astronomía', *Anales de la
Universidad de Chile* serie 4, octubre-diciembre 136, 123（1965）: 264.

［63］'Decreto 13123, Crea Comisión Nacional de Investigación Cientifica y Tecnologica', 10 May
1967: https://www.leychile.cl/N? i=1038389&f=1967-05-10&p=.

［64］'Apoyo a la investigación astronómica', *El Mercurio*, Santiago, 6 May 1967: 1.

［65］'Panorama. Beca para astrónomos', *Las Últimas Noticias*, Santiago, 20 March 1969: 6. 引用
内容由本章作者翻译。

［66］'Centro Astronómico en Cerro Tololo', *El Mercurio*, Santiago, 19 June 1967: 23. 引用内容
由本章作者翻译。

［67］'Relaciones públicas desde un observatorio sentado en "La Silla"', *Las Últimas Noticias*,
Santiago, 20 March 1969: 15. 引用内容由本章作者翻译。

［68］Bajak, 'Bright Future': 53-55.

［69］'URSS construye Centro de Astronomía en Chile', *El Mercurio*, Santiago, 3 June 1967: 1.
引用内容由本章作者翻译。

［70］Javiera Barandiaran, 'Reaching for the Stars？ Astronomy and Growth in Chile', *Minerva* 53
（2015）: 141-164.

［71］Lorrae Van Kerkhoff and Victoria Pilbeam, 'Understanding Socio-cultural Dimensions of

Environmental Decision-making: A Knowledge Governance Approach', *Environmental Science and Policy* 73 (2017): 29-37.

[72] Sheila Jasanoff, *Science and Public Reason* (New York and London: Routledge, 2012): 15-18.

第10章

[1] 值得注意的例外包括科学史学家安吉洛·巴拉卡（Angelo Baracca）和罗塞拉·弗兰科尼（Rosella Franconi）的研究，例如，'Cuba: The Strategic Choice of Advanced Scientific Development, 1959-2014', *Sociology and Anthropology* 5, 4 (2017): 290-302; 政治地理学家西蒙·M. 里德-亨利的 Simon M. Reid-Henry, *The Cuban Cure: Reason and Resistance in Global Science* (Chicago: The University of Chicago Press, 2010); 在创新理论领域有 Andrés Cárdenas, *The Cuban Biotechnology Industry: Innovation and Universal Health Care*, 2009, https://pdfs.semanticscholar.org/df8b/95006fb835075a7b50a51cf3f61273b00304.pdf. 古巴医学科学家向国际期刊投稿，但这些期刊提供的是技术而非历史报道。

[2] 可参见的例子有 Christian Zeller, 'The Pharma-biotech Complex and Interconnected Regional Innovation Arenas', *Urban Studies* 47, 13 (2010): 2867-2894.

[3] Lara V. Marks, *The Lock and Key of Medicine: Monoclonal Antibodies and the Transformation of Healthcare* (New Haven and London: Yale University Press, 2015).

[4] Cárdenas, *Cuban Biotechnology*: 7.

[5] Cárdenas, *Cuban Biotechnology*: 1.

[6] 我很感谢那位强调这一决定性因素的匿名评论者。

[7] Ernesto Lopez Mola, Ricardo Silva, Boris Acevedo, José A Buxadó, Angel Aguilera and Luis Herrera, 'Biotechnology in Cuba: 20 Years of Scientific, Social and Economic Progress', *Journal of Commercial Biotechnology* 13, 1 (2006): 1-11.

[8] Joseph Cortright and Heike Mayer, *Signs of Life: The Growth of Biotechnology Centres in the US* (Massachusetts: The Brookings Institution Center on Urban and Metropolitan Policy, 2002): 6.

[9] Agustín Lage, Director of Cuba's Centre for Molecular Immunology, interview with the author in Havana, Cuba, 7 July 2017.

[10] 本章的重点是用于人类保健的生物技术，而不是用于动物保健或农业的生物技术，古巴在这些领域也有一些创新的发展。

[11] Halla Thorsteinsdóttir, Tirso Saenz, Uyen Quach, Abdullah S. Daar and Peter A. Singer, 'Cuba-Innovation through Synergy', *Nature Biotechnology* 22 (2004): 21.

[12] Cortright and Mayer, *Signs of Life*: 14.

[13] Zeller, 'Pharma-biotech Complex': 2889.

[14] Cortright and Mayer, *Signs of Life*: 3.

[15] Zeller, 'Pharma-biotech Complex': 2883.

[16] Cortright and Mayer, *Signs of Life*: 33.

[17] William Lazonick and Öner Tulum, 'US Biopharmaceutical Finance and the Sustainability of the Biotech Business Model', *Research Policy* 40（2011）: 1182.

[18] Lazonick and Tulum, 'US Biopharmaceutical Finance': 1170.

[19] Cortright and Mayer, *Signs of Life*: 8.

[20] Lazonick and Tulum, 'US Biopharmaceutical Finance': 1170; Gary Pisano, *Science Business: The Promise, the Reality, and the Future of Biotech*（Boston, MA: Harvard Business School Press, 2006）.

[21] Cortright and Mayer, *Signs of Life*: 19.

[22] Cortright and Mayer, *Signs of Life*: 9.

[23] Lazonick and Tulum, 'US Biopharmaceutical Finance': 1172.

[24] Zeller, 'Pharma-biotech Complex': 2870.

[25] Cortright and Mayer, *Signs of Life*: 9.

[26] Lazonick and Tulum, US Biopharmaceutical Finance': 1180.

[27] Lazonick and Tulum, 'US Biopharmaceutical Finance': 1176.

[28] Lazonick and Tulum, US Biopharmaceutical Finance': 1178.

[29] 化学研究所（1848 年）；气象和物理天文台（1856 年）；根据西班牙女王的法令成立的皇家医学、物理和自然科学学院（1861 年）。1902 年古巴独立后，"皇家"一词被删除。

[30] 2014 年 12 月 17 日，美国总统奥巴马宣布美国和古巴恢复友好关系，对芬利的贡献表示肯定，https://obamawhitehouse.archives.gov/the-press-office/2014/12/17/statement-president-cuba-policy-changes.

[31] 许多古巴人将这一时期称为"伪共和国"，因为美国对该岛的统治有效地将其变成了半殖民地或附属国。

[32] 这个和下面的信息借鉴了 Theodore MacDonald, *Hippocrates in Havana: Cuba's Health Care System*（Mexico: Bolivar Books, 1995）: 15-79.

[33] 国际复兴开发银行（IBRD）与古巴政府合作，*Report of the Mission to Cuba*（Washington, DC: Office of the President, 1951）: 223.

[34] 6 岁以上的古巴人中有 31% 没有上过学；另有 29.4% 的人只受过 3 年或更少的教育。在古巴农村，10 岁以上儿童中有 41.7% 是文盲。

[35] C. William Keck and Gail A. Reed, 'The Curious Case of Cuba', *American Journal of Public Health* 102, 8（2012）.

[36] Baracca and Franconi, 'Cuba: Strategic Choice': 9; MacDonald, Hippocrates in Havana: 28.

[37] 参见 Helen Yaffe, *Che Guevara: The Economics of Revolution*（London: Palgrave Macmillan, 2009）: 163-198.

[38] Tirso Sáenz, interview with the author in Havana, 20 February 2006.

［39］这个农场被称为奇罗·雷东多（Ciro Redondo），以格瓦拉纵队中一名阵亡的叛军上尉的名字命名。

［40］Yaffe, *Che Guevara*：188-190.

［41］José Luis Rodríguez, former Minister of the Economy, interview with author in Havana, 20 December 2016.

［42］Lopez Mola et al.,'Biotechnology in Cuba'：2.

［43］MacDonald, *Hippocrates in Havana*：143.

［44］Reid-Henry, *Cuban Cure*：26. 在特罗菲姆·李森科（Trofim Lysenko）的影响下，从 20 世纪 20 年代到 60 年代中期，苏联的生物科学停滞不前。1948 年，遗传学研究被宣布为非法。参见 Reid-Henry, *Cuban Cure*：26.

［45］Information from Baracca and Franconi, 'Cuba：Strategic Choice'; Idania Caballero Torres and Lien Lopez Matilla, *La historia del CIM contada por sus trabajadores*', unpublished paper, 2017. Lage, interview; and Reid-Henry, Cuban Cure.

［46］*New York Times*, 'Epidemic in Cuba Sets Off Dispute with US', 6 September 1981. www. nytimes.com/1981/09/06/world/epidemic-in-cuba-sets-off-dispute-with-us.html（last accessed 29 November 2018）.

［47］Fidel Castro, 26 July 1981, cited by *New York Times*, 'Epidemic in Cuba'.

［48］Marieta Cabrera, 'La ciencia desnuda un crimen contra Cuba', *Bohemia*, 29 January 2016, http：//bohemia.cu/ciencia/2016/01/la-ciencia-desnuda-un-crimen-de-ee-uu-contra-cuba-en-1981/. 该研究指出："古巴研究人员能够利用生物信息学工具，对 1981 年疫情不同时期获得的原始菌株的全基因组进行扩增和测序……"。

［49］Caballero Torres and Lopez Matilla, *Historia del CIM*：10.

［50］Reid-Henry, *Cuban Cure*：47.

［51］脑膜炎球菌病是导致脑膜炎球菌性脑膜炎和脑膜炎球菌性败血症等危及生命的感染的一组细菌之一。如果不及时治疗，这些疾病会在 24 小时内致死。10% 的幸存者患有严重的长期残疾，包括脑损伤。脑膜炎球菌病是全球十大感染致死原因之一。这种疾病有 13 种不同的形式，但到目前为止，血清 A、B 和 C 组是最常见的。根据世界卫生组织的数据，非洲每年有多达 25000 人死于脑膜炎球菌。

［52］Dr Gustavo Sierra cited in 'Meningitis B Cuba', documentary posted by Journeyman Pictures, posted 25 January 2008, www.youtube.com/watch?v=rgQZhTg04IM.

［53］尽管如此，古巴的成就在英国被忽视或审查。2015 年 9 月，英国国家医疗服务体系为婴儿推出了一种新的 B 型脑膜炎疫苗，并声称该疫苗"使英格兰成为世界上第一个提供全国性、常规和公共资助的 B 型脑膜炎疫苗接种计划的国家"。（NHS Choices, https：//assets. publishing.service.gov.uk/government/uploads/system/uploads/attachment_data/file/448820/ PHE_9402_VU230_June_2015_12_web.pdf）当时的英国卫生大臣杰里米·亨特（Jeremy Hunt）重复了这一说法。截至 2014 年，只有古巴研制出安全有效的 B 型脑膜炎疫苗，古

巴和世界各地数百万人从中受益。

［54］Agustín Lage, interview, 2017.

［55］这发生在古巴 20 世纪 80 年代中后期被称为"整顿"（Rectification）的时期，在此期间，菲德尔·卡斯特罗将古巴从苏联的经济管理模式中拉了出来，培养了创新的科学技术，而不是苏联推荐的重工业。

［56］世界首个用于癌症治疗的单克隆抗体是 1997 年在美国注册的。

［57］Lage, interview, 2017.

［58］Lage, interview, 2017.

［59］Helen Yaffe, 'Cuban Development: Inspiration to the ALBA-TCP', in Thomas Muhr（ed.）, *Counter-Globalization and Socialism in the 21st Century: The Bolivarian Alliance for the Peoples of Our America*（London: Routledge）: 101-118.

［60］Lage, interview, 2017.

［61］罗斯威尔公园获得了美国政府的许可，可以与古巴进行合作，在奥巴马总统任期结束前，两国关系短暂改善的时期，两国进行了尝试。

［62］Dr Kelvin Lee, Chair of Immunology in Roswell Park Comprehensive Cancer Centre in Buffalo, New York, interview with the author via Skype, 3 October 2017.

［63］考虑到这一比例，美国每年因糖尿病足溃疡而发生的 5.2 万例截肢是可以预防的。

［64］Orfilio Peláez, 'The Jewel that Fidel Conceived', *Granma*, 7 September 2017, http://en.granma.cu/cuba/2017-09-07/the-jewel-that-fidel-conceived.

［65］Lage, interview, 2017.

［66］Sara Reardon, 'Can Cuban Science go Global?', *Nature*, 29 September 2016, www.scientificamerican.com/article/can-cuban-science-go-global/.

［67］B 型流感嗜血杆菌（Hib）是一种几乎只在 5 岁以下儿童中导致严重肺炎、脑膜炎和其他侵袭性疾病的细菌。

［68］与"Heberprot-P"类似，全球有超过 10 万名患者受益于艾托利珠单抗。

［69］然而，与美国相比，这显得微不足道，根据"Cortright and Mayer, *Signs of Life*: 9"的数据，美国每年授予约 5500 项专利。

［70］Lage, cited by Reid-Henry, *Cuban Cure*, 99.

［71］Reid-Henry, *Cuban Cure*: 99-100.

［72］随后，他们寻找了一种更有效的表皮生长因子载体。

［73］Dr Lee, interview.

［74］在英国，在科学、技术、工程和数学领域，女性只占 12.8%。参见 www.theguardian.com/news/datablog/2015/jun/13/how-well-are-women-represented-in-uk-science.

［75］这一点，加上古巴的低工资，促使许多古巴医学科学家到海外寻求就业。然而，没有证据表明古巴的"人才流失"比其他发展中国家更严重。

［76］Agustín Lage Dávila, *La Economia del Conocimiento y el Socialismo: Preguntas y Respuestas*

（La Habana：Editorial Academia，2015）.

［77］Reardon，'Cuban Science'.

［78］Lage，interview，2017.

［79］Lopez Mola et al.，'Biotechnology in Cuba'：3.

［80］Rick Mullin，'Tufts Study Finds Big Rise In Cost Of Drug Development'，Tufts Center for the Study of Drug Development，20 November 2014，https：//cen.acs.org/articles/92/web/2014/11/Tufts-Study-Finds-Big-Rise.html.

［81］2017 年 8 月寻求的生物制药投资总额至少为 8.5 亿美元，接近年度投资组合寻求的 90 亿美元的十分之一。

［82］Sharmistha Bagchi-Sen，Helen Lawton Smith and Linda Hall，'The US Biotechnology Industry：Industry Dynamics and Policy'，Environment and Planning C：Government and Policy 22（2004）：199.

第 11 章

本章作者衷心感谢所有分享了对于委内瑞拉石油技术研究所的回忆和文件的人，以及提出了对文本的修正意见的人，还有指出错误的匿名审稿人。所有尚存的错误都是作者自己的责任。由于篇幅限制，我很遗憾无法列出所有为我所提及的项目提供重要贡献的人的姓名。作者在委内瑞拉石油公司集团（委内瑞拉石油技术研究所、委内瑞拉国家化学公司和奥里诺科河沥青公司）工作了 15 年，直至 2003 年初。

［1］Ali Mohammed Jaidah，'Introduction Speech'，Proceedings of the OPEC Seminar 'The Present and Future Role of the NOC'，OPEC Headquarters，Vienna，10-12 October 1977.

［2］Robert K. Perrons，'How Innovation and R&D Happen in the Upstream Oil & Gas Industry：Insights from a Global Survey'，*Journal of Petroleum Science and Engineering* 124（2014）：301-312.

［3］'Oil Field Services：The Unsung Masters of the Oil Industry'，The Economist，21 July 2012，http：//www.economist.com/node/21559358. 也可参见 Javier Martínez-Romero，*Innovation as an Imperative for the Mexican Oil Industry post Energy Reform*，Mexico Center，James A. Baker III Institute for Public Policy，Rice University，2017：5-6，and Renato Lima de Oliveira and Timothy Sturgeon，'From Resource Extraction to Knowledge Creation：Oil-Rich States，Oil Companies and the Promotion of Local R&D'，MIT-IPC Working Paper 17-003，2017：3-14，accessed on http：//ipc.mit.edu/sites/default/files/documents/Internationalization%20of%20R%26D%20in%20Oil%20%26%20Gas.pdf.

［4］收入和资本化数据来自 https：//www.slb.com/news/press_releases/2018/2018_0119_q4_earnings.aspx.

［5］当时，只有伊朗国家石油公司协调了与石油相关的研发活动。阿尔及利亚和印度尼西亚的

报告给石油部，沙特阿拉伯的报告给高等教育部，伊拉克的报告给国家科学基金会，科威特的报告给总理，见 Jean-Claude Balaceanu and Jean Favre, 'The Prospects for Transfer of Technology to, and the Establishment of Advanced Research Centres in OPEC Member Countries', paper presented at the OPEC Seminar, 'The Present and Future Role of the NOC'.

[6] Rómulo Betancourt, *El Petróleo de Venezuela*（Barcelona：Editorial Seix Barral, 1978）：29. 内容全部由本章作者翻译。

[7] 支持创建委内瑞拉石油技术研究所的不仅是维持现状的政党，也有来自其意识形态对立面的声音。在一本对委内瑞拉石油公司成立后的行为进行强烈批评的书中，作者在 1977 年说："我们认为这项倡议（创建委内瑞拉石油技术研究所）非常重要，是一项积极的行动：它是正确的政策。"见 Gastón Parra Luzardo, *De la nacionalización a la apertura petrolera*（Caracas：Banco Central de Venezuela, 2012）：97. 2002 年，帕拉·卢萨多（Parra Luzardo）被任命为委内瑞拉石油公司总裁，引发了导致当年查韦斯总统暂时下台的事件。有关委内瑞拉石油技术研究所创建的更多细节，请参阅 Emma Brossard, *Petroleum Research and Venezuela's INTEVEP, The Clash of the Giants*（Houston：PennWell Books/INTEVEP, 1993）.

[8] Magdalena Ramírez, 'Nuestra tecnología petrolera：catalizadores y adsorbentes', *Interciencia* 29（2004）：4-6.

[9] 主要石油公司继续提供这种技术援助的条款受到了法律和意识形态方面的强烈批评。参见 Parra Luzardo, *De la nacionalización a la apertura*：91-108.

[10] 墨西哥石油研究所成立于 1965 年，当时墨西哥石油工业刚刚被联邦政府国有化，作为一个独立于"墨西哥石油"（Pemex）公司的机构，它服从墨西哥国家科学技术委员会（以下简称"CONACYT"）的指令，CONACYT 是墨西哥政府的科技监管机构，有时也提供部分资金。从一开始，它就与委内瑞拉石油技术研究所有很大的不同。有关墨西哥石油研究所发展的摘要，请参阅 *Martínez-Romero, Mexican Oil Industry*, 9-14.

[11] 委内瑞拉石油技术研究所以当前委内瑞拉货币计算的预算数字，由海梅·雷克纳（Jaime Requena）提供。其他原始数据，包括年度汇率，摘自 1979 年至 2000 年的《委内瑞拉石油公司年度报告》和 1985 年至 2003 年的委内瑞拉能源和矿产部报告《石油及其他统计数据》（*Petróleo y otros datos estadísticos*，以下简称"PODE"）。委内瑞拉石油公司对总研发成本的核算不容易跟踪。委内瑞拉石油技术研究所产生的成本包括在公司的总运营成本或作为新项目的资本成本。从 1979 年到 1993 年，委内瑞拉石油公司将来自第三方的"技术援助"与运营费用分开列出。1994 年，这项分项费用消失了，就在 1993 年和 1994 年以及 1995 年 PODE 显示其价值大幅增加之后。然而，从 1994 年起，委内瑞拉石油公司在其会计注释中报告了一笔名为"研发成本"的金额，我认为这也对应于第三方成本。由于 1994 年"技术援助"的 PODE 数字和"研发成本"的委内瑞拉石油公司金额不匹配，它们是两个不同的会计项目，因此它们在图 11-1（见本章正文）中单独处理。

[12] 2015 年，油田服务公司的研发强度为 2.7%。George Sarraf, Anil Pandey and Yahya Anouti, 'From Technology Adopters to Innovators. How R&D Can Catalyze Innovation in Middle East

National Oil Companies', https：//www.strategyand.pwc.com/me/home/thought_leadership_strategy/reports_and_white_papersme/display/technology-adopters.

[13] Robert Perrons, 'Innovation'：302.

[14] 到 1975 年, 国际石油公司已将在委内瑞拉工作的外国专业人员减少到不足总劳动力的 1%~5%。Eddie A. Ramírez and Rafael Gallegos, *Petróleo y Gas: el caso Venezuela*（Caracas：Editorial Lector Cómplice, 2015）：66, 68；Daniel Yergin, *The Prize*（New York：Simon & Schuster, 1991）：650.

[15] Jaime Requena, personal communication.

[16] Jaime Requena, '¿Cuánto cuesta hacer ciencia en Venezuela？', *Interciencia* 28（2003）：21-28.

[17] 甚至在委内瑞拉石油技术研究所被纳入委内瑞拉石油公司结构之前, 阿亚库乔大元帅基金会已经提供了 18755 个技术、大学本科和研究生级别的奖学金, 其中约 40% 在委内瑞拉, 60% 在海外, 到 1978 年底, 费用略低于 2.9 亿美元（2000 年不变美元价值）。1979 年, 它的目标是 40% 的技术学位和 25% 的研究生学位。阿亚库乔大元帅基金会的使命和愿景在多年后发生了巨大的变化, 但其最初的目标是从零开始创建 10000 个奖学金名额, 这相当于委内瑞拉 1974—1975 年大学毕业生的总数, 这一事实表明, 最初的想法是雄心勃勃的。阿亚库乔大元帅基金会成立的明确目的是提供委内瑞拉矿业和石油工业国有化后所需的专业人力。参见 Fundación 'Gran Mariscal de Ayacucho'. *Memoria 1978. Exposición de Motivos*（Caracas：Fundación Gran Mariscal de Ayacucho, 1979）：45, 47, and end tables, and Ministerio de Educación, *Memoria y Cuenta* 1980（Caracas：Ministerio de Educación, 1981）：616. 除此之外, 还必须加上来自智利、阿根廷和乌拉圭的专业知识的突然涌入, 这是 20 世纪 70 年代和 80 年代右翼军事独裁统治的流亡者的 "智力收获"。

[18] 参 见 例 如 Ignacio Avalos and Marcel Antonorsi, 'Análisis de la Ley Orgánica de Ciencia y Tecnología（LOCTI）', 2009, http//www.varen.org/quepasa/tecnopod.pdf.

[19] Brossard, *Clash of Giants*：180.

[20] Jaime Requena, personal communication.

[21] Jaime Requena, 'Ciencia en Venezuela'：Table I.

[22] Alfonso Ravard, interviewed by Sofia Imber and Carlos Rangel, in Buenos Dias, Venevisión, 12 January 1978. 发言稿载于 http://saber.ucab.edu.ve/jspui/bitstream/123456789/38694/2/sicr123719780112. pdf. 22. 有关当前安装的说明, 请参见 www.pdvsa.com.

[23] 由于其工作的性质, 在同行评议期刊上发表的论文数量将不是一个相关的衡量标准。实际上, 在这一期间, 委内瑞拉石油技术研究所在这方面远远落后于委内瑞拉生态中心和大学, 为 3%, 相比于 27% 和 54% 以上。Jaime Requena, 'Decay of Technological Research and Development in Venezuela', *Interciencia* 36（2011）：341-347.

[24] 原始数据来自美国专利及商标局（USPTO）网站, 图表基于 Jaime Requena, 'Decay of Research'：341-347. 也可参见 Martínez-Romero, *Mexican Oil Industry and Annual Report*

2000，PDVSA. 到 21 世纪第二个十年，委内瑞拉石油公司 / 委内瑞拉石油技术研究所从国家石油公司的油气研发学术研究中消失，而巴西石油公司则成为拉美地区的参考点。参见的例子有 Lima de Oliveira and Sturgeon，'From Resource Extraction to Knowledge Creation'.

［25］根据《欧佩克 2017 年年度统计公报》，2016 年欧佩克拥有世界石油总储量的 81.5%，其中委内瑞拉以 3022.5 亿桶的 24.8% 领先。

［26］"我觉得我在委内瑞拉石油技术研究所的工作让我能够回报国家给我的所有机会。我出生并成长在 1 月 23 日教区（加拉加斯一个治安不佳的街区）。从四年级开始，一直到我的博士学位，我不得不依靠 'becas'（国家奖学金）资助我的学业。如果没有这条教育生命线，我将永远无法实现我的职业潜力。"Magdalena Ramírez，personal communication. 有关精炼过程的更多技术信息，请参阅 María Magdalena Ramírez-Corredores，*The Science and Technology of Unconventional Oils*（London：Academic Press，2017）.

［27］Pedro Pereira, Cauri Flores, Hugo Zbinden, José Guitián, Rodolfo Bruno Solari, Howard Feintuch and Dan Gillis, 'Aquaconversion Technology Offers Added Value to E. Venezuela Synthetic Crude Oil Production', *Oil & Gas Journal* 99, 20（2001）：79-85. 佩雷拉（Pereira）是 "HDH Plus™" 和 "AQUACONVERSION™" 的项目负责人。"API"（美国石油协会）刻度，以度表示，表示原油的比重，单个数值表示非常高的比重。

［28］合资企业的初始结构（名称，合资伙伴，目标产量，比重合成原油）："PetroZuata" 公司，康菲公司，104 千桶 / 天，19-25° API；塞罗内格罗合资公司，埃克森美孚，英国石油公司，105 千桶 / 天，16° API；"Sincor" 公司，道达尔财务亿而富、挪威国家石油，180 千桶 / 天，32° API；"Ameriven" 公司，康菲公司、雪佛龙－德士古，180 千桶 / 天，26° API。

［29］Manuel Pulido, 'A propósito de la Orimulsión', *Interciencia* 29（2004）：179.

［30］Magdalena Ramírez, 'Catalizadores y adsorbentes'：10. "一项单一的催化技术可以有三到四项相关的发明：制备催化剂的方法，催化剂的具体用途，以及使用催化剂的过程。"Ramírez, personal communication.

［31］Personal communication. 巴斯克斯最终将领导奥里诺科河沥青公司在欧洲的营销办公室，他是拉戈文公司 "奥里油" 项目的创始成员之一。拉戈文公司是委内瑞拉石油公司集团的主要运营公司之一，活跃在奥里诺科石油带。

［32］委内瑞拉石油技术研究所的伊格纳西奥·莱里斯（Ignacio Layrisse）和让－路易·萨拉戈尔（Jean-Louis Salager）教授（委内瑞拉洛斯安第斯大学）在项目的这一阶段发挥了关键作用。

［33］personal communication. 希门尼斯参与了 7 项关于 "奥里油" 的委内瑞拉石油技术研究所专利，包括 1989 年美国专利 0479547 号：黏性碳氢化合物 - 水乳液（Viscous hydrocarbon-in-water emulsions）。

［34］关于 "奥里油" 的开发和相关人员的另一种看法，请参见 Hebe Vessuri and Maria Victoria Canino, 'Restricciones y oportunidades en la conformación de la tecnología：el caso

Orimulsión', in Arnoldo Pirela (ed.), *Venezuela: el Desafío de Innovar* (Caracas: Fundación POLAR-CENDES, 2003): 181-201.

[35] personal communication.

[36] 通过创建一个独立于拉戈文公司的商业实体，它强调了基于天然沥青的"奥里油"位于传统委内瑞拉石油篮子和欧佩克配额之外的事实。

[37] 根据委内瑞拉石油储量分类专家阿尼巴·马丁内兹（Anibal Martínez）的说法，这些储量中有三分之一是由天然沥青组成的。引自 Diego González, 'Orimulsión y algo mas', *Petroleo YV* 25 (2006): 46.

[38] 在"奥里油"与烟气脱硫设备一起使用时符合环境要求的最终技术证据来自如下报告：*Environmental Impacts of the Use of Orimulsion* (Washington, DC: Environmental Protection Agency, July 2001).

[39] 关于使用不同燃料的新建电厂和现有电厂发电的比较经济学的信息，请与本章作者联系：guerrero. saul@gmail.com。

[40] 到 20 世纪 90 年代末，独立电力项目开发商资助了 30% 的新电力项目。报道内容源自 Ulf Hansen, 'Technological Options for Power Generation', *The Energy Journal* (1998): 63-87.

[41] 奥里诺科河沥青公司已与三菱株式会社成立合资公司（MC-BITOR Ltd），在亚洲进行市场营销。"奥里油"与日本的渊源使其在一本畅销间谍小说中出现了一个小角色，尽管是以隐姓埋名出现的，而且名字也错了："日本人……早在他们发现如何使用重油之前，他们就开始开采重油了。他们的顶尖科学家夜以继日地寻找分解它的配方。日本佬们找到了神奇的乳剂……你把它倒进去，摇一摇，就像其他男孩一样，你得到了油……可以用它淹没世界。"本段来自 John Le Carré, *The Tailor of Panama* (New York: Alfred A. Knopf, 1996): 208-209.

[42] Thomas Hägglund (Wärtsilä Finland OY), 'Comparative Advantages of Orimulsion®, LNG and Petcoke', presentation given at 'Private Power in Central America', Miami, 13-14 June 2002.

[43] 1999 年查韦斯总统访问亚洲期间，本章作者出席了他会见新加坡能源行业最高领导人的会议。查韦斯总统对"奥里油"的成功作出了坚定的个人承诺，为新加坡在原则上接受购买和使用单一来源燃料铺平了道路，即使委内瑞拉石油公司没有提供替代燃料的保证。1999 年 10 月 22 日，在菲律宾马尼拉举行的太平洋经济合作理事会的会议上，他还在主题午餐会上就题为"能源：21 世纪的挑战与机遇"为"奥里油"进行了游说。

[44] 委内瑞拉国家电视台、报纸和网站（*El Nacional*、*El Universal*、*Ultimas Noticias*、www. soberania.org 等）的采访中，对"奥里油"的批判甚多，在此不赘述。从 2004 年 3 月起，有关缩减业务的相互矛盾的报道开始出现。2005 年初，能源和石油部长兼委内瑞拉石油公司总裁拉斐尔·拉米雷斯（Rafael Ramirez）仍在宣布委内瑞拉石油公司将履行其所有的"奥里油"合同（见 *El Universal*，2005 年 2 月 7 日）。两个月后，这位部长宣布关闭该公司（见 *Reporte Diario de la Economia*，2005 年 4 月 4 日）。负责委内瑞拉石油政策

的新当局认为，委内瑞拉石油公司在 1976 年至 1999 年间的所有行动都受到 1976 年委
内瑞拉石油工业国有化法令第 5 条背后的原罪的污染，他们谴责该法令是故意为跨国石
油公司打开的合法后门，允许它们重新进入未来私有化的委内瑞拉石油工业。因此，委
内瑞拉石油公司在 1999 年之前的几乎所有项目都对这个特殊的政治意愿有利。这在一定
程度上解释了为什么"奥里油"项目被拖入意识形态的漩涡，尽管该项目早在 1994 年
至 1999 年委内瑞拉石油公司总裁路易斯·朱斯蒂（Luis Giusti）的领导下就已构想并进
入市场。"奥里油"牵涉其中是出于信念还是出于方便，仍是一个悬而未决的问题。1999
年掌权的人对之前的委内瑞拉石油公司的意识形态争论和批评［参见例如 Parra Luzardo，
De la nacionalización a la apertura，和卡洛斯·门多萨·波泰拉（Carlos Mendoza Potellá）
的引言］还没有成熟。最大的矛盾和意识形态的急转是 1999 年后委内瑞拉石油公司急
切地应用第 5 条的精神和文字来吸引外国对委内瑞拉石油工业的投资，参见 Francisco
Monaldi，'The Impact of the Decline in Oil Prices on the Economics, Politics and Oil Industry
of Venezuela'，Center on Global Energy Policy, Columbia University（2015）；Luis Pacheco，
'Venezuela's Oil Mythologies Have Hindered Its Development'，Issue brief no. 02.05.18. Rice
University's Baker Institute for Public Policy, Houston, Texas（2018）. 针对 1999 年之后，
经过一段非常严格的意识形态控制时期，委内瑞拉石油工业的现状（2018 年）缺乏积极
的学术文章，这段时间的长度很快就会与 1976 年至 1999 年委内瑞拉石油公司的创建和巩
固相当。

[45] Bernard Mommer，'The Value of Extra-Heavy Crude Oil from the Orinoco Oil Belt'，*Middle
East Economic Survey* 47, 11（2004）：D1-D11；'La Orimulsión: verdades cientificas y
mentiras políticas'，*Interciencia* 29（2004）：6-7；*El mito de la Orimulsión. La valorización
del crudo extrapesado de la Faja Petrolífera del Orinoco*，（Caracas: Fondo Editorial Darío
Ramírez, Ministerio de Energía y Minas, 2004）.

[46] 更多细节详见 Rafael Quiroz, interviewed by Marianna Parraga, 'Barril de bitumen rinde mas
que crudo mejorado de la Faja'，*El Universal*, 30 October 2003；Saul Guerrero, Luis Pacheco
and Ignacio Layrisse, 'The Optimal Use of Venezuela's Hydrocarbon. Reserves: A Critical
Analysis'，*Middle East Economic Survey* 47, 24（2004）：D1-D4；Saul Guerrero, Leslie
Jones-Parra, Emilio Abreu, Manuel Urbano, Luis Montefusco and Luis Gil, 'Orimulsión'，
Interciencia 29（2004）：2-3；Saul Guerrero, 'Emulsion Fuel Options Still Viable for Heavy
Oil'，*Oil & Gas Journal* 22（2008）：24-30. 有关塞罗内格罗合资公司的数据，请参见
PDVSA 20-F SEC filing for the year ending 31 December 2003.

[47] Diego González, 'Orimulsión y algo mas'，*Petroleo YV* 25（2006-2007）：46；Saul
Guerrero, 'Emulsion Fuel Options': 26.

[48] http://www.abc.com.py/edicion-impresa/internacionales/chavez-ofrece-ayuda-a-china-
para-que-cree-su-reserva-estrategica-de-petroleo-804111.html；www.chinatoday.com.cn/
hoy/2005n/5hn2/21n.htm；BBC News, 'Venezuela and China Sign Oil Deal'，24 December

2004.

[49] 加拿大新不伦瑞克省电力公司与委内瑞拉石油公司和奥里诺科河沥青公司于 2004 年 4 月提交的索赔声明，对委内瑞拉石油公司面临的潜在损害以及该公司当局在此期间就"奥里油"的未来发布的相互矛盾的信息提供了有用的指导。

[50] Jaime Requena, 'Decay of Research', 341-347; 'Science Meltdown in Venezuela', *Interciencia* 35 (2010)：437-444.

[51] Martínez-Romero, *Mexican Oil Industry*：313.

[52] Robert Perrons, 'Innovation in Oil'：302.

[53] George Sarraf et al., 'Middle East'；关于墨西哥近期的政策，参见 Martínez-Romero, *Mexican Oil Industry*；有关巴西石油公司的研发支出，参见 https://ycharts.com/companies/PBR/r_and_d_expense；关于委内瑞拉石油公司的债务，参见 https://www.bloomberg.com/news/articles/2017-08-23/schlumberger-halliburton-ious-preserve-venezuela-link-for-now.

[54] Yergin, *The Prize*：431-437, 445, 510-518.

[55] "其中一个关键因素就是兴奋劲。它真的很有传染性。"这句话出自耶鲁大学化学教授约翰·塔利（John Tully）之口，用以解释贝尔实验室（他在贝尔实验室工作了 25 年）作为当时主要工业研发中心之一的成功，引自 Daniel Yergin, *The Quest*（New York：The Penguin Press, 2011)：550.

[56] SEC 20-F filing for the year ending 31 December 2000：56.

[57] Petróleos de Venezuela, S.A., *Annual Reports*, 1979 to 2000. 但该资料没有详细说明计算 1997 年节余估计数的方法。

索 引

译者后记

　　完成《拉美技术史》的翻译工作后，我们非常荣幸在这里与您分享这本富有深刻技术史洞察力的书籍。本书的翻译工作是一项充满挑战的任务，但也是一次对 19 世纪至今的拉美地区技术史进行了解的充实旅程。

　　首先，译者团队想强调本书对于了解拉美技术史及其地位非常重要。在这个全球化时代，我们经常聚焦于发达国家的技术创新和发展，但忽略了许多其他国家和地区的贡献。这本书为我们提供了一个深入了解拉美技术史的机会。本书所讲的不单单是拉美地区技术的演进，而是通过该地区孕育的独特文化所体现的，玛雅文化、阿兹特克文化、印加文化、殖民地"克里奥尔"文化等，蕴藏在各章节的尘封史料中，讲述着拉美技术史不为人知的一面。从 19 世纪古巴享誉世界的制糖业及蔗糖的离心机提纯技术的变革性推动，到拉美乡村多次通信变革中的自主成长；从冷战时期智利在夹缝中发展出跨国天文学，到委内瑞拉石油自主研发体系的"短暂成熟"……这一切足以使读者体会地方技术史的厚重，体会拉美地区作为世界贸易链重要一环所做的具体工作，体会拉美现代化之路的酸甜苦辣。

　　其次，我们译者的任务不仅是将文字翻译成另一种语言，更是要保持原作所承载的文化内涵和历史脉络，以便读者能够全面领会拉美的技术进步与文化传承。"功能对等理论"和"文化转换理论"对我们的工作产生了深远影响。在确保准确性的前提下，我们尽可能地采用了目标语言的表达方式，试图营造身临其境的效果，确保读者能流畅地理解，感受到原作的情感。同时，我们也意识到文化差异对翻译的影响，努力在目标语言中传达出原作所蕴含的文化内涵。

最后，衷心希望本书能为读者带来启发和思考。无论您是对技术发展感兴趣，还是对拉美历史和文化好奇，我们都希望本书能满足您的好奇，让您对这个历史悠久、发展曲折、并为全球化作出重大贡献的地区有更深入的了解。

非常感谢出版社和编辑团队的辛勤工作和专业支持，感谢编辑的建议和修改，亦感谢出版社实习生顾笑奕的审读，所有这些对我们的翻译都起到了至关重要的作用，鉴于时间和能力所限，我们的译文仍存在不足，期待广大读者能够提出宝贵的意见与建议，以助我们不断进步。

黄　媛　周　杰　蒋宇峰